Abriss einer Theorie der Abelschen Functionen von drei Variabeln

Friedrich Schottky

Alpha Editions

This edition published in 2022

ISBN : 9789356781207

Design and Setting By
Alpha Editions
www.alphaedis.com
Email - info@alphaedis.com

Abriss einer Theorie der Abel'schen Functionen dreier Variabeln.

In der vorliegenden Arbeit ist der Versuch gemacht, aus den Sätzen, welche über die allgemeinen Theta-Functionen beliebig vieler Variabeln gelten, und unabhängig von der Theorie der algebraischen Integrale, zu einer Theorie der Abel'schen Functionen dreier Variabeln zu gelangen. Die Lösung dieser Aufgabe ist von Herrn Weber in der Abhandlung: „Theorie der Abel'schen Functionen vom Geschlecht 3, Berlin 1876" begonnen worden, und ich würde ausgehen können von dem auf S. 37 der angeführten Schrift aufgestellten Additionstheorem. Indessen sei es gestattet, die Grundeigenschaften der Theta-Functionen, auf denen dasselbe beruht, hier noch einmal darzustellen, und zwar mit Anwendung der Methoden und Bezeichnungen von Herrn Weierstrass, der mich zu dieser Arbeit angeregt hat. Der Inhalt der drei ersten Paragraphen rührt von Herrn Weierstrass her.

Erster Theil.

§ 1.

Die allgemeinste Theta Function von ρ Veränderlichen $(u_1, u_2 \cdots u_\rho)$ ist definirt durch eine Reihe von der Form:

$$\sum_{(n_1, n_2 \cdots n_\rho)} [e^{\overline{G}(u_1 \cdots u_\rho; n_1 \cdots n_\rho)}],$$

wo $\overline{G}(u_1 \cdots u_\rho; n_1 \cdots n_\rho)$ eine ganze Function zweiten Grades der 2ρ Grössen $(u_1 \cdots u_\rho, n_1 \cdots n_\rho)$ bedeutet, und für $(n_1 \cdots n_\rho)$ alle Systeme ganzer Zahlen zu setzen sind. Diese Function $\overline{G}$ lässt sich auf die Form bringen *):

$$\begin{aligned}&\overline{G}(u_1 \cdots u_\rho; n_1 \cdots n_\rho)\\ &= G(u_1 \cdots u_\rho; n_1 + \nu_1 \cdots n_\rho + \nu_\rho) + 2\pi i \sum_{\alpha-1}^{\rho} [\mu_\alpha(n_\alpha + \nu_\alpha)] + C,\end{aligned}$$

wo $G(u_1 \cdots u_\rho, n_1 + \nu_1 \cdots n_\rho + \nu_\rho)$ eine homogene Function zweiten Grades von $u_1 \cdots u_\rho$, $n_1 + \nu_1 \cdots n_\rho + \nu_\rho$ ist, und $\mu_1 \cdots \mu_\rho$, $\nu_1 \cdots \nu_\rho$, C, $2\rho + 1$ Constanten bedeuten.

Die $\dfrac{2\rho(2\rho+1)}{2}$ Coefficienten der homogenen Function G betrachten wir als unveränderliche Grössen, $\mu_1 \cdots \mu_\rho$, $\nu_1 \cdots \nu_\rho$ dagegen als veränderliche Parameter, und bezeichnen die

*) Diese Umformung ist nur dann unmöglich, wenn die Determinante der ρ^2 Grössen $\frac{\partial^2 \overline{G}}{\partial u_\alpha \partial n_\beta} (\alpha, \beta = 1, 2 \cdots \rho)$ verschwindet; welchen Fall wir ausschliessen.

Summe

$$\text{(1)} \qquad \sum[e^{G(u_1\cdots;n_1+\nu_1\cdots)+2\pi i\sum\mu_\alpha(n_\alpha+\nu_\alpha)}] \text{ durch } \Theta(u_1\cdots u_\rho;\,\mu_1,\nu_1\cdots\mu_\rho,\nu_\rho),$$

oder, abgekürzt, durch

$$\Theta(u_1\cdots u_\rho;\,\mu,\nu).$$

Dies ist dann, bis auf einen constanten Factor, welcher noch hinzutreten kann, die allgemeinste Θ-Function. Die nothwendige und hinreichende Bedingung für die Convergenz der Reihe ist, dass der reelle Theil von $G(0\cdots0,\,\nu_1\cdots\nu_\rho)$ für alle reellen Werthe von $\nu_1\cdots\nu_\rho$ einen negativen Werth habe.

Zwei verschiedene Theta-Functionen lassen sich nun auf folgende Weise zu einander in Beziehung setzen. Es seien

$$w'_1,\,w'_2\cdots w'_\rho;\;\nu'_1,\,\nu'_2\cdots\nu'_\rho$$

2ρ neue unabhängige Grössen; alsdann lässt sich, wenn wir die linearen Ausdrücke

$$\begin{aligned}&\frac{\partial}{\partial w'_\alpha}G(w'_1\cdots\nu'_1\cdots) \text{ mit } G(w'_1\cdots\nu'_1\cdots)_\alpha,\\ &\frac{\partial}{\partial \nu'_\alpha}G(w'_1\cdots\nu'_1\cdots) \text{ mit } G(w'_1\cdots\nu'_1\cdots)_{\rho+\alpha},\end{aligned} \qquad (\alpha=1,2\cdots\rho)$$

bezeichnen, $G(u_1+w'_1\cdots n_1+\nu_1+\nu'_1\cdots)$ in dieser Weise entwickeln:

$$\begin{aligned}G(u_1+w'_1\cdots n_1+\nu_1+\nu'_1\cdots) &= G(w'_1\cdots\nu'_1\cdots)\\ &+\sum_{\alpha=1}^{\rho}\left[u_\alpha G(w'_1\cdot\cdot\nu'_1\cdot\cdot)_\alpha+(n_\alpha+\nu_\alpha)G(w'_1\cdot\cdot\nu'_1\cdot\cdot)_{\rho+\alpha}\right]+G(u_1\cdot\cdot n_1+\nu_1\cdot\cdot);\end{aligned}$$

oder, da

$$G(w'_1\cdot\cdot\nu'_1\cdot\cdot)=\tfrac{1}{2}\sum_{\alpha=1}^{\rho}[w'_\alpha G(w'_1\cdot\cdot\nu'_1\cdot\cdot)_\alpha+\nu'_\alpha G(w'_1\cdot\cdot\nu'_1\cdot\cdot)_{\rho+\alpha}]$$

ist:

$$\begin{aligned}&G(u_1+w'_1\cdot\cdot n_1+\nu_1+\nu'_1\cdot\cdot)\\ &\quad=\sum_{\alpha=1}^{\rho}\left[\left(u_\alpha+\tfrac{1}{2}w'_\alpha\right)G(w'_1\cdot\cdot\nu'_1\cdot\cdot)_\alpha+(n_\alpha+\nu_\alpha+\tfrac{1}{2}\nu'_\alpha)G(w'_1\cdot\cdot\nu'_1\cdot\cdot)_{\rho+\alpha}\right]\\ &\qquad\qquad+G(u_1\cdot\cdot n_1+\nu_1\cdot\cdot).\end{aligned}$$

Daraus folgt, wenn wir ν'_α mit $-\nu'_\alpha$ vertauschen, und dann $n_\alpha + \nu'_\alpha$ für n_α setzen:

$$G(u_1 + w'_1 \cdot\cdot n_1 + \nu_1 \cdot\cdot) = G(u_1 \cdot\cdot n_1 + \nu_1 + \nu'_1 \cdot\cdot)$$
$$+ \sum_{\alpha=1}^{\rho} [(u_\alpha + \tfrac{1}{2} w'_\alpha) G(w'_1 \cdot\cdot - \nu'_1 \cdot\cdot)_\alpha + (n_\alpha + \nu_\alpha + \tfrac{1}{2}\nu'_\alpha) G(w'_1 \cdot\cdot - \nu'_1 \cdot\cdot)_{\rho+\alpha}].$$

Wir setzen nun

$$G(w'_1 \cdot\cdot - \nu'_1 \cdot\cdot)_{\rho+\alpha} = 2\pi i \mu'_\alpha, \quad G(w'_1 \cdot\cdot - \nu'_1 \cdot\cdot)_\alpha = 2\overline{\eta}'_\alpha, \tag{2}$$

und $2\overline{\omega}'_\alpha$ für w'_α. Alsdann ergiebt sich:

$$G(u_1 + 2\overline{\omega}'_1 \cdot\cdot n_1 + \nu_1 \cdot\cdot) = G(u_1 \cdot\cdot n_1 + \nu_1 + \nu'_1 \cdot\cdot)$$
$$+ 2\pi i \sum_{\alpha=1}^{\rho} [\mu'_\alpha (n_\alpha + \nu_\alpha + \nu'_\alpha)]$$
$$+ \sum_{\alpha=1}^{\rho} \left[2\overline{\eta}'_\alpha (u_\alpha + \overline{\omega}'_\alpha) - \pi i \mu'_\alpha \nu'_\alpha\right].$$

Daher:

$$G(u_1 + 2\overline{\omega}'_1 \cdot\cdot n_1 + \nu_1 \cdot\cdot) + 2\pi i \sum_{\alpha=1}^{\rho} [\mu_\alpha (n_\alpha + \nu_\alpha)]$$
$$= G(u_1 \cdot\cdot n_1 + \nu_1 + \nu'_1 \cdot\cdot) + 2\pi i \sum_{\alpha=1}^{\rho} [(\mu_\alpha + \mu'_\alpha)(n_\alpha + \nu_\alpha + \nu'_\alpha)]$$
$$-2\pi i \sum_{\alpha=1}^{\rho} \mu_\alpha \nu'_\alpha + \sum_{\alpha=1}^{\rho} \left[2\overline{\eta}'_\alpha (u_\alpha + \overline{\omega}'_\alpha) - \pi i \mu'_\alpha \nu'_\alpha\right].$$

Aus dieser Umformung des Exponenten in dem Reihen-Ausdruck der Function $\Theta(u_1 + 2\overline{\omega}'_1 \cdot\cdot; \mu, \nu)$ folgt:

$$e^{-\sum\limits_{\alpha=1}^{\rho}\left[2\overline{\eta}'_\alpha (u_\alpha + \overline{\omega}'_\alpha) - \pi i \mu'_\alpha \nu'_\alpha\right]} \Theta(u_1 + 2\overline{\omega}'_1 \cdot\cdot; \mu, \nu)$$
$$= e^{-2\pi i \Sigma \mu_\alpha \nu'_\alpha} \Theta(u_1 \cdot\cdot; \mu + \mu', \nu + \nu'). \tag{3}$$

Wir fassen jetzt $\mu'_1 \cdot\cdot \mu'_\rho$, $\nu'_1 \cdot\cdot \nu'_\rho$ als unabhängige Grössen auf. Dann ergiebt sich aus dem Gleichungssystem (2), dass die Grössen $2\overline{\omega}'_\alpha$, $2\overline{\eta}'_\alpha$ lineare homogene Functionen derselben sind:

$$2\overline{\omega}'_\alpha = \sum_{\beta=1}^{\rho} [2\mu'_\beta \omega_{\alpha\beta} + 2\nu'_\beta \omega'_{\alpha\beta}], \quad 2\overline{\eta}'_\alpha = \sum_{\beta=1}^{\rho} \left[2\mu'_\beta \eta_{\alpha\beta} + 2\nu'_\beta \eta'_{\alpha\beta}\right] \tag{4}$$
$$(\alpha = 1, 2 \cdot\cdot \rho).$$

Den Ausdruck

$$\sum_{\alpha=1}^{\rho} \left[2\overline{\eta}'_{\alpha}(u_{\alpha}+\overline{\omega}'_{\alpha}) - \pi i \mu'_{\alpha} \nu'_{\alpha}\right],$$

welcher eine lineare Function der ρ Variabeln u, dagegen eine quadratische Function der 2ρ Grössen μ', ν' ist, bezeichnen wir durch $\eta(u_1 \cdots u_\rho;\, \mu',\, \nu')$; wir erhalten dann:

$$(3') \qquad e^{-\eta(u_1\cdots;\,\mu',\,\nu')}\,\Theta(u_1+2\overline{\omega}'_1\cdots;\,\mu,\,\nu) = e^{-2\pi i \sum \mu_\alpha \nu'_\alpha}\,\Theta(u_1\cdots;\,\mu+\mu',\,\nu+\nu').$$

Die $4\rho^2$ Grössen $2\omega_{\alpha\beta}$, $2\omega'_{\alpha\beta}$, $2\eta_{\alpha\beta}$, $2\eta'_{\alpha\beta}$, welche hier als Coefficienten eines Systems linearer Functionen definirt sind, sind ganzzahlige rationale Functionen der $\dfrac{2\rho(2\rho+1)}{2}$ Coefficienten von G. Es müssen daher zwischen ihnen $\dfrac{2\rho(2\rho-1)}{2}$ Relationen bestehen. Diese erhalten wir auf folgende Weise.

Es seien $\mu_1 \cdot\cdot \mu_\rho$, $\nu_1 \cdots \nu_\rho$ und $\mu'_1 \cdot\cdot \mu'_\rho$, $\nu'_1 \cdots \nu'_\rho$ zwei Systeme von je 2ρ unabhängigen Grössen, und

$$2\overline{\omega}_\alpha = \sum_{\beta=1}^{\rho} [2\mu_\beta \omega_{\alpha\beta} + 2\nu_\beta \omega'_{\alpha\beta}], \qquad 2\overline{\eta}_\alpha = \sum_{\beta=1}^{\rho} [2\mu_\beta \eta_{\alpha\beta} + 2\nu_\beta \eta'_{\alpha\beta}],$$

$$2\overline{\omega}'_\alpha = \sum_{\beta=1}^{\rho} [2\mu'_\beta \omega_{\alpha\beta} + 2\nu'_\beta \omega'_{\alpha\beta}], \qquad 2\overline{\eta}'_\alpha = \sum_{\beta=1}^{\rho} [2\mu'_\beta \eta_{\alpha\beta} + 2\nu'_\beta \eta'_{\alpha\beta}].$$

Alsdann folgt, da die beiden Gleichungssysteme (2) und (4) gleichzeitig bestehen:

$$G(2\overline{\omega}_1 \cdot\cdot - \nu_1 \cdot\cdot)_{\rho+\alpha} = 2\pi i \mu_\alpha, \qquad G(2\overline{\omega}_1 \cdot\cdot - \nu_1 \cdot\cdot)_{\alpha} = 2\overline{\eta}_\alpha,$$

$$G(2\overline{\omega}'_1 \cdot\cdot - \nu'_1 \cdot\cdot)_{\rho+\alpha} = 2\pi i \mu'_\alpha, \qquad G(2\overline{\omega}'_1 \cdot\cdot - \nu'_1 \cdot\cdot)_{\alpha} = 2\eta'_\alpha.$$

Nun ist, nach einem bekannten Satz über die quadratischen Formen:

$$\sum_{\alpha=1}^{\rho} [2\overline{\omega}'_\alpha G(2\overline{\omega}_1 \cdot\cdot - \nu_1 \cdot\cdot)_\alpha - \nu'_\alpha G(2\overline{\omega}_1 \cdot\cdot - \nu_1 \cdot\cdot)_{\rho+\alpha}]$$

$$= \sum_{\alpha=1}^{\rho} [2\overline{\omega}_\alpha G(2\overline{\omega}'_1 \cdot\cdot - \nu'_1 \cdot\cdot)_\alpha - \nu_\alpha G(2\overline{\omega}'_1 \cdot\cdot - \nu'_1 \cdot\cdot)_{\rho+\alpha}].$$

Folglich:

$$(5) \qquad \sum_{\alpha=1}^{\rho} [2\overline{\omega}'_\alpha \cdot 2\overline{\eta}_\alpha - 2\overline{\omega}_\alpha \cdot 2\overline{\eta}'_\alpha] = 2\pi i \sum_{\alpha=1}^{\rho} [\mu_\alpha \nu'_\alpha - \mu'_\alpha \nu_\alpha].$$

Indem wir diese Gleichung specialisiren, erhalten wir:

$$
(6)\qquad
\begin{aligned}
&\sum_{\alpha=1}^{\rho}[2\omega_{\alpha\beta}\cdot 2\eta_{\alpha\gamma}-2\eta_{\alpha\beta}\cdot 2\omega_{\alpha\gamma}]=0\\
&\sum_{\alpha=1}^{\rho}[2\omega'_{\alpha\beta}\cdot 2\eta'_{\alpha\gamma}-2\eta'_{\alpha\beta}\cdot 2\omega'_{\alpha\gamma}]=0\\
&\sum_{\alpha=1}^{\rho}[2\omega'_{\alpha\beta}\cdot 2\eta_{\alpha\gamma}-2\eta'_{\alpha\beta}\cdot 2\omega_{\alpha\gamma}]=\begin{cases}2\pi i & \text{wenn } \beta=\gamma,\\ \quad 0 & \text{wenn } \beta\lesseqgtr\gamma.\end{cases}
\end{aligned}
$$

Es sei jetzt $(p_1\cdots p_\rho, q_1\cdots q_\rho)$ ein beliebiges System von 2ρ ganzen Zahlen, und

$$2\widetilde{\omega}_\alpha=\sum_{\beta=1}^{\rho}[2p_\beta\omega_{\alpha\beta}+2q_\beta\omega_{\alpha\beta}],\quad 2\widetilde{\eta}_\alpha=\sum_{\beta=1}^{\rho}[2p_\beta\eta_{\alpha\beta}+2q_\alpha\eta'_{\alpha\beta}]$$
$$(\alpha=1,2\cdot\cdot\rho).$$

Dann folgt aus der Formel (3′):

$$e^{-\eta(u_1\cdot\cdot;p,q)}\,\Theta(u_1+2\widetilde{\omega}_1\cdot\cdot;\mu,\nu)=e^{-2\pi i\sum(\mu_\alpha q_\alpha)}\,\Theta(u_1\cdot\cdot;\mu+p,\nu+q).$$

Es ist aber, wie unmittelbar aus der analytischen Darstellung der Theta-Function hervorgeht, für ganze Zahlen p, q:

$$(7)\qquad \Theta(u_1\cdot\cdot;\mu+p,\nu+q)=e^{2\pi i\sum p_\alpha\nu_\alpha}\,\Theta(u_1\cdot\cdot;\mu,\nu).$$

Daher erhalten wir:

$$(8)\qquad e^{-\eta(u_1\cdot\cdot;p,q)}\,\Theta(u_1+2\widetilde{\omega}_1\cdot\cdot;\mu,\nu)=e^{2\pi i\sum(p_\alpha\nu_\alpha-q_\alpha\mu_\alpha)}\,\Theta(u_1\cdot\cdot;\mu,\nu).$$

Dies ist die charakteristische Gleichung der Function $\Theta(u_1\cdot\cdot u_\rho;\mu,\nu)$. Wissen wir von einer Function $F(u_1\cdot\cdot u_\rho)$, dass sie für alle endlichen Werthsysteme der Variabeln den Charakter einer ganzen rationalen Function besitzt, und für willkürliche ganze Zahlen p, q der Gleichung (8) genügt, so ist

$$F(u_1\cdot\cdot u_\rho)=\text{Const.}\,\Theta(u_1\cdot\cdot u_\rho;\mu,\nu).$$

Vorausgesetzt ist hierbei, dass die Grössen $2\omega_{\alpha\beta}$, $2\omega'_{\alpha\beta}$, $2\eta_{\alpha\beta}$, $2\eta'_{\alpha\beta}$ die Gleichungen (6) befriedigen. Dies ist ein bekannter Satz.

§ 2.

Bilden wir jetzt ein Product von r Theta-Functionen:

$$\Theta(u_1 \cdot\cdot; \mu^{(1)}, \nu^{(1)})\,\Theta(u_1 \cdot\cdot; \mu^{(2)}, \nu^{(2)}) \cdots \Theta(u_1 \cdot\cdot; \mu^{(r)}, \nu^{(r)}) = \Pi(u_1 \cdot\cdot u_\rho),$$

so folgt aus (8), dass dieser Ausdruck der Bedingung

$$e^{-r\eta(u_1 \cdot\cdot u_\rho; p,q)}\Pi(u_1 + 2\widetilde{\omega}_1 \cdot\cdot) = e^{2\pi i \Sigma(p_\alpha \nu_\alpha - q_\alpha \mu_\alpha)}\Pi(u_1 \cdot\cdot u_\rho) \tag{9}$$

genügt, wo

$$\nu_\alpha = \nu_\alpha^{(1)} + \nu_\alpha^{(2)} + \cdot\cdot + \nu_\alpha^{(r)}, \quad \mu_\alpha = \mu_\alpha^{(1)} + \mu_\alpha^{(2)} + \cdot\cdot + \mu_\alpha^{(r)}$$

ist. Dieselbe Gleichung gilt offenbar für das Product

$$\Theta(u_1 + v_1^{(1)} \cdot\cdot; \mu^{(1)}, \nu^{(1)})\;\Theta(u_1 + v_1^{(2)} \cdot\cdot; \mu^{(2)}, \nu^{(2)}) \cdots \Theta(u_1 + v_1^{(r)} \cdot\cdot; \mu^{(r)}, \nu^{(r)}),$$

wo $v_1^{(1)} \cdot\cdot v_\rho^{(1)} \cdots v_1^{(r)} \cdot\cdot v_\rho^{(r)}$ $r\rho$ Constanten sind, die nur den ρ Bedingungen:

$$v_\alpha^{(1)} + v_\alpha^{(2)} + \cdots + v_\alpha^{(r)} = 0 \quad (\alpha = 1, 2 \cdot\cdot \rho)$$

zu genügen brauchen. Jede Function, die für alle endlichen Werthe von $u_1 \cdot\cdot u_\rho$ den Charakter einer ganzen rationalen Function besitzt, und die in der Gleichung (9) ausgesprochene Bedingung erfüllt, nennen wir eine Θ-Function r^{ter} Ordnung mit der Charakteristik (μ, ν). Für diese gilt der folgende Fundamentalsatz:

I. *Alle Θ-Functionen r^{ter} Ordnung, welche dieselbe Charakteristik haben, lassen sich linear und homogen durch r^ρ unter ihnen ausdrücken.*

Es sei $\Pi(u_1 \cdot\cdot u_\rho)$ irgend eine solche Function, die der Gleichung (9) genügt. Wir können aus dieser ein ganzes System von Ausdrücken bilden, deren jeder dieselbe Gleichung erfüllt. Wir bezeichnen zu diesem Zweck mit $\mu_1' \cdot\cdot \mu_\rho'$, $\nu_1' \cdot\cdot \nu_\rho'$ ein System von 2ρ willkürlichen Grössen, und setzen:

$$2\overline{\omega}_\alpha' = \sum_{\beta=1}^{\rho} [2\mu_\beta' \omega_{\alpha\beta} + 2\nu_\beta' \omega_{\alpha\beta}'], \quad 2\overline{\eta}_\alpha' = \sum_{\beta=1}^{\rho} [2\mu_\beta' \eta_{\alpha\beta} + 2\nu_\beta' \eta_{\alpha\beta}'], \tag{10}$$

$$e^{-r\eta(u_1 \cdot\cdot; \mu', \nu')}\Pi(u_1 + 2\overline{\omega}_1' \cdots) = \Pi(u_1 \cdot\cdot; \mu', \nu').$$

Wenn für μ', ν' ganze Zahlen p, q gesetzt werden, so ist der Gleichung (9) zufolge:

$$\Pi(u_1 \cdot\cdot; p, q) = e^{2\pi i \Sigma(p_\alpha \nu_\alpha - q_\alpha \mu_\alpha)}\Pi(u_1 \cdots). \tag{11}$$

Sind jetzt $\mu_1''\cdot\cdot\mu_\rho''$, $\nu_1''\cdot\cdot\nu_\rho''$ 2ρ neue Variable und $2\overline{\omega}_\alpha''$, $2\overline{\eta}_\alpha''$ die entsprechenden linearen Functionen derselben, so folgt aus Gleichung (10):

$$\Pi(u_1+2\overline{\omega}_1''\cdot\cdot;\,\mu',\,\nu')=e^{-r\eta(u_1+2\overline{\omega}_1''\cdot\cdot;\,\mu',\,\nu')}\Pi(u_1+2\overline{\omega}_1'+2\overline{\omega}_1''\cdots),$$
$$\Pi(u_1+2\overline{\omega}_1'+2\overline{\omega}_1''\cdots)=e^{r\eta(u_1\cdot\cdot;\,\mu'+\mu'',\,\nu'+\nu'')}\Pi(u_1\cdot\cdot;\,\mu'+\mu'',\,\nu'+\nu'').$$

Nun ist

$$\begin{aligned}\eta(u_1\cdot\cdot;\,\mu'+\mu'',\,\nu'+\nu'')&=\sum[(2\overline{\eta}_\alpha'+2\overline{\eta}_\alpha'')(u_\alpha+\overline{\omega}_\alpha'+\overline{\omega}_\alpha'')\\&\qquad-\pi i(\mu_\alpha'+\mu_\alpha'')(\nu_\alpha'+\nu_\alpha'')],\\ \eta(u_1+2\overline{\omega}_1''\cdot\cdot;\,\mu',\,\nu')&=\sum[2\overline{\eta}_\alpha'(u_\alpha+2\overline{\omega}_\alpha''+\overline{\omega}_\alpha')-\pi i\mu_\alpha'\nu_\alpha'],\\ \eta(u_1\cdot\cdot;\,\mu'',\,\nu'')&=\sum[2\overline{\eta}_\alpha''(u_\alpha+\overline{\omega}_\alpha'')-\pi i\mu_\alpha''\nu_\alpha''].\end{aligned}$$

Daraus folgt:

$$\begin{aligned}\eta(u_1\cdot\cdot;\,\mu'+\mu'',\,\nu'+\nu'')&-\eta(u_1+2\overline{\omega}_1''\cdot\cdot;\,\mu',\,\nu')-\eta(u_1\cdot\cdot;\,\mu'',\,\nu'')\\&=\sum[2\overline{\eta}_\alpha''\overline{\omega}_\alpha'-2\overline{\eta}_\alpha'\overline{\omega}_\alpha''-\pi i(\mu_\alpha'\nu_\alpha''+\mu_\alpha''\nu_\alpha')].\end{aligned}$$

Es ist aber nach Formel (5)

$$\sum[2\overline{\eta}_\alpha''\overline{\omega}_\alpha'-2\overline{\eta}_\alpha'\overline{\omega}_\alpha'']=\pi i\sum[\mu_\alpha''\nu_\alpha'-\mu_\alpha'\nu_\alpha''].$$

Folglich:

$$\begin{aligned}\eta(u_1\cdot\cdot;\,\mu'+\mu'',\,\nu'+\nu'')&-\eta(u_1+2\overline{\omega}_1''\cdot\cdot;\,\mu',\,\nu')\\&=\eta(u_1\cdot\cdot;\,\mu'',\,\nu'')-2\pi i\sum(\mu_\alpha'\nu_\alpha'').\end{aligned}$$

Demnach ergiebt sich:

$$(12)\qquad\begin{aligned}&e^{-r\eta(u_1\cdot\cdot;\,\mu'',\,\nu'')}\Pi(u_1+2\overline{\omega}_1''\cdot\cdot;\,\mu',\,\nu')\\&=e^{-2\pi ir\sum(\mu_\alpha'\nu_\alpha'')}\Pi(u_1\cdot\cdot;\,\mu'+\mu'',\,\nu'+\nu'').\end{aligned}$$

Setzen wir hier für μ', ν' ganze Zahlen p, q, so ist nach Formel (11)

$$\Pi(u_1+2\overline{\omega}_1''\cdot\cdot;\,p,\,q)=e^{2\pi i\sum(p_\alpha\nu_\alpha-q_\alpha\mu_\alpha)}\Pi(u_1+2\overline{\omega}_1''\cdots).$$

Da aber

$$e^{-r\eta(u_1\cdot\cdot;\,\mu'',\,\nu'')}\Pi(u_1+2\overline{\omega}_1''\cdots)=\Pi(u_1\cdot\cdot;\,\mu'',\,\nu'')$$

ist, so folgt:

$$(13)\qquad\Pi(u_1\cdot\cdot;\,\mu''+p,\,\nu''+q)=e^{2\pi i\sum[p_\alpha(\nu_\alpha+r\nu_\alpha'')-q_\alpha\mu_\alpha]}\Pi(u_1\cdot\cdot;\,\mu'',\,\nu'').$$

Aus diesen beiden Gleichungen (12) und (13) entspringt nun, indem wir für μ'', ν'' ganze Zahlen p, q setzen, die charakteristische Gleichung für die Function $\Pi(u_1\cdot\cdot;\mu',\nu')$:

$$(14)\qquad \begin{aligned} &e^{-r\eta(u_1\cdot\cdot;p,q)}\Pi(u_1+2\widetilde{\omega}_1\cdot\cdot;\mu',\nu')\\ &=e^{2\pi i\sum[p_\alpha(\nu_\alpha+r\nu'_\alpha)-q_\alpha(\mu_\alpha+r\mu'_\alpha)]}\Pi(u_1\cdot\cdot;\mu',\nu'). \end{aligned}$$

Diese Formel lehrt zugleich, dass, wenn wir die Grössen μ', ν' als rationale Zahlen mit dem Nenner r annehmen, die Functionen $\Pi(u_1\cdot\cdot;\mu',\nu')$ sämmtlich die Gleichung (9) befriedigen. Wir setzen nun die Grössen ν' sämmtlich gleich Null, dagegen

$$\mu'_\alpha=\frac{\delta_\alpha}{r},\qquad(\alpha=1,2\cdot\cdot\rho),$$

wo jede der Zahlen $\delta_1,\delta_2\cdot\cdot\delta_\rho$ einen der Werthe $0, 1, 2\cdot\cdot r-1$ haben soll. Da es r^ρ solche Systeme giebt, erhalten wir somit r^ρ verschiedene Functionen $\Pi(u_1\cdot\cdot;\frac{\delta}{r},0)$. Wir setzen ferner in der Gleichung (12) für $\nu''_1\cdot\cdot\nu''_\rho$ ganze Zahlen, für $\mu''_1\cdots\mu''_\rho$ irgendwelche rationale Zahlen mit dem Nenner r. Dann erhalten wir:

$$2\overline{\omega}''_\alpha=\sum\left[2p_\beta\frac{\omega_{\alpha\beta}}{r}+2q_\beta\omega'_{\alpha\beta}\right],\qquad 2\overline{\eta}''_\alpha=\frac{1}{r}\sum\left[2p_\beta\eta_{\alpha\beta}+2q_\beta r\eta'_{\alpha\beta}\right],$$

$$e^{-r\eta(u_1\cdot\cdot;\frac{p}{r},q)}\Pi(u_1+2\overline{\omega}''_1\cdot\cdot;\frac{\delta}{r},0)=\Pi(u_1\cdot\cdot;\frac{\delta+p}{r},q).$$

Setzen wir nun

$$\frac{\delta_\alpha+p_\alpha}{r}=\frac{\delta'_\alpha}{r}+P_\alpha,\ (\alpha=1,2\cdot\cdot\rho),$$

wo $\delta'_1\cdot\cdot\delta'_\rho$ wiederum Zahlen der Reihe $0, 1\cdot\cdot r-1$, und $P_1\cdot\cdot P_\rho$ ganze Zahlen sind, so ist nach Formel (13):

$$\Pi(u_1\cdot\cdot;\frac{\delta+p}{r},q)=e^{2\pi i\sum\left[\frac{\delta_\alpha+p_\alpha-\delta'_\alpha}{r}\nu_\alpha-q_\alpha\mu_\alpha\right]}\Pi(u_1\cdot\cdot;\frac{\delta'}{r},0).$$

Folglich:

$$(15)\qquad \begin{aligned} &e^{-r\eta(u_1\cdot\cdot;\frac{p}{r},q)}e^{-2\pi i\sum\frac{\delta_\alpha\nu_\alpha}{r}}\Pi(u_1+2\overline{\omega}''_1\cdot\cdot;\frac{\delta}{r},0)\\ &=e^{2\pi i\sum\left(\frac{p_\alpha\nu_\alpha}{r}-q_\alpha\mu_\alpha\right)}e^{-2\pi i\sum\frac{\delta'_\alpha\nu_\alpha}{r}}\Pi(u_1\cdot\cdot;\frac{\delta'}{r},0). \end{aligned}$$

Wenn wir in dieser Formel für $\delta_1,\delta_2\cdot\cdot\delta_\rho$ alle r^ρ verschiedenen Zahlsysteme setzen, so durchlaufen $\delta'_1\cdot\cdot\delta'_\rho$ dieselben Werthe. Setzen wir also

$$\sum_{(\delta)}\left[e^{-2\pi i\sum\frac{\delta_\alpha\nu_\alpha}{r}}\Pi(u_1\cdot\cdot;\frac{\delta}{r},0)\right]=S(u_1\cdot\cdot u_\rho),$$

(die Summe erstreckt sich über alle r^ρ Systeme der Zahlen δ), so ist

$$(16) \qquad e^{-r\eta(u_1\cdots;\frac{p}{r},q)}S(u_1+2\overline{\omega}_1''\cdots)=e^{2\pi i\Sigma\left(\frac{p_\alpha\nu_\alpha}{r}-q_\alpha\mu_\alpha\right)}S(u_1\cdots).$$

Wir setzen jetzt

$$2\widetilde{\omega}_\alpha=\sum[2p_\beta\frac{\omega_{\alpha\beta}}{r}+q_\beta\omega'_{\alpha\beta}],\quad 2\widetilde{\eta}_\alpha=\sum[2p_\beta\eta_{\alpha\beta}+2q_\beta r\eta'_{\alpha\beta}].$$

Dann ist

$$2\overline{\omega}''_\alpha=2\widetilde{\omega}_\alpha,\quad 2\overline{\eta}''_\alpha=\frac{1}{r}\cdot 2\widetilde{\eta}_\alpha,$$

$$r\eta(u_1\cdots;\frac{p}{r},q)=\sum[2\widetilde{\eta}_\alpha(u_\alpha+\widetilde{\omega}_\alpha)-\pi i p_\alpha q_\alpha].$$

Daraus geht hervor, dass die Formel (15) vollständig übereinstimmt mit der in (8) gegebenen charakteristischen Gleichung der Function $\Theta(u_1\cdots;\mu,\nu)$, wenn wir in derselben die Grössen ν_α ersetzen durch $\frac{\nu_\alpha}{r}$, $\omega_{\alpha\beta}$ durch $\frac{\omega_{\alpha\beta}}{r}$, $\eta'_{\alpha\beta}$ durch $r\eta'_{\alpha\beta}$. Da aber die Relationen (6) bestehen bleiben, wenn wir die Grössen $\omega_{\alpha\beta}$, $\omega'_{\alpha\beta}$, $\eta_{\alpha\beta}$, $\eta'_{\alpha\beta}$ ersetzen durch: $\frac{\omega_{\alpha\beta}}{r}$, $\omega'_{\alpha\beta}$, $\eta_{\alpha\beta}$, $r\eta'_{\alpha\beta}$, so ist durch die Gleichung (15), dem zuletzt in § 1 angeführten Satz zufolge, $S(u_1\cdots u_\rho)$ bis auf einen constanten Factor vollständig bestimmt, und zwar

$$S(u_1\cdots u_\rho)=\text{Const. }\Theta^r\left(u_1\cdots u_\rho;\mu,\frac{\nu}{r}\right),$$

wo $\Theta^r(u_1\cdots u_\rho;\mu,\frac{\nu}{r})$ diejenige Function ist, die aus $\Theta(u_1\cdots u_\rho;\mu,\frac{\nu}{r})$ durch die angegebene Vertauschung der Grössen ω und η entsteht. Wir erhalten also:

$$(17) \qquad \sum_{(\delta)}\left[e^{-2\pi i\Sigma\left(\frac{\delta_\alpha\nu_\alpha}{r}\right)}\Pi(u_1\cdots;\frac{\delta}{r},0)\right]=\text{Const. }\Theta^r\left(u_1\cdots u_\rho;\mu,\frac{\nu}{r}\right).$$

Die Gleichung (15) bleibt ungeändert, wenn wir $\nu_1\cdots\nu_\rho$ um beliebige ganze Zahlen vermehren. Daraus folgt, dass auch die Gleichung.

$$(18) \qquad \sum_{(\delta)}\left[e^{-2\pi i\Sigma\left[\frac{\delta_\alpha(\nu_\alpha+n_\alpha)}{r}\right]}\Pi(u_1\cdots;\frac{\delta}{r},0)\right]=(n_1\cdots n_\rho)\Theta^r\left(u_1\cdots u_\rho;\mu,\frac{\nu+n}{r}\right)$$

besteht. Hier geben wir jeder der Zahlen n die Werthe $0, 1\cdots r-1$, und summiren über die r^ρ verschiedenen Systeme. Dann ist

$$\sum_{(n)}\left[e^{-2\pi i\Sigma\frac{\delta_\alpha n_\alpha}{r}}\right]$$

$= 0$, wenn irgend eine der Zahlen $\delta_1 \cdot\cdot \delta_\rho$ von 0 verschieden ist, dagegen $= r^\rho$, wenn alle diese Zahlen gleich 0 sind. Daraus ergiebt sich:

$$\Pi(u_1 \cdot\cdot u_\rho) = r^{-\rho} \sum_{(n)} \left[(n_1 \cdot\cdot n_\rho) \Theta^r \left(u_1 \cdot\cdot u_\rho; \mu, \frac{\nu + n}{r} \right) \right]. \tag{19}$$

Hiermit ist der aufgestellte Satz bewiesen. Denn es ist $\Pi(u_1 \cdot\cdot u_\rho)$ dargestellt durch r^ρ bestimmte Functionen. Jede derselben ist (wie aus (18) hervorgeht) eine Theta-Function r^{ten} Grades mit der Charakteristik (μ, ν). Zwischen diesen r^ρ Grössen besteht keine lineare Gleichung. Denn aus der Formel (19) lässt sich rückwärts die Gleichung (18) ableiten; nehmen wir also in (19) $\Pi(u_1 \cdot\cdot u_\rho) = 0$ an, so folgt aus (18), dass die sämmtlichen Coefficienten $(n_1 \cdot\cdot n_\rho)$ gleich 0 sein müssen.

§ 3.

Wir machen jetzt die Voraussetzung, dass $\Pi(u_1 \cdot\cdot u_\rho)$ eine grade oder eine ungrade Function ist:

$$\Pi(-u_1 \cdot\cdot - u_\rho) = \varkappa \Pi(u_1 \cdot\cdot u_\rho); \quad \varkappa = \pm 1. \tag{20}$$

Geben wir in der Gleichung (9) den Grössen $u_1 \cdot\cdot u_\rho$; $p_1 \cdot\cdot p_\rho$; $q_1 \cdot\cdot q_\rho$ die entgegengesetzten Werthe, so erhalten wir, da

$$\eta(-u_1 \cdot\cdot - u_\rho; -p, -q) = \eta(u_1 \cdot\cdot u_\rho; p, q)$$

ist:

$$\varkappa e^{-r\eta(u_1 \cdot\cdot u_\rho; p,q)} \Pi(u_1 + 2\widetilde{\omega}_1 \cdot\cdot) = \varkappa e^{2\pi i \Sigma(-p_\alpha \nu_\alpha + q_\alpha \mu_\alpha)} \Pi(u_1 \cdot\cdot u_\rho).$$

Daraus folgt, dass, wenn die Voraussetzung (20) erfüllt sein soll, der Ausdruck

$$2 \sum (p_\alpha \nu_\alpha - q_\alpha \mu_\alpha)$$

für alle ganzzahligen Werthe der Grössen p, q selbst eine ganze Zahl sein muss. Es müssen deshalb $\mu_1 \cdot\cdot \mu_\rho$, $\nu_1 \cdot\cdot \nu_\rho$ die Hälften ganzer Zahlen sein. Da die Gleichung (9) nicht geändert wird, wenn wir zu $\mu_1 \cdot\cdot \mu_\rho$, $\nu_1 \cdot\cdot \nu_\rho$ beliebige ganze Zahlen hinzufügen, so können wir annehmen, dass jede der Grössen $\mu_1 \cdot\cdot \mu_\rho$, $\nu_1 \cdot\cdot \nu_\rho$ den Werth 0 oder $\frac{1}{2}$ hat.

Es ist nun

$$\Pi(u_1 \cdot\cdot u_\rho) = r^{-\rho} \sum_{(n)} \left[(n_1 \cdot\cdot n_\rho) \Theta^r \left(u_1 \cdot\cdot u_\rho; \mu, \frac{\nu + n}{r} \right) \right].$$

Hieraus folgt, wenn wir den Variabeln $u_1 \cdot\cdot u_\rho$ die entgegengesetzten Werthe geben, da, wie aus der analytischen Darstellung dieser Function ersichtlich ist,

$$\Theta(-u_1 \cdot\cdot -u_\rho; -\mu, -\nu) = \Theta(u_1 \cdot\cdot u_\rho; \mu, \nu),$$

$$\Pi(u_1 \cdot\cdot u_\rho) = r^{-\rho} \sum_{(n)} \left[\varkappa(n_1 \cdot\cdot n_\rho)\, \Theta^r \left(u_1 \cdot\cdot u_\rho; -\mu, \frac{-(\nu+n)}{r} \right) \right].$$

Wir können nun setzen:

$$-\mu_\alpha = \mu_\alpha + p_\alpha, \qquad \frac{-\nu_\alpha - n_\alpha}{r} = \frac{\nu_\alpha + n'_\alpha}{r} + q_\alpha, \quad (\alpha = 1, 2 \cdot\cdot \rho),$$

wo $p_1 \cdot\cdot p_\rho$, $q_1 \cdot\cdot q_\rho$ ganze Zahlen, und $(n'_1 \cdot\cdot n'_\rho)$ ein bestimmtes zu $(n_1 \cdot\cdot n_\rho)$ conjugirtes System von Zahlen ist, deren jede einen der Werthe $0, 1, 2 \cdot\cdot r-1$ hat. Es ist dann nach Formel (7):

$$\Theta^r \left(u_1 \cdot\cdot u_\rho; -\mu, \frac{-\nu - n}{r} \right) = e^{2\pi i \sum p_\alpha \left(\frac{\nu_\alpha + n'_\alpha}{r}\right)}\, \Theta \left(u_1 \cdot\cdot u_\rho; \mu, \frac{\nu + n'}{r} \right).$$

Daher erhalten wir:

$$\Pi(u_1 \cdot\cdot u_\rho) = r^{-\rho} \sum \left[\varkappa(n_1 \cdot\cdot n_\rho) e^{-4\pi i \sum \mu_\alpha \left(\frac{n'_\alpha + \nu'_\alpha}{r}\right)}\, \Theta \left(u_1 \cdot\cdot u_\rho; \mu, \frac{\nu \mid n'}{r} \right) \right].$$

Diese Formel muss mit der ursprünglichen identisch sein; daraus ergiebt sich:

$$(21) \qquad (n'_1 \cdot\cdot n'_\rho) = \varkappa(n_1 \cdot\cdot n_\rho) e^{-4\pi i \sum \frac{\mu_\alpha (n'_\alpha + \nu'_\alpha)}{r}}.$$

Die Systeme (n) und (n') sind verbunden durch die ρ Congruenzen:

$$n_\alpha + n'_\alpha + 2\nu_\alpha \equiv 0 \bmod r.$$

Es sind nun zwei Fälle zu unterscheiden. Entweder das System (n') fällt zusammen mit dem System (n). Diese sich selbst conjugirtes Systeme bezeichnen wir durch (a). Für dieselben ist

$$2a_\alpha + 2\nu_\alpha \equiv 0 \bmod r.$$

Oder es fällt (n) nicht mit (n') zusammen. Diese paarweise vorkommenden Systeme bezeichnen wir durch (b) und (b'); es ist dann:

$$(22) \qquad \begin{aligned} r^\rho \Pi(u_1 \cdot\cdot u_\rho) &= \sum_{(a)} \left[(a_1 \cdot\cdot a_\rho)\, \Theta^r \left(u_1 \cdot\cdot u_\rho; \mu, \frac{\nu + a}{r} \right) \right] \\ &+ \sum_{(b)} \left[(b_1 \cdot\cdot b_\rho) \left\{ \Theta^r \left(u_1 \cdot\cdot u_\rho; \mu, \frac{\nu + b}{r} \right) + \varkappa \Theta^r \left(u_1 \cdot\cdot u_\rho; -\mu, \frac{-\nu - b}{r} \right) \right\} \right]. \end{aligned}$$

Bezeichnen wir mit α die Anzahl der Systeme (a), so ist die Anzahl der Glieder in der zweiten Summe $= \dfrac{r^\rho - \alpha}{2}$. Die Coefficienten $(a_1 \cdot\cdot a_\rho)$ sind, wie aus (21) hervorgeht, nur dann von 0 verschieden, wenn

$$e^{4\pi i \sum \frac{\mu_\alpha(a_\alpha+\nu_\alpha)}{r}} = \varkappa$$

ist. Es sind jetzt verschiedene Fälle zu unterscheiden:

I. Es sei r grade und alle Grössen μ_α, ν_α gleich Null. Dann sind die Systeme (a) bestimmt durch die Congruenzen

$$2a_\alpha \equiv 0 \bmod r.$$

Es kann also $a_\alpha = 0$, und $a_\alpha = \frac{r}{2}$ gesetzt werden. Die Anzahl α der Systeme a ist demnach $= 2^\rho$. Es ist aber

$$e^{4\pi i \sum \frac{\mu_\alpha(a_\alpha+\nu_\alpha)}{r}} = 1;$$

folglich $(a_1 \cdot\cdot a_\rho) = 0$, wenn $\varkappa = -1$. Daraus ergiebt sich, dass die Anzahl m der Functionen, durch welche $\Pi(u_1 \cdot\cdot u_\rho)$ dargestellt ist, $= \dfrac{r^\rho - 2^\rho}{2}$ ist, wenn Π eine ungrade, und $= \dfrac{r^\rho + 2^\rho}{2}$, wenn Π eine grade Function ist.

II. Es sei r grade, und nicht alle Grössen μ_α, $\nu_\alpha = 0$.
Dann sind die Congruenzen

$$2a_\alpha + 2\nu_\alpha \equiv 0 \bmod r$$

unlösbar; es ist also $\alpha = 0$, und daher $m = \dfrac{r^\rho}{2}$.

III. Es sei r ungrade.
Dann erlauben die Congruenzen

$$2a_\alpha + 2\nu_\alpha \equiv 0 \bmod r$$

eine einzige Lösung; nämlich

$$a_\alpha = 0 \text{ wenn } \nu_\alpha = 0,$$
$$a_\alpha = \frac{r-1}{2} \text{ wenn } \nu_\alpha = \tfrac{1}{2}.$$

In jedem Falle ist also

$$a_\alpha + \nu_\alpha = r\nu_\alpha,$$

folglich

$$e^{4\pi i \sum \frac{\mu_\alpha(a_\alpha+\nu_\alpha)}{r}} = (-1)^{\sum 4\mu_\alpha \nu_\alpha}.$$

Es ist also $m = \dfrac{r^\rho + 1}{2}$, wenn $\varkappa(-1)^{\sum 4\mu_\alpha\nu_\alpha} = +1$, und $m = \dfrac{r^\rho - 1}{2}$, wenn $\varkappa(-1)^{\sum 4\mu_\alpha\nu_\alpha} = -1$ ist.

§ 4.

Wir haben gesehen, dass nur solche Theta-Functionen grade oder ungrade sein können, deren Charakteristik durch rationale Zahlen mit dem Nenner 2 gebildet wird. Gleichzeitig geht aus der Definition in § 2 hervor, dass die Charakteristik nicht geändert wird, wenn wir jede der Grössen, aus denen sie besteht, um eine ganze Zahl vermehren. Wir setzen deshalb:

$$\mu_\alpha = \tfrac{1}{2}\delta_\alpha, \quad \nu_\alpha = \tfrac{1}{2}\varepsilon_\alpha, \quad (\alpha = 1, 2 \cdot\cdot \rho),$$

und setzen fest, dass jede dieser Grössen δ, ε den Werth 0 oder 1 haben soll. Es ist dann:

$$\Theta(-u_1 \cdot\cdot -u_\rho, \tfrac{1}{2}\delta, \tfrac{1}{2}\varepsilon) = \Theta(u_1 \cdot\cdot u_\rho; \tfrac{1}{2}\delta - \delta, \tfrac{1}{2}\varepsilon - \varepsilon).$$

Dies ist aber, der Formel (7) zufolge,

$$= (-1)^{\sum \varepsilon_\alpha \delta_\alpha}\,\Theta(u_1 \cdot\cdot u_\rho; \tfrac{1}{2}\delta, \tfrac{1}{2}\varepsilon).$$

Mithin ist $\Theta(u_1 \cdot\cdot u_\rho; \tfrac{1}{2}\delta, \tfrac{1}{2}\delta)$ eine grade oder ungrade Function, je nachdem $\sum \varepsilon_\alpha \delta_\alpha$ eine grade oder ungrade Zahl ist. Demnach unterscheiden wir grade und ungrade Charakteristiken. Jede dieser 4^ρ Charakteristiken bezeichnen wir durch einen Index; speciell diejenige, in der die sämmtlichen Grössen δ, ε gleich Null sind, durch den Index 0.

Greift man eine Reihe von Indices: $a, b \cdot\cdot e$ willkürlich heraus, so giebt es einen bestimmten Index m von der Beschaffenheit, dass

$$\delta_\alpha^a + \delta_\alpha^b + \cdot\cdot + \delta_\alpha^e \equiv \delta_\alpha^m \bmod 2,$$
$$\varepsilon_\alpha^a + \varepsilon_\alpha^b + \cdot\cdot + \varepsilon_\alpha^e \equiv \varepsilon_\alpha^m \bmod 2.$$

Wir sagen dann: der Index m entsteht durch Zusammensetzung von $a, b \cdot\cdot e$ und bezeichnen dies dadurch, dass wir setzen: $m = a, b \cdot\cdot e$. Die Reihenfolge der Zusammensetzung ist hiernach gleichgültig; ferner ist klar, dass zwei gleiche Indices sich in der Zusammensetzung aufheben, und dass eine Zusammensetzung mit dem Index 0 keine Aenderung hervorbringt. Demnach ist $ab = ba$, $abb = a$, $0a = a$.

Zu jedem Index a gehört ein bestimmtes System halber Perioden:

$$\omega_\alpha^a = \sum_\beta (\delta_\alpha^a \omega_{\alpha\beta} + \varepsilon_\alpha^a \omega'_{\alpha\beta}), \quad \eta_\alpha^a = \sum_\beta (\delta_\alpha^a \eta_{\alpha\beta} - \varepsilon_\alpha^a \eta'_{\alpha\beta}).$$

Die Function

$$\eta(u_1 \cdot\cdot u_\rho; \tfrac{1}{2}\delta^a, \tfrac{1}{2}\varepsilon^a)$$

werde bezeichnet durch $\eta(u_1 \cdot\cdot u_\rho)_\alpha$. Es folgt dann aus der Gleichung (3'):

$$e^{-\eta(u_1 \cdot\cdot u_\rho)b}\,\Theta(u_1 + \omega_1^b \cdot\cdot; \tfrac{1}{2}\delta^a, \tfrac{1}{2}\varepsilon^a)$$
$$= e^{-\frac{\pi i}{2}\sum \varepsilon_\alpha^b \delta_\alpha^a}\,\Theta(u \cdot\cdot; \tfrac{1}{2}\delta^a + \tfrac{1}{2}\delta^b, \tfrac{1}{2}\varepsilon^a + \tfrac{1}{2}\varepsilon^b).$$

Nun ist

$$\tfrac{1}{2}\delta_\alpha^a + \tfrac{1}{2}\delta_\alpha^b = \tfrac{1}{2}\delta_\alpha^{ab} + p_\alpha, \quad \tfrac{1}{2}\varepsilon_\alpha^a + \tfrac{1}{2}\varepsilon_\alpha^b = \tfrac{1}{2}\varepsilon_\alpha^{ab} + q_\alpha,$$

wo $p_1 \cdot\cdot p_\rho, q_1 \cdot\cdot q_\rho$ ganze Zahlen bedeuten; demnach ist

$$\Theta(u_1 \cdot\cdot; \tfrac{1}{2}\delta^a + \tfrac{1}{2}\delta^b, \tfrac{1}{2}\varepsilon^a + \tfrac{1}{2}\varepsilon^b) = e^{\frac{\pi i}{2}\Sigma \varepsilon_\alpha^{ab}(\delta_\alpha^a + \delta_\alpha^b - \delta_\alpha^{ab})}\,\Theta(u_1 \cdot\cdot; \tfrac{1}{2}\delta^{ab}, \tfrac{1}{2}\varepsilon^{ab}).$$

Daraus geht hervor:

$$(23) \qquad e^{-\eta(u_1 \cdot\cdot u_\rho)_b}\,\Theta(u_1 + \omega_1^b \cdot\cdot; \tfrac{1}{2}\delta^a, \tfrac{1}{2}\varepsilon^a) = i^{b;a}\,\Theta(u_1 \cdot\cdot; \tfrac{1}{2}\delta^{ab}, \tfrac{1}{2}\varepsilon^{ab}),$$

wo $b;a$ eine bestimmte von den Indices a, b abhängige Zahl bedeutet, dargestellt durch:

$$(24) \qquad b;a = \sum_\alpha \left[-\varepsilon_\alpha^b \delta_\alpha^a + \varepsilon_\alpha^{ab}(\delta_\alpha^a + \delta_\alpha^b - \delta_\alpha^{ab})\right].$$

Man erkennt nun leicht, dass es auf mannichfache Weise möglich sein wird, 2ρ primitive Indices auszuwählen, durch deren sämmtliche Combinationen alle 4^ρ Indices, mit Ausnahme des Index 0, dargestellt werden können. Am einfachsten bietet sich zunächst dasjenige System dar, welches den primitiven Perioden entspricht. Wir bezeichnen durch den Index a_α diejenige Charakteristik, in der sämmtliche Grössen $\varepsilon_1, \varepsilon_2 \cdot\cdot \varepsilon_\rho$ gleich Null sind, und ebenso alle Grössen $\delta_1, \delta_2 \cdot\cdot \delta_\rho$, mit Ausnahme von δ_α; ebenso durch b_α diejenige Charakteristik, in der $\varepsilon_\alpha = 1$, alle übrigen Grössen $\delta_1, \delta_2 \cdot\cdot \delta_\rho$, $\varepsilon_1, \varepsilon_2 \cdot\cdot \varepsilon_\rho$ aber gleich Null sind. Es ist dann klar, dass durch die Combinationen dieser 2ρ Indices der Index 0 nicht, dagegen alle übrigen Indices, und zwar nur auf eine Weise, dargestellt werden können. Zur Vereinfachung führen wir ausser diesen 2ρ primitiven noch die zusammengesetzten Indices ein:

$$a_1 b_1 = c_1, \quad a_2 b_2 = c_2 \cdots a_\rho b_\rho = c_\rho.$$

Es sei nun m ein beliebiger Index, und zunächst dargestellt durch eine Combination der primitiven $a_1 \cdot\cdot a_\rho, b_1 \cdot\cdot b_\rho$. Wenn in diesem Ausdruck a_1 und b_1 oder a_2 und b_2, u. s. f. gleichzeitig vorkommen, so ersetzen wir diese Paare durch c_1, c_2 u. s. f. Dadurch erhalten wir einen Ausdruck, der aus höchstens ρ Gliedern besteht, und das Kriterium, ob m ein grader oder ungrader Index ist, ist offenbar folgendes: m ist grade, wenn die Anzahl der in dem reducirten Ausdruck von m vorkommenden Grössen c eine grade, und ungrade, wenn diese Anzahl ungrade ist. So ist z. B. der Index $a_1 b_1 b_2 = c_1 b_2$ ungrade, $a_1 b_4 c_2 c_3$ dagegen grade. Wir suchen jetzt eine andere Bezeichnungsweise, bei der die graden und ungraden Indices in gesonderten Gruppen auftreten.

Wir nehmen zuerst an, es sei ρ eine ungrade Zahl, und definiren das folgende System von $2\rho+1$ Indices:

$$
\begin{array}{ll}
\alpha_1 = a_1\, c_2\, c_3 \,\ldots\ldots\, c_{\frac{\rho+1}{2}} & \beta_1 = b_1\, c_2\, c_3 \,\ldots\, c_{\frac{\rho+1}{2}} \\
\alpha_2 = a_2\, c_3\, c_4 \,\ldots\ldots\, c_{\frac{\rho+3}{2}} & \beta_2 = b_2\, c_3 \,\ldots\ldots\, c_{\frac{\rho+3}{2}} \\
\ldots\ldots\ldots\ldots & \ldots\ldots\ldots\ldots \\
\alpha_{\frac{\rho+1}{2}} = a_{\frac{\rho+1}{2}}\, c_{\frac{\rho+3}{2}}\, c_{\frac{\rho+5}{2}} \cdots c_\rho & \beta_{\frac{\rho+1}{2}} = b_{\frac{\rho+1}{2}}\, c_{\frac{\rho+3}{2}} \cdots c_\rho \\
\alpha_{\frac{\rho+3}{2}} = a_{\frac{\rho+3}{2}}\, c_{\frac{\rho+5}{2}} \,\ldots\ldots\, c_1 & \beta_{\frac{\rho+3}{2}} = b_{\frac{\rho+3}{2}}\, c_{\frac{\rho+5}{2}} \,..\, c_1 \\
\ldots\ldots\ldots\ldots & \ldots\ldots\ldots\ldots \\
\alpha_\rho = a_\rho\, c_1\, c_2 \,\ldots\ldots\, c_{\frac{\rho-1}{2}} & \beta_\rho = b_\rho\, c_1\, c_2 \,\ldots\, c_{\frac{\rho-1}{2}}
\end{array} \tag{25}
$$

$$\gamma = c_1\, c_2\, c_3 \cdots c_\rho.$$

Verstehen wir unter $c_{\rho+\lambda}$ dasselbe wie c_λ, so ist allgemein:

$$
\begin{aligned}
\alpha_\lambda &= a_\lambda\, c_{\lambda+1}\, c_{\lambda+2}\, c_{\lambda+3} \cdots c_{\lambda+\frac{\rho-1}{2}} \\
\beta_\lambda &= b_\lambda\, c_{\lambda+1}\, c_{\lambda+2}\, c_{\lambda+3} \cdots c_{\lambda+\frac{\rho-1}{2}} \qquad (\lambda = 1, 2 \cdots \rho) \\
\gamma &= c_1\, c_2\, c_3 \cdots\cdots\cdots\cdots c_{\rho-1}\, c_\rho.
\end{aligned}
$$

Diese $2\rho+1$ Indices sind hier dargestellt in der reducirten Form. Man erkennt daher sofort, dass γ ungrade ist; α_λ und β_λ sind grade oder ungrade, je nachdem $\frac{\rho-1}{2}$ eine grade oder ungrade Zahl ist; d. h. grade, wenn $\rho \equiv 1 \bmod 4$, ungrade, wenn $\rho \equiv 3 \bmod 4$.

Wir bilden jetzt die Combinationen dieser Grössen. Combiniren wir zunächst γ und α_λ, so heben sich die in beiden Indices vorkommenden Grössen $c_{\lambda+1}, c_{\lambda+2} \cdots c_{\lambda+\frac{\rho-1}{2}}$ auf, c_λ verbindet sich mit a_λ zu b_λ. Der reducirte Index $\gamma\alpha_\lambda$ enthält also $\frac{\rho-1}{2}$ Grössen c. Dasselbe gilt von $\gamma\beta_\lambda$. Mithin sind auch $\gamma\alpha_\lambda$ und $\gamma\beta_\lambda$ grade, wenn $\rho \equiv 1 \bmod 4$, ungrade, wenn $\rho \equiv 3 \bmod 4$.

Wir combiniren jetzt zwei verschiedene der Grössen $\alpha_1, \alpha_2 \cdots \alpha_\rho, \beta_1, \beta_2 \cdots \beta_\rho$. Zunächst ist offenbar $\alpha_\lambda\beta_\lambda = c_\lambda$ ungrade, und $\gamma\alpha_\lambda\beta_\lambda$ grade. Setzen wir jetzt

$$
\begin{aligned}
\overline{\alpha}_\lambda &= \overline{a}_\lambda\, c_{\lambda+1}\, c_{\lambda+2} \cdots c_{\lambda+\frac{\rho-1}{2}}, \\
\overline{\alpha}_\mu &= \overline{a}_\mu\, c_{\mu+1}\, c_{\mu+2} \cdots c_{\mu+\frac{\rho-1}{2}}.
\end{aligned}
$$

Es soll $\lambda \lesseqgtr \mu$ sein; $\overline{a}_\lambda$ soll sowohl a_λ als b_λ, $\overline{a}_\mu$ sowohl a_μ als b_μ bedeuten können. Es sei

$$\lambda = \mu + \nu \bmod \rho.$$

Wir können annehmen, dass ν eine Zahl der Reihe $1, 2 \cdots \frac{\rho-1}{2}$ ist (andernfalls vertauschen wir λ und μ). Dann ist

$$
\begin{aligned}
\overline{\alpha}_\mu &= \overline{a}_\mu\, c_{\mu+1}\, c_{\mu+2} \cdots c_{\mu+\frac{\rho-1}{2}}, \\
\overline{\alpha}_{\mu+\nu} &= \overline{a}_{\mu+\nu}\, c_{\mu+\nu+1} \cdots c_{\mu+\nu+\frac{\rho-1}{2}}.
\end{aligned}
$$

Da die Zahl $\mu+\nu$ in der Reihe $\mu+1\cdot\cdot\mu+\dfrac{\rho-1}{2}$ vorkommt, so können wir $\overline{\alpha}_\mu$ zerlegen in

$$\overline{\alpha}_\mu=\left(\overline{a}_\mu\, c_{\mu+1}\cdot\cdot c_{\mu+\nu-1}\right)\left(c_{\mu+\nu}\, c_{\mu+\nu+1}\cdot\cdot c_{\mu+\frac{\rho-1}{2}}\right),$$

$\overline{\alpha}_{\mu+\nu}$ in:

$$\overline{\alpha}_{\mu+\nu}=\left(\overline{a}_{\mu+\nu}\, c_{\mu+\nu+1}\cdot\cdot c_{\mu+\frac{\rho-1}{2}}\right)\cdot\left(c_{\mu+\frac{\rho+1}{2}}\cdot\cdot c_{\mu+\nu+\frac{\rho-1}{2}}\right).$$

Wir erhalten also, da sich $\overline{a}_{\mu+\nu}$ mit $c_{\mu+\nu}$ zu $\overline{b}_{\mu+\nu}$ ergänzt:

$$\overline{\alpha}_\mu\,\overline{\alpha}_{\mu+\nu}=\overline{a}_\mu\,\overline{b}_{\mu+\nu}\, c_{\mu+1}\cdot\cdot c_{\mu+\nu-1}\, c_{\mu+\frac{\rho+1}{2}}\cdot\cdot c_{\mu+\nu+\frac{\rho-1}{2}}.$$

Dieser Index ist in seiner reducirten Form, und enthält $2\nu-1$ Grössen c. Es ist also $\overline{\alpha}_\mu\,\overline{\alpha}_{\mu+\nu}$ ungrade. Bildet man endlich $\gamma\overline{\alpha}_\mu\,\overline{\alpha}_{\mu+\nu}$, so heben sich diese $2\nu-1$ Grössen c fort, und $c_\mu, c_{\mu+\nu}$ ergänzen sich mit $\overline{a}_\mu\,\overline{b}_{\mu+\nu}$ zu $\overline{b}_\mu\,\overline{a}_{\mu+\nu}$. Der reducirte Ausdruck von $\gamma\overline{\alpha}_\mu\,\overline{\alpha}_{\mu+\nu}$ enthält also $\rho-(2\nu-1)-2$ Grössen c; mithin ist $\gamma\overline{\alpha}_\mu\,\overline{\alpha}_{\mu+\nu}$ ein grader Index.

Bezeichnen wir jetzt die Indices $\alpha_1, \alpha_2\cdot\cdot\alpha_\rho, \beta_1, \beta_2\cdot\cdot\beta_\rho$ in irgend einer Reihenfolge durch $m_1, m_2\cdot\cdot m_{2\rho}$, und γ durch m, so ist, wie wir bewiesen haben:

$$m \text{ ungrade. } m_\varkappa m_\lambda \text{ ungrade. } mm_\varkappa m_\lambda \text{ grade}$$
$$(\varkappa<\lambda).$$

$$m_\varkappa \text{ und } mm_\varkappa \text{ grade für } \rho\equiv 1 \bmod 4,$$
$$\text{ungrade für } \rho\equiv 3 \bmod 4.$$

$m_1, m_2\cdot\cdot m_{2\rho}$ ist, wie aus (24) hervorgeht, ein vollständiges System primitiver Indices, und

$$m=m_1m_2\cdot\cdot m_{2\rho}.$$

Wir bezeichnen nun in dem ersten Fall $\rho\equiv 1 \bmod 4$

$$m, m_1, m_2\cdot\cdot m_{2\rho}$$

in irgend einer Reihenfolge durch die Zahlen:

$$1, 2, 3\cdot\cdot 2\rho+1$$

und setzen ausserdem $m=\varepsilon$. Dann ist

ε ungrade,

$\varepsilon\varkappa$ grade $(\varkappa=1, 2\cdot\cdot 2\rho+1)$,

$\varepsilon\varkappa\lambda$ grade $(\varkappa,\lambda=1, 2\cdot\cdot 2\rho+1;\ \varkappa\lessgtr\lambda)$.

In dem zweiten Falle $\rho \equiv 3 \bmod 4$ bezeichnen wir ebenfalls die Indices

$$m, m_1, m_2 \cdots m_{2\rho}$$

durch die Zahlen

$$1, 2, 3 \cdots 2\rho + 1,$$

setzen aber $\varepsilon = 0$. Dann ist

$$\begin{aligned}
&\varepsilon \text{ grade},\\
&\varepsilon\varkappa \text{ ungrade } (\varkappa = 1, 2 \cdots 2\rho + 1),\\
&\varepsilon\varkappa\lambda \text{ ungrade } (\varkappa, \lambda = 1, 2 \cdots 2\rho + 1;\ \varkappa \lesseqgtr \lambda).
\end{aligned}$$

Nehmen wir jetzt an, dass ρ eine grade Zahl ist; dann setzen wir $\rho = \rho' + 1$ und bilden aus $a_1, a_2 \cdots a_{\rho'}, b_1, b_2 \cdots b_{\rho'}$ die Grössen $m, m_1, m_2 \cdots m_{2\rho'}$. Wir haben jetzt wieder die Fälle zu unterscheiden: $\rho \equiv 2 \bmod 4$, und $\rho \equiv 0 \bmod 4$; oder $\rho' \equiv 1 \bmod 4$ und $\rho' \equiv 3 \bmod 4$.

Im ersten Falle $\rho \equiv 2 \bmod 4$ bezeichnen wir mit

$$1, 2, 3 \cdots 2\rho + 1$$

die Indices

$$m_1, m_2 \cdots m_{2\rho'}; \quad ma_\rho, mb_\rho, mc_\rho,$$

und setzen ausserdem

$$c_\rho = \varepsilon.$$

Dann ist ε ungrade. $\varepsilon\varkappa$ ist ebenfalls ungrade für $\varkappa = 1, 2 \cdots 2\rho + 1$. Denn da $m_\varkappa$ grade ist, und weder a_ρ, noch b_ρ, noch c_ρ enthält, so ist $c_\rho m_\varkappa$ ungrade; ferner, da m ungrade ist, und a_ρ, b_ρ, c_ρ nicht enthält, so ist auch $c_\rho ma_\rho = mb_\rho$, $c_\rho mb_\rho = ma_\rho$, $c_\rho mc_\rho = m$ ungrade. Ferner ist $\varepsilon\varkappa\lambda$ stets grade. Denn da $m_\varkappa m_\lambda$ ungrade ist, so ist $c_\rho m_\varkappa m_\lambda$ grade; da $mm_\varkappa$ grade ist, so sind auch $c_\rho ma_\rho m_\varkappa = b_\rho mm_\varkappa$, $c_\rho mb_\rho m_\varkappa = a_\rho mm_\varkappa$, und $c_\rho mc_\rho m_\varkappa = mm_\varkappa$ grade. Endlich ist $c_\rho ma_\rho mb_\rho = 0$, $c_\rho ma_\rho mc_\rho = b_\rho$, $c_\rho mb_\rho mc_\rho = a_\rho$; also auch diese Indices sind grade. Demnach ist für diesen Fall:

$$\begin{aligned}
&\varepsilon \text{ ungrade},\\
&\varepsilon\varkappa \text{ ungrade } (\varkappa = 1, 2 \cdots 2\rho + 1),\\
&\varepsilon\varkappa\lambda \text{ grade } (\varkappa, \lambda = 1, 2 \cdots 2\rho + 1;\ \varkappa \lesseqgtr \lambda).
\end{aligned}$$

Es bleibt noch der Fall übrig: $\rho \equiv 0$ oder $\rho' = 3 \bmod 4$. In diesem setzen wir $\varepsilon = 0$, und bezeichnen mit $1, 2 \cdots 2\rho + 1$ die Indices:

$$c_\rho m, c_\rho m_1, c_\rho m_2 \cdots c_\rho m_{2\rho'}; \ a_\rho, b_\rho.$$

Diese sind sämmtlich grade, da $m, m_1 \cdot\cdot m_{2\rho'}$ ungrade sind. Die Combinationen je zweier verschiedenen sind aber ungrade. Denn erstens ist offenbar $a_\rho b_\rho = c_\rho$ ungrade. Wenn wir zweitens a_ρ und b_ρ mit den übrigen combiniren, so erhalten wir

$$b_\rho m, b_\rho m_1 \text{ etc.}; \qquad a_\rho m, a_\rho m_1 \text{ etc.}$$

Diese sind ungrade, da m, m_1 etc. ungerade sind. Combiniren wir drittens die Grössen $c_\rho m, c_\rho m_1 \cdot\cdot c_\rho m_{2\rho'}$ unter einander, so erhalten wir:

$$mm_1, mm_2, \text{ etc.} \qquad m_1m_2, m_1m_3, m_2m_3 \cdot\cdot$$

Dass diese ungrade sind, haben wir schon bei Erörterung des Falles $\rho \equiv 3 \bmod 4$ gesehen. Wir erhalten also:

$$\begin{aligned}&\varepsilon \text{ grade},\\ &\varepsilon\varkappa \text{ grade } (\varkappa = 1, 2\cdot\cdot 2\rho+1),\\ &\varepsilon\varkappa\lambda \text{ ungrade } (\varkappa, \lambda = 1, 2\cdot\cdot 2\rho+1; \varkappa \lesseqgtr \lambda).\end{aligned}$$

Wir bezeichnen jetzt, wenn n ein beliebiger Index ist, mit $[n]$ eine Grösse, welche $= 0$ oder 1 ist, je nachdem n ein grader oder ungrader Index ist. Diese Grösse wird dargestellt durch die Summe:

$$[n] \equiv \sum_{\alpha=1}^{\rho} (\varepsilon_\alpha^n \delta_\alpha^n) \bmod 2.$$

Es handelt sich jetzt darum, wenn a ein Index ist, der durch eine bestimmte Anzahl k von einander verschiedener Indices der Reihe $1, 2\cdot\cdot 2\rho+1$ ausgedrückt ist, den Werth von $[\varepsilon a]$ zu finden. Hierzu ist ein Hülfssatz nöthig.

Es seien l, m, n drei beliebige Indices; dann ist

$$[lmn] \equiv \sum_{\alpha=1}^{\rho} \left[\varepsilon_\alpha^{lmn} \delta_\alpha^{lmn}\right] \bmod 2,$$

oder, da

$$\begin{aligned}\varepsilon_\alpha^{lmn} &\equiv \varepsilon_\alpha^l + \varepsilon_\alpha^m + \varepsilon_\alpha^n \bmod 2,\\ \delta_\alpha^{lmn} &\equiv \delta_\alpha^l + \delta_\alpha^m + \delta_\alpha^n \bmod 2,\\ [lmn] &\equiv \sum_{\alpha=1}^{\rho} \left[\left(\varepsilon_\alpha^l + \varepsilon_\alpha^m + \varepsilon^n\right)\left(\delta_\alpha^l + \delta_\alpha^m + \delta_\alpha^n\right)\right].\end{aligned}$$

Diese Summe kann in folgender Weise geschrieben werden:

$$\begin{aligned}&\sum_{\alpha=1}^{\rho} \left[(\varepsilon_\alpha^m + \varepsilon_\alpha^n)(\delta_\alpha^m + \delta_\alpha^n) + \left(\varepsilon_\alpha^n + \varepsilon_\alpha^l\right)\left(\delta_\alpha^n + \delta_\alpha^l\right) + \left(\varepsilon_\alpha^l + \varepsilon_\alpha^m\right)\left(\delta_\alpha^l + \delta_\alpha^m\right)\right]\\ &- \sum_{\alpha=1}^{\rho} \left[\varepsilon_\alpha^l \delta_\alpha^l + \varepsilon_\alpha^m \delta_\alpha^m + \varepsilon_\alpha^n \delta_\alpha^n\right].\end{aligned}$$

Mithin ist

$$[lmn] \equiv [mn]+[nl]+[lm]+[l]+[m]+[n] \bmod 2.$$

Es sei nun a ein Index, der durch eine Combination von k verschiedenen Indices der Reihe $1, 2 \cdot\cdot 2\rho+1$ entsteht. Zwei dieser in a vorkommenden Indices seien $\varkappa$, λ; dann ist $a=\varkappa\lambda a'$, wo a' zwei Indices weniger enthält. Es ist nun, wenn man in der letzten Formel $l=\varepsilon a'$, $m=\varkappa$, $n=\lambda$ setzt:

$$[\varepsilon a'\varkappa\lambda] \equiv [\varepsilon a'\varkappa]+[\varepsilon a'\lambda]+[\varkappa\lambda]+[\varepsilon a']+[\varkappa]+[\lambda].$$

Gleichzeitig ist aber

$$[\varepsilon\varkappa\lambda] \equiv [\varepsilon\varkappa]+[\varepsilon\lambda]+[\varkappa\lambda]+[\varepsilon]+[\varkappa]+[\lambda].$$

Mithin

$$[\varepsilon a'\varkappa\lambda] \equiv [\varepsilon a'\varkappa]+[\varepsilon a'\lambda]+[\varepsilon a']+[\varepsilon\varkappa\lambda]+[\varepsilon\varkappa]+[\varepsilon\lambda]+[\varepsilon].$$

Nun ist in allen vier Fällen $\varepsilon\varkappa\lambda$ grade, wenn ε ungrade ist, und umgekehrt; ferner $\varepsilon\varkappa$, $\varepsilon\lambda$ gleichzeitig grade oder ungrade; daher ist

$$[\varepsilon\varkappa\lambda]+[\varepsilon\varkappa]+[\varepsilon\lambda]+[\varepsilon] \equiv 1 \bmod 2;$$

mithin

$$[\varepsilon a'\varkappa\lambda] \equiv [\varepsilon a'\varkappa]+[\varepsilon a'\lambda]+[\varepsilon a']+1.$$

Wenn wir nun bewiesen haben, dass für alle Combinationen a' von der Ordnung $k-2$, $[\varepsilon a']$ denselben Werth hat, und dass dasselbe gilt für alle Combinationen $a'\varkappa$, $a'\lambda$ etc. von der Ordnung $k-1$, so geht aus dieser Formel hervor, dass auch für alle Combinationen a von der Ordnung k $[\varepsilon a]$ denselben Werth hat; und zwar ist dieser Werth entgegengesetzt dem von $[\varepsilon a']$. Es hat also, wenn $\varkappa$, λ, μ, ν etc. irgend welche verschiedene Indices der Reihe

$$1, 2, \cdot\cdot 2\rho+1$$

sind, $[\varepsilon\varkappa\lambda\mu]$ den entgegengesetzten Werth von $[\varepsilon\varkappa], [\varepsilon\varkappa\lambda\mu\nu]$ den entgegengesetzten Werth von $[\varepsilon\varkappa\lambda]$ und denselben wie $[\varepsilon]$, u. s. f. Mit Hülfe dieses Resultats ergiebt nun die Betrachtung der vier verschiedenen Fälle, dass εa ein grader Index ist, wenn a durch eine Combination von ρ oder $\rho+1$ verschiedenen primitiven Indices entsteht. Daraus geht sofort hervor, dass εa ein grader Index ist, wenn die Anzahl k der Glieder, aus denen a besteht, $\equiv \rho$ oder $\equiv \rho+1 \bmod 4$ ist, dagegen ein ungrader, wenn $k \equiv \rho-1$ oder $\equiv \rho+2 \bmod 4$ ist. Somit ist folgender Satz bewiesen:

II. *Es ist möglich, ein System primitiver Indices*

$$1, 2, 3 \cdot\cdot 2\rho+1$$

und einen ausgezeichneten ε *so zu wählen, dass* εa *ein grader Index ist, wenn die Anzahl der primitiven Indices, aus denen* a *zusammengesetzt ist,* $\equiv \rho$ *oder* $\equiv \rho + 1 \bmod 4$ *ist, dagegen ein ungrader, wenn diese Anzahl* $\equiv \rho + 2$ *oder* $\equiv \rho - 1 \bmod 4$ *ist.*

Durch die Combination aller primitiven Indices geht, wie alle vier Fälle zeigen, der Index 0 hervor. Demnach kann jeder Index auf zweifache Weise in der Form εa dargestellt werden: $m = \varepsilon a$, und $m = \varepsilon a'$. In a und a' zusammen sind dann alle $2\rho + 1$ Indices enthalten; daher enthält die eine Combination stets weniger als $\rho + 1$, die andere stets mehr als ρ Glieder, die eine Combination eine grade Anzahl, die andere eine ungrade.

§ 5.

Wir wählen für $\rho = 3$ ein System primitiver Indices

$$1, 2, 3 \,..\, 7$$

in der Art, wie im vorigen § angegeben wurde, indem wir $\varepsilon = 0$ annehmen (diese Indices bezeichnen wir zum Unterschiede von den allgemeinen durch griechische Buchstaben). Es lassen sich dann alle 64 Indices durch die 64 Combinationen 0, $\varkappa$, $\varkappa\lambda$, $\varkappa\lambda\mu$ darstellen, und zwar sind durch die 28 Combinationen $\varkappa$ und $\varkappa\lambda$ die ungraden, durch die 36 Combinationen 0 und $\varkappa\lambda\mu$ die graden dargestellt. Indessen kann auch jeder Index durch eine höhere Combination ausgedrückt werden; es ist nämlich, wenn

$$\varkappa, \lambda, \mu, \alpha, \beta, \gamma, \delta$$

die Indices $1, 2 \cdots 7$ in irgend einer Reihenfolge bedeuten:

$$0 = \varkappa\lambda\mu\alpha\beta\gamma\delta,\ \varkappa = \lambda\mu\alpha\beta\gamma\delta,\ \varkappa\lambda = \mu\alpha\beta\gamma\delta,\ \varkappa\lambda\mu = \alpha\beta\gamma\delta.$$

Es seien jetzt u, u', u'' drei unabhängige Veränderliche, v, v', v'' und w, w', w'' zwei constante Werthsysteme derselben, und k, l, m drei beliebige Indices. Alsdann erhalten wir, wenn wir in dem Ausdruck

$$\Theta(u+v, u'+v', u''+v''; \tfrac{1}{2}\delta^{k\alpha}, \tfrac{1}{2}\varepsilon^{k\alpha})\,\Theta(u-v, u'-v', u''-v''; \tfrac{1}{2}\delta^{l\alpha}, \tfrac{1}{2}\varepsilon^{l\alpha})$$

$a = 0, 1, 2 \cdots 7$ setzen, 8 Theta-Functionen zweiten Grades mit der Charakteristik $(\tfrac{1}{2}\delta^{kl}, \tfrac{1}{2}\varepsilon^{kl})$. Eine ebensolche Function ist

$$\Theta\left(u+w, u'+w', u''+w''; \tfrac{1}{2}\delta^{km}, \tfrac{1}{2}\varepsilon^{km}\right)\Theta\left(u-w, u'-w', u''-w''; \tfrac{1}{2}\delta^{lm}, \tfrac{1}{2}\varepsilon^{lm}\right).$$

Zwischen diesen $2^{\rho} + 1$ Ausdrücken muss, dem Satz (I.) zufolge, eine lineare homogene Gleichung bestehen:

$$f\,\Theta\left(u+w\cdots; \tfrac{1}{2}\delta^{km}, \tfrac{1}{2}\varepsilon^{km}\right)\ \Theta\left(u-w\cdots; \tfrac{1}{2}\delta^{lm}, \tfrac{1}{2}\varepsilon^{lm}\right))$$
$$= \sum_{\alpha=0}^{7}\left[f_\alpha\,\Theta\left(u+v\cdots; \tfrac{1}{2}\delta^{k\alpha}, \tfrac{1}{2}\varepsilon^{k\alpha}\right)\ \Theta\left(u-v\cdots; \tfrac{1}{2}\delta^{l\alpha}, \tfrac{1}{2}\varepsilon^{l\alpha}\right)\right],$$

deren Coefficienten $f, f_0, f_1 \cdots f_7$ von u, u', u'' unabhängig sind. Um diese zu bestimmen, verfahren wir so:

Es sei β irgend einer der Indices $0, 1, 2 \cdots 7$. Wir vermehren dann die Variabeln um dasjenige halbe Periodensystem, welches zu dem Index $l\beta$ gehört. Multipliciren wir dann noch die gefundene Gleichung mit dem Factor

$$e^{-2\eta(u_1\cdots)l\beta},$$

so ergiebt sich, vermöge Formel (23):

$$\begin{aligned} &i^{l\beta;km+l\beta;lm} f\,\Theta(u+w\cdots;\tfrac{1}{2}\delta^{klm\beta},\tfrac{1}{2}\varepsilon^{klm\beta})\,\Theta(u-w\cdots;\tfrac{1}{2}\delta^{m\beta},\tfrac{1}{2}\varepsilon^{m\beta}) \\ &=\sum_{\alpha=0}^{7}[i^{l\beta;k\alpha+l\beta;l\alpha} f_\alpha\,\Theta(u+v\cdots;\tfrac{1}{2}\delta^{kl\alpha\beta},\tfrac{1}{2}\varepsilon^{kl\alpha\beta})\,\Theta(u-v\cdots;\tfrac{1}{2}\delta^{\alpha\beta};\tfrac{1}{2}\varepsilon^{\alpha\beta})]. \end{aligned}$$

Jetzt setzen wir $u=v$, $u'=v'$, $u''=v''$; dann verwandelt sich die rechte Seite dieser Gleichung in:

$$\sum_{\alpha=0}^{7}[i^{l\beta;k\alpha+l\beta;l\alpha} f_\alpha\,\Theta(2v,2v',2v'';\tfrac{1}{2}\delta^{kl\alpha\beta},\tfrac{1}{2}\varepsilon^{kl\alpha\beta})\,\Theta(0,0,0;\tfrac{1}{2}\delta^{\alpha\beta},\tfrac{1}{2}\varepsilon^{\alpha\beta})].$$

Es ist aber $\alpha\beta$ ein ungrader Index, wenn nicht $\alpha=\beta$ ist; daher:

$$\Theta(0,0,0;\tfrac{1}{2}\delta^{\alpha\beta},\tfrac{1}{2}\varepsilon^{\alpha\beta})=\begin{cases}0, \text{ wenn } \alpha\lessgtr\beta, \\ \Theta(0,0,0;0,0) \text{ wenn } \alpha=\beta.\end{cases}$$

Wir erhalten daher, wenn wir die Constante

$$\Theta(0,0,0;0,0) \text{ mit } c_0$$

bezeichnen:

$$\begin{aligned} &i^{l\beta;km+l\beta;lm-l\beta;k\beta-l\beta;l\beta} f\,\Theta(v+w\cdots;\tfrac{1}{2}\delta^{klm\beta},\tfrac{1}{2}\varepsilon^{klm\beta})\,\Theta(v-w\cdots;\tfrac{1}{2}\delta^{m\beta},\tfrac{1}{2}\varepsilon^{m\beta}) \\ &=f_\beta c_0\,\Theta(2v,2v',2v'';\tfrac{1}{2}\delta^{kl},\tfrac{1}{2}\varepsilon^{kl}). \end{aligned}$$

Hierdurch sind die Coefficienten bestimmt, und es ergiebt sich die Gleichung:

$$\begin{aligned} (26)\quad &c_0\,\Theta(2v\cdots;\tfrac{1}{2}\delta^{kl},\tfrac{1}{2}\varepsilon^{kl})\,\Theta(u+w\cdots;\tfrac{1}{2}\delta^{km},\tfrac{1}{2}\varepsilon^{km})\,\Theta(u-w\cdots;\tfrac{1}{2}\delta^{lm},\tfrac{1}{2}\varepsilon^{lm}) \\ &=\sum_{\alpha=0}^{7}[i^{[k\alpha,l\alpha,m\alpha]}\,\Theta(v+w\cdots;\tfrac{1}{2}\delta^{klm\alpha},\tfrac{1}{2}\varepsilon^{klm\alpha})\,\Theta(u-w\cdots;\tfrac{1}{2}\delta^{m\alpha},\tfrac{1}{2}\varepsilon^{m\alpha}) \\ &\qquad\times\Theta(u+v\cdots;\tfrac{1}{2}\delta^{k\alpha},\tfrac{1}{2}\varepsilon^{k\alpha})\,\Theta(u-v\cdots;\tfrac{1}{2}\delta^{l\alpha},\tfrac{1}{2}\varepsilon^{l\alpha})], \end{aligned}$$

wo

$$[k,\, l,\, m] = l;\, km + l;\, lm - l;\, k - l;\, l$$

ist. Es ist nun zufolge (24):

$$\begin{aligned} l;\, km &= \sum \left[-\varepsilon^{l}\delta^{km} + \varepsilon^{klm}(\delta^{l} + \delta^{km} - \delta^{klm})\right], \\ l;\, lm &= \sum \left[-\varepsilon^{l}\delta^{lm} + \varepsilon^{m}(\delta^{l} + \delta^{lm} - \delta^{m})\right], \\ l;\, k &= \sum \left[-\varepsilon^{l}\delta^{k} + \varepsilon^{kl}(\delta^{l} + \delta^{k} - \delta^{kl})\right], \\ l;\, l &= \sum \left[-\varepsilon^{l}\delta^{l}\right]. \end{aligned}$$

Daraus ergiebt sich:

$$\begin{aligned} (27) \qquad [k,\, l,\, m] = \sum [&\varepsilon^{l}(-\delta^{km} - \delta^{lm} + \delta^{k} + \delta^{l}) + \varepsilon^{klm}(\delta^{l} + \delta^{km} - \delta^{klm}) \\ &+ \varepsilon^{m}(\delta^{l} + \delta^{lm} - \delta^{m}) - \varepsilon^{kl}(\delta^{l} + \delta^{k} - \delta^{kl})]. \end{aligned}$$

In diesem Ausdruck ist jedes ε mit einer graden Zahl multiplicirt. Da wir nun $[k, l, m]$ nur modulo 4 zu betrachten haben, so können wir ε^{l}, ε^{klm}, ε^{m}, ε^{kl} ersetzen durch andere Werthe, die ihnen modulo 2 congruent sind.

Wir denken uns die drei Indices k, l, m dargestellt durch Combinationen von einander verschiedener primitiver Indices:

$$(28) \qquad k = \varkappa_1\varkappa_2 \cdots, \qquad l = \lambda_1\lambda_2 \cdots, \qquad m = \mu_1\mu_2 \cdots,$$

und zwar wählen wir, da dies auf zweifache Weise geschehen kann, stets diejenige Darstellung, die aus einer graden Anzahl von Gliedern besteht. Es sei nun n der Complex derjenigen primitiven Indices, die in allen drei Ausdrücken von k, l, m gleichzeitig enthalten sind. Alsdann können wir setzen:

$$k = nk', \qquad l = nl', \qquad m = nm';$$

und es giebt jetzt keinen primitiven Index, der in k', l', m' gleichzeitig enthalten wäre. Es sei ferner p der Complex derjenigen Indices, die in l' und m' gleichzeitig enthalten sind; q derer, die in m' und k', r derjenigen, die in k' und l' gleichzeitig vorkommen. Dadurch dass wir diese absondern, zerfällt jeder der drei Ausdrücke (28) in vier Theile

$$(29) \qquad k = nqrs, \qquad l = nrpt, \qquad m = npqu.$$

n, p, q, r, s, t, u sind dann sieben verschiedene Complexe, und so beschaffen, dass ein primitiver Index, der in einem derselben vorkommt, in keinem der übrigen enthalten ist. Wenn wir jetzt die Indices k, l, m zusammensetzen, so erhalten wir:

$$(30) \qquad lm = qrtu, \qquad mk = rpus, \qquad kl = pqst, \qquad klm = nstu.$$

Diese Indices sind hierdurch gleichfalls dargestellt als Combinationen von einander verschiedener primitiver Indices, und zwar müssen diese Darstellungen, da immer eine grade Anzahl von Gliedern fortgefallen ist, wiederum jede aus einer graden Anzahl von Gliedern bestehen. Wir führen jetzt folgende Definition ein:

Es sei k ein beliebiger Index. Diesen stellen wir dar durch eine grade Anzahl von einander verschiedener primitiver Indices (was nur auf eine Weise möglich ist), und bezeichnen durch σ^k die Summe:

$$\sigma^k = \varepsilon^{\varkappa_1} + \varepsilon^{\varkappa_2} + \text{ etc.},$$

ausgedehnt über alle Indices $\varkappa_1$, $\varkappa_2$, etc., die in dem Ausdruck von k enthalten sind. Da nun offenbar $\sigma^k \equiv \varepsilon^k \bmod 2$, so können wir in dem Ausdruck (27) die Grössen ε durch diese σ ersetzen. Indem wir dann diejenigen Glieder zusammenfassen, die mit derselben Grösse δ multiplicirt sind, erhalten wir:

$$\begin{aligned}(31)\qquad [k,l,m] \equiv \sum[&-\delta^k(\sigma^{kl} - \sigma^l) - \delta^l(\sigma^{kl} - \sigma^l - \sigma^{klm} - \sigma^m) - \delta^m\sigma^m \\ &+ \delta^{lm}(\sigma^m - \sigma^l) + \delta^{km}(\sigma^{klm} - \sigma^l) + \delta^{kl}\sigma^{kl} - \delta^{klm}\sigma^{klm}] \bmod 4.\end{aligned}$$

Da nun die in l enthaltenen primitiven Indices in vier Gruppen n, r, p, t zerfallen, so zerfällt die über diese Indices ausgedehnte Summe in vier Partialsummen, die diesen Gruppen entsprechen: N, R, P, T. Es ist also

$$\sigma^{kl} = P + Q + S + T,$$
$$\sigma^l = N + R + P + T.$$

Folglich

$$\sigma^{kl} - \sigma^l = Q + S - N - R.$$

Da aber

$$Q + S + N + R = \sigma^k$$

ist, so folgt:

$$\sigma^{kl} - \sigma^l = \sigma^k - 2(N + R).$$

Nun ist aber

$$N + R = \varepsilon^n + \varepsilon^r \equiv \varepsilon^{nr} \bmod 2;$$

mithin ergiebt sich:

$$\sigma^{kl} - \sigma^l \equiv \sigma^k + 2\varepsilon^{nr} \bmod 4.$$

Auf dieselbe Weise finden wir:

$$\sigma^{kl} - \sigma^l - \sigma^{klm} - \sigma^m \equiv \sigma^p + 2\varepsilon^{rptu} \bmod 4,$$
$$\sigma^m - \sigma^l \equiv \sigma^{lm} + 2\varepsilon^{rt} \bmod 4,$$
$$\sigma^{klm} - \sigma^l \equiv \sigma^{km} + 2\varepsilon^{rp} \bmod 4.$$

Setzen wir diese vier Ausdrücke in die Gleichung (31) ein, so zerfällt der Ausdruck auf der rechten Seite in zwei Theile:

$$[k,l,m] \equiv [(k,l,m)] + 2(k,l,m) \bmod 4, \tag{32}$$

von denen der erste

$$[(k,l,m)] = \sum \left[-\delta^k\sigma^k - \delta^l\sigma^l - \delta^m\sigma^m + \delta^{lm}\sigma^{lm} + \delta^{mk}\sigma^{mk} + \delta^{kl}\sigma^{kl} - \delta^{klm}\sigma^{klm} \right]$$

ist, während

$$(k,l,m) = \sum \left[\varepsilon^{nr}\delta^k + \varepsilon^{rptu}\delta^l + \varepsilon^{rt}\delta^{lm} + \varepsilon^{rp}\delta^{km} \right].$$

In dem ersten Ausdruck führen wir die Bezeichnung ein:

$$\sum \left[\delta^k\sigma^k \right] = (k). \tag{33}$$

Dann ist

$$[(k,l,m)] = -(k) - (l) - (m) + (lm) + (mk) + (lk) - (klm). \tag{34}$$

Den zweiten Ausdruck brauchen wir nur modulo 2 zu betrachten. Wir können deshalb δ^{km} ersetzen durch $\delta^k + \delta^m$, δ^{lm} durch $\delta^l + \delta^m$. So erhalten wir:

$$(k,l,m) \equiv \sum \left[(\varepsilon^{nr} + \varepsilon^{rp})\delta^k + (\varepsilon^{rptu} + \varepsilon^{rt})\delta^l + (\varepsilon^{rt} + \varepsilon^{rp})\delta^m \right] \bmod 2.$$

Nun ist

$$\varepsilon^{nr} + \varepsilon^{rp} \equiv \varepsilon^{np}, \quad \varepsilon^{rptu} + \varepsilon^{rt} \equiv \varepsilon^{pu}, \quad \varepsilon^{rt} + \varepsilon^{rp} \equiv \varepsilon^{pt} \bmod 2.$$

Folglich:

$$(k,l,m) \equiv \sum \left[\varepsilon^{np}\delta^k + \varepsilon^{pu}\delta^l + \varepsilon^{pt}\delta^m \right] \bmod 2.$$

Wir setzen jetzt

$$np = K, \quad nq = L, \quad nr = M.$$

Dann bedeutet K den grössten gemeinsamen Theiler der Ausdrücke von l und m, L von m und k, M von k und l. Es ist dann

$$pu = Lm, \quad pt = lM;$$

mithin

$$(k,\, l,\, m) \equiv \sum [\varepsilon^K\delta^k + \varepsilon^{Lm}\delta^l + \varepsilon^{Ml}\delta^m] \bmod 2.$$

Wir führen auch hier eine abkürzende Bezeichnung ein, die in der Folge beibehalten werden wird. Es seien a, b zwei beliebige Indices; dann setzen wir:

$$\sum [\varepsilon^a\delta^b] \equiv a \mid b \bmod 2. \tag{35}$$

Dieses Zeichen ist also nur modulo 2 definirt. Danach ist:

$$(36) \qquad (k,\, l,\, m) \equiv K \mid k + Lm \mid l + Ml \mid m \bmod 2.$$

Wir haben somit gefunden:

$$(37) \qquad i^{[k\alpha,\, l\alpha,\, m\alpha]} = \frac{i^{-(k\alpha)}\, i^{-(l\alpha)}\, i^{-(m\alpha)}\, i^{-(klm\alpha)}}{i^{-(kl)}\, i^{-(km)}\, i^{-(lm)}} (-1)^{(k\alpha,\, l\alpha,\, m\alpha)}.$$

Diesen Ausdruck führen wir in die Gleichung (26) ein, setzen aber vorher folgende Definition fest: Es sei α ein beliebiger Index; dann bezeichnen wir mit $\Theta(u,\, u',\, u'')_\alpha$ die Function

$$(38) \qquad i^{-(\alpha)}\, \Theta(u,\, u',\, u'',\, \tfrac{1}{2}\delta^\alpha,\, \tfrac{1}{2}\varepsilon^\alpha) = \Theta(u,\, u',\, u'')_\alpha.$$

Alsdann nimmt diese Gleichung folgende Form an:

$$(39) \qquad c_0\, \Theta(2v \cdot\cdot)_{kl}\, \Theta(u + w \cdot\cdot)_{km}\, \Theta(u - w \cdot\cdot)_{lm}$$

$$= \sum_{\alpha=0}^{7} [(-1)^{(k\alpha,\, l\alpha,\, m\alpha)}\, \Theta(v + w \cdot\cdot)_{klm\alpha}\, \Theta(v - w \cdot\cdot)_{m\alpha}\, \Theta(u + v \cdot\cdot)_{k\alpha}\, \Theta(u - v \cdot\cdot)_{l\alpha}].$$

Dies ist das Additionstheorem der Theta-Functionen in einer sehr allgemeinen Fassung. Um das Vorzeichen $(-1)^{(k\alpha,\, l\alpha,\, m\alpha)}$ für irgend eine besondere Wahl der Indices k, l, m zu bestimmen, hat man folgendermassen zu verfahren: Es sind $k\alpha$, $l\alpha$, $m\alpha$ auszudrücken durch die primitiven Indices, und zwar ist jedesmal diejenige der beiden Darstellungen zu wählen, die eine grade Anzahl von Gliedern enthält. Alsdann sind von diesen Darstellungen die grössten gemeinsamen Theiler K von $l\alpha$, $m\alpha$, L von $m\alpha$, $k\alpha$, M von $k\alpha$, $l\alpha$ abzusondern; dann ist

$$(40) \qquad (-1)^{(k\alpha,\, l\alpha,\, m\alpha)} = (-1)^{K \mid k\alpha + Lm\alpha \mid l\alpha + Ml\alpha \mid m\alpha}.$$

Aus der Definition des Zeichens $a \mid b$ (Gl. (35)) geht hervor:
Da

$$\varepsilon^b + \varepsilon^c \equiv \varepsilon^{bc} \bmod 2,$$

so ist

$$(41) \qquad bc \mid a \equiv b \mid a + c \mid a.$$

Ferner, da

$$\delta^b + \delta^c \equiv \delta^{bc} \bmod 2,$$

so ist

$$(42) \qquad a \mid bc \equiv a \mid b + a \mid c.$$

Endlich ist $a \mid a \equiv 0$ oder 1, je nachdem a ein grader oder ungrader Index ist. Aus den Eigenschaften (41) und (42) folgt:

$$\begin{aligned} ab \mid ab &\equiv ab \mid a + ab \mid b, \\ ab \mid a &\equiv a \mid a + b \mid a, \\ ab \mid b &\equiv a \mid b + b \mid b. \end{aligned}$$

Mithin:

$$ab \mid ab + a \mid a + b \mid b \equiv a \mid b + b \mid a.$$

Daraus ergiebt sich, dass

$$a \mid b \equiv b \mid a$$

ist, wenn von den drei Indices a, b, ab alle oder nur einer grade ist; dagegen

$$a \mid b \equiv 1 + b \mid a,$$

wenn unter den Indices a, b, ab nur zwei oder gar kein grader vorhanden ist. Ferner lehren diese Congruenzen, dass sich schliesslich $(-1)^{(k\alpha, l\alpha, m\alpha)}$ in ein Product der Zeichen

$$(-1)^{\varkappa \mid \lambda}$$

auflösen lassen muss, wo $\varkappa$ und λ Indices der Reihe $1, 2 \cdot\cdot 2\rho + 1$ sind. Diese genügen, da $\varkappa$, λ, und $\varkappa\lambda$ ungrade Indices sind, den Bedingungen:

$$(-1)^{\varkappa \mid \varkappa} = -1, \tag{43}$$

$$(-1)^{\varkappa \mid \lambda} = -(-1)^{\lambda \mid \varkappa} \quad (\varkappa \lessgtr \lambda). \tag{44}$$

Wegen dieser Eigenschaft dienen diese Vorzeichen im Wesentlichen dazu, alternirende Functionen mehrerer Indices in symmetrische zu verwandeln.

§ 6.

Es sei a irgend ein grader Index; dann bezeichnen wir mit c_a den Werth, den die Function $\Theta(u, u', u'')_a$ annimmt, wenn die drei Variabeln gleich Null gesetzt werden. Es giebt also 36 Constanten c_a; die eine (schon früher definirte) c_0 und die 35 $c_{\varkappa\lambda\mu}$. Wir setzen

$$\frac{c_{\varkappa\lambda\mu}}{c_0} = e_{\varkappa\lambda\mu}. \tag{45}$$

Es sei jetzt a ein ungrader Index; dann fängt die Entwickelung der Function $\Theta(u, u', u'')_a$ nach aufsteigenden Dimensionen der Variabeln an mit einer linearen Function:

$$u_a = A_a u + B_a u' + C_a u''. \tag{46}$$

Es giebt 28 ungrade Indices, die 7 primitiven $\varkappa$, und die 21 zusammengesetzten $\varkappa\lambda$; daher haben wir auch 28 solche lineare Functionen $u_\varkappa$ und $u_{\varkappa\lambda}$. Es sind jetzt die Relationen aufzustellen, welche zwischen diesen Constanten $e_{\varkappa\lambda\mu}$; $A_\varkappa$, $B_\varkappa$, $C_\varkappa$; $A_{\varkappa\lambda}$, $B_{\varkappa\lambda}$, $C_{\varkappa\lambda}$ bestehen; hierbei wird sich eine Darstellung dieser Grössen durch eine Anzahl von einander unabhängiger Parameter ergeben.

Wir setzen in der Gleichung (39) die sechs Constanten v, v', v'', w, w', $w''=0$; bezeichnen wir dann die Function $\Theta(u, u', u'')_m$ kurz durch Θ_m, so erhalten wir:

$$c_0 c_{kl}\,\Theta_{km}\,\Theta_{lm} = \sum_{\alpha=0}^{7}\left[(-1)^{(k\alpha,l\alpha,m\alpha)} c_{klm\alpha} c_{m\alpha}\,\Theta_{k\alpha}\,\Theta_{l\alpha}\right]. \tag{47}$$

Setzen wir hier noch u, u', $u''=0$, so erhalten wir die Gleichung zwischen den Parametern:

$$c_0 c_{kl} c_{km} c_{lm} = \sum_{\alpha=0}^{7}\left[(-1)^{(k\alpha,l\alpha,m\alpha)} c_{k\alpha} c_{l\alpha} c_{m\alpha} c_{klm\alpha}\right]. \tag{48}$$

Wir setzen jetzt in der ersten dieser Gleichungen:

$$k=\lambda\mu,\quad l=0,\quad m=\varkappa\mu,$$

wo $\varkappa$, λ, μ drei verschiedene primitive Indices bedeuten. Alsdann ist kl ein ungrader Index; die linke Seite der Gleichung (47) verschwindet demnach, und wir erhalten:

$$\sum_{\alpha=0}^{7}\left[(-1)^{(\lambda\mu\alpha,\alpha,\varkappa\mu\alpha)} c_{\varkappa\lambda\alpha} c_{\varkappa\mu\alpha}\,\Theta_{\lambda\mu\alpha}\,\Theta_\alpha\right]=0.$$

Ausserdem verschwinden diejenigen Terme der Summe, welche sich auf die Indices 0, $\varkappa$, λ, μ beziehen. Die Summe ist also auszudehnen über die 4 Indices der Reihe $1,2\cdots 7$, welche von $\varkappa$, λ, μ verschieden. Diese seien: α, β, γ, δ. Um nun K, L, M zu bestimmen, haben wir $\lambda\mu\alpha$ zu ersetzen durch $\varkappa\beta\gamma\delta$, α durch $\varkappa\lambda\mu\beta\gamma\delta$, $\varkappa\mu\alpha$ durch $\lambda\beta\gamma\delta$. Der gemeinsame Theiler von $\varkappa\lambda\mu\beta\gamma\delta$ und $\lambda\beta\gamma\delta$ ist $\lambda\beta\gamma\delta$, der gemeinsame Theiler von $\lambda\beta\gamma\delta$ und $\varkappa\beta\gamma\delta$ ist $\beta\gamma\delta$, von $\varkappa\beta\gamma\delta$ und $\varkappa\lambda\mu\beta\gamma\delta$, $\varkappa\beta\gamma\delta$. Wir bekommen also:

$$K=\lambda\beta\gamma\delta=\varkappa\mu\alpha,\quad L=\beta\gamma\delta=\varkappa\lambda\mu\alpha,\quad M=\varkappa\beta\gamma\delta=\lambda\mu\alpha.$$

Daher ist

$$\begin{aligned}(\lambda\mu\alpha,\alpha,\varkappa\mu\alpha) &\equiv K\mid\lambda\mu\alpha + L\varkappa\mu\alpha\mid\alpha + M\alpha\mid\varkappa\mu\alpha\\ &\equiv \varkappa\mu\alpha\mid\lambda\mu\alpha+\lambda\mid\alpha+\lambda\mu\mid\varkappa\mu\alpha.\end{aligned}$$

Nun ist

$$\lambda\mu\mid\varkappa\mu\alpha\equiv 1+\varkappa\mu\alpha\mid\lambda\mu,$$

da von den drei Indices $\varkappa\mu\alpha$, $\lambda\mu$, $\varkappa\lambda\alpha$ einer ungrade ist; ferner:

$$\varkappa\mu\alpha \mid \lambda\mu + \varkappa\mu\alpha \mid \lambda\mu\alpha \equiv \varkappa\mu\alpha \mid \alpha,$$

und

$$\varkappa\mu\alpha \mid \alpha + \lambda \mid \alpha \equiv \varkappa\lambda\mu\alpha \mid \alpha.$$

Daher ist

$$(\lambda\mu\alpha, \alpha, \varkappa\mu\alpha) \equiv 1 + \varkappa\lambda\mu\alpha \mid \alpha.$$

Wir erhalten also:

$$\sum_{\alpha,\beta,\gamma,\delta} \left[(-1)^{\varkappa\lambda\mu\alpha|\alpha} c_{\varkappa\lambda\alpha} c_{\varkappa\mu\alpha} \Theta_{\lambda\mu\alpha} \Theta_{\alpha}\right] = 0. \tag{49}$$

Wenn wir das Product $\Theta_{\lambda\mu\alpha}\Theta_{\alpha}$ nach aufsteigenden Dimensionen der Variabeln entwickeln, so ist das Anfangsglied: $c_{\lambda\mu\alpha}u_{\alpha}$; daher muss zwischen den vier linearen Functionen u_{α}, u_{β}, u_{γ}, u_{δ} die Gleichung bestehen:

$$\sum_{\alpha,\beta,\gamma,\delta} \left[(-1)^{\varkappa\lambda\mu\alpha|\alpha} c_{\varkappa\lambda\alpha} c_{\varkappa\mu\alpha} c_{\lambda\mu\alpha} u_{\alpha}\right] = 0.$$

Diese Gleichung multipliciren wir mit $\dfrac{e_{\varkappa\lambda\mu}}{c_0^3}$; dann ergiebt sich:

$$\sum_{\alpha,\beta,\gamma,\delta} \left[(-1)^{\varkappa\lambda\mu\alpha|\alpha} e_{\varkappa\lambda\alpha} e_{\varkappa\mu\alpha} e_{\lambda\mu\alpha} e_{\varkappa\lambda\mu} u_{\alpha}\right] = 0.$$

Nun ist $e_{\varkappa\lambda\alpha}e_{\varkappa\mu\alpha}e_{\lambda\mu\alpha}e_{\varkappa\lambda\mu}$ ein in Bezug auf die Indices $\varkappa$, λ, μ, α symmetrischer Ausdruck, den wir deshalb durch $E_{\beta\gamma\delta}$ bezeichnen können. Ferner ist $\varkappa\lambda\mu\alpha = \beta\gamma\delta$, $\varkappa\lambda\mu\beta = \gamma\delta\alpha$ u. s. f.; es ist also

$$\begin{aligned}(-1)^{\beta\gamma\delta|\alpha} E_{\beta\gamma\delta} u_{\alpha} + (-1)^{\gamma\delta\alpha|\beta} E_{\gamma\delta\alpha} u_{\beta} \\ + (-1)^{\delta\alpha\beta|\gamma} E_{\delta\alpha\beta} u_{\gamma} + (-1)^{\alpha\beta\gamma|\delta} E_{\alpha\beta\gamma} u_{\delta} = 0.\end{aligned}$$

Diese Gleichung gilt für willkürliche Werthe von u, u', u''. Wir bestimmen diese so, dass u_{γ} und u_{δ} verschwindet; dann ist:

$$u_{\alpha} : u_{\beta} = \begin{vmatrix} A_{\alpha} & B_{\alpha} & C_{\alpha} \\ A_{\gamma} & B_{\gamma} & C_{\gamma} \\ A_{\delta} & B_{\delta} & C_{\delta} \end{vmatrix} : \begin{vmatrix} A_{\beta} & B_{\beta} & C_{\beta} \\ A_{\gamma} & B_{\gamma} & C_{\gamma} \\ A_{\delta} & B_{\delta} & C_{\delta} \end{vmatrix}.$$

Nun ist

$$(-1)^{\beta\gamma\delta|\alpha} = (-1)^{\beta|\alpha}(-1)^{\gamma\delta|\alpha} = \quad (-1)^{\beta|\alpha}(-1)^{\alpha|\gamma\delta},$$
$$(-1)^{\gamma\delta\alpha|\beta} = (-1)^{\alpha|\beta}(-1)^{\gamma\delta|\beta} = -(-1)^{\beta|\alpha}(-1)^{\beta|\gamma\delta}.$$

Folglich erhalten wir:

$$E_{\alpha\gamma\delta} : E_{\beta\gamma\delta} = (-1)^{\alpha|\gamma\delta} \begin{vmatrix} A_\alpha & B_\alpha & C_\alpha \\ A_\gamma & B_\gamma & C_\gamma \\ A_\delta & B_\delta & C_\delta \end{vmatrix} : (-1)^{\beta|\gamma\delta} \begin{vmatrix} A_\beta & B_\beta & C_\beta \\ A_\gamma & B_\gamma & C_\gamma \\ A_\delta & B_\delta & C_\delta \end{vmatrix}.$$

Wir setzen nun:

(50) $$(-1)^{\alpha|\gamma\delta+\gamma|\delta} \begin{vmatrix} A_\alpha & B_\alpha & C_\alpha \\ A_\gamma & B_\gamma & C_\gamma \\ A_\delta & B_\delta & C_\delta \end{vmatrix} = F_{\alpha\gamma\delta}.$$

Dieser Ausdruck ist symmetrisch in Bezug auf die drei Indices α, γ, δ; denn das der Determinante vorangesetzte Zeichen verwandelt seinen Werth in den entgegengesetzten, wenn zwei der Indices α, γ, δ mit einander vertauscht werden. Es ergiebt sich dann:

$$\frac{E_{\alpha\gamma\delta}}{F_{\alpha\gamma\delta}} = \frac{E_{\beta\gamma\delta}}{F_{\beta\gamma\delta}}.$$

Hieraus ist klar, dass dieser Quotient eine von jeder Vertauschung der Indices unabhängige Grösse r ist. Mithin erhalten wir:

(51) $$e_{\alpha\beta\gamma}e_{\beta\gamma\delta}e_{\gamma\delta\alpha}e_{\delta\alpha\beta} = rF_{\varkappa\lambda\mu}.$$

Hiermit ist ein System von 35 Gleichungen gegeben, aus welchem sich die Grössen e bestimmen lassen. Zu diesem Zweck führen wir eine Reihe von Bezeichnungen ein:

(52) $$\Pi(F_{\varkappa\lambda\alpha}) = F_{\varkappa\lambda}, \quad \Pi(F_{\varkappa\alpha\beta}) = F_{\varkappa}, \quad \Pi(F_{\alpha\beta\gamma}) = F.$$

Das erste Product soll erstreckt sein über alle 5 dreigliedrigen Indices, welche $\varkappa$ und λ enthalten, das zweite über alle 15, welche $\varkappa$ enthalten, das letzte über alle 35 überhaupt. In derselben Weise definiren wir:

(53) $$\Pi(e_{\varkappa\lambda\alpha}) = e_{\varkappa\lambda}, \quad \Pi(e_{\varkappa\alpha\beta}) = e_{\varkappa}, \quad \Pi(e_{\alpha\beta\gamma}) = e.$$

Setzt man in die Formeln (52) die Werthe der Grössen $F_{\varkappa\lambda\mu}$ nach (51) ein, so ergiebt sich:

(54) $$r^5 F_{\varkappa\lambda} = \frac{e^2 e_{\varkappa\lambda}^2}{e_\varkappa^2 e_\lambda^2}, \quad r^{15} F_\varkappa = \frac{e^3}{e_\varkappa^3}, \quad r^{35} F = e^4.$$

Ferner ist, wie man leicht erkennt:

$$\frac{ee_{\varkappa\lambda}e_{\varkappa\mu}e_{\lambda\mu}}{e_{\varkappa}e_{\lambda}e_{\mu}e_{\varkappa\lambda\mu}} = e_{\alpha\beta\gamma}e_{\beta\gamma\delta}e_{\gamma\delta\alpha}e_{\delta\alpha\beta}. \tag{55}$$

Folglich

$$e_{\varkappa\lambda\mu} = \frac{ee_{\varkappa\lambda}e_{\varkappa\mu}e_{\lambda\mu}}{re_{\varkappa}e_{\lambda}e_{\mu}F_{\varkappa\lambda\mu}}. \tag{56}$$

Durch die Formeln (54) ist e, $e_{\varkappa}$, $e_{\varkappa\lambda}$, durch (56) alsdann $e_{\varkappa\lambda\mu}$ bestimmt.

§ 7.

Um weitere Relationen unter den Moduln zu erhalten, setzen wir in der Gleichung (48):

$$k = \varkappa\lambda, \quad l = \mu\nu, \quad m = \varkappa\mu\rho,$$

wo $\varkappa$, λ, μ, ν, ρ fünf Zahlen der Reihe 1, 2 . . 7 bedeuten. Unter dieser Voraussetzung geht dieselbe über in folgende:

$$c_0 c_{\varkappa\lambda\mu\nu} c_{\rho\lambda\mu} c_{\rho\varkappa\nu} = \sum_{\alpha=0}^{7} \left[(-1)^{(\varkappa\lambda\alpha, \mu\nu\alpha, \varkappa\mu\rho\alpha)} c_{\varkappa\lambda\alpha} c_{\mu\nu\alpha} c_{\rho\varkappa\mu\alpha} c_{\rho\lambda\nu\alpha} \right].$$

Hier verschwinden alle Glieder, die sich auf $\alpha = 0$, $\varkappa$, λ, μ, ν, ρ beziehen; es bleiben also nur die beiden Terme stehen, die sich auf die beiden übrigen primitiven Indices beziehen, welche wir mit α und β bezeichnen wollen. Es ist dann

$$(\varkappa\lambda\alpha, \mu\nu\alpha, \varkappa\mu\rho\alpha) = (\mu\nu\rho\beta, \varkappa\lambda\rho\beta, \varkappa\mu\rho\alpha).$$

Hier ergiebt sich:

$$K = \varkappa\rho, \quad L = \mu\rho, \quad M = \beta\rho,$$
$$Lm = \varkappa\alpha, \quad Ml = \beta\rho\mu\nu\alpha = \varkappa\lambda.$$

Daher ist

$$(\varkappa\lambda\alpha, \mu\nu\alpha, \varkappa\mu\rho\alpha) = \varkappa\rho \mid \varkappa\lambda\alpha + \varkappa\alpha \mid \mu\nu\alpha + \varkappa\lambda \mid \varkappa\mu\rho\alpha.$$

Für $\varkappa\rho \mid \varkappa\lambda\alpha$ können wir setzen:

$$1 + \varkappa\lambda\alpha \mid \varkappa\rho,$$

für $\varkappa\lambda \mid \varkappa\mu\rho\alpha$:

$$\varkappa\lambda \mid \alpha\mu + \varkappa\lambda \mid \varkappa\rho,$$

daher für $\varkappa\rho \mid \varkappa\lambda\alpha + \varkappa\lambda \mid \varkappa\mu\rho\alpha$:

$$1 + \varkappa\lambda \mid \alpha\mu + \alpha \mid \varkappa\rho.$$

Ferner ist

$$\varkappa\alpha \mid \mu\nu\alpha \equiv \varkappa\alpha \mid \alpha\mu + \varkappa\alpha \mid \nu;$$

folglich ist

$$(\varkappa\lambda\alpha,\, \mu\nu\alpha,\, \varkappa\mu\rho\alpha) \equiv 1 + \alpha\lambda \mid \alpha\mu + \varkappa\alpha \mid \nu + \alpha \mid \varkappa\rho.$$

Nun ist

$$\begin{aligned} 1 + \alpha\lambda \mid \alpha\mu \equiv \alpha\lambda \mid \lambda\mu \equiv \lambda \mid \lambda\mu + \alpha \mid \lambda\mu, \\ \varkappa\alpha \mid \nu \equiv \varkappa \mid \nu + \alpha \mid \nu. \end{aligned}$$

Folglich

$$1 + \alpha\lambda \mid \alpha\mu + \varkappa\alpha \mid \nu + \alpha \mid \varkappa\rho \equiv \lambda \mid \lambda\mu + \varkappa \mid \nu + \alpha \mid \varkappa\lambda\mu\nu\rho.$$

Es ist aber

$$\varkappa\lambda\mu\nu\rho = \alpha\beta;$$

daher:

$$\begin{aligned} (\varkappa\lambda\alpha,\, \mu\nu\alpha,\, \varkappa\mu\rho\alpha) &\equiv \lambda \mid \lambda\mu + \varkappa \mid \nu + \alpha \mid \alpha\beta \\ &\equiv \alpha \mid \beta + \varkappa \mid \nu + \lambda \mid \mu. \end{aligned}$$

Das andere Zeichen $(\varkappa\lambda\beta,\, \mu\nu\beta,\, \varkappa\mu\rho\beta)$ ergiebt sich aus diesem durch Vertauschung von α und β. Da nun $(-1)^{\alpha|\beta} = -(-1)^{\beta|\alpha}$ ist, so folgt:

$$c_0 c_{\rho\alpha\beta} c_{\rho\varkappa\nu} c_{\rho\lambda\mu} = (-1)^{\alpha|\beta+\varkappa|\nu+\lambda|\mu}(c_{\alpha\varkappa\lambda} c_{\alpha\mu\nu} c_{\beta\varkappa\mu} c_{\beta\lambda\nu} - c_{\beta\varkappa\lambda} c_{\beta\mu\nu} c_{\alpha\varkappa\mu} c_{\alpha\lambda\nu}),$$

daher:

$$(57)\quad e_{\rho\alpha\beta} e_{\rho\varkappa\nu} e_{\rho\lambda\mu} = (-1)^{\alpha|\beta+\varkappa|\nu+\lambda|\mu}(e_{\alpha\varkappa\lambda} e_{\alpha\mu\nu} e_{\beta\varkappa\mu} e_{\beta\lambda\nu} - e_{\beta\varkappa\lambda} e_{\beta\mu\nu} e_{\alpha\varkappa\mu} e_{\alpha\lambda\nu}).$$

Es ist nun

$$\begin{aligned} rF_{\alpha\varkappa\lambda} &= e_{\rho\beta\mu} e_{\rho\beta\nu} e_{\rho\mu\nu} e_{\beta\mu\nu}, \\ rF_{\alpha\mu\nu} &= e_{\rho\beta\varkappa} e_{\rho\beta\lambda} e_{\rho\varkappa\lambda} e_{\beta\varkappa\lambda}, \\ rF_{\beta\varkappa\mu} &= e_{\rho\alpha\lambda} e_{\rho\alpha\nu} e_{\rho\lambda\nu} e_{\alpha\lambda\nu}, \\ rF_{\beta\lambda\nu} &= e_{\rho\alpha\varkappa} e_{\rho\alpha\mu} e_{\rho\varkappa\mu} e_{\alpha\varkappa\mu}. \end{aligned}$$

In diesen vier Ausdrücken kommen alle Grössen vor, die in dem Product e_ρ enthalten sind, mit Ausnahme von $e_{\rho\alpha\beta}$, $e_{\rho\varkappa\nu}$, $e_{\rho\lambda\mu}$. Demnach ist

$$r^4 F_{\alpha\varkappa\lambda}F_{\alpha\mu\nu}F_{\beta\varkappa\mu}F_{\beta\lambda\nu} = e_\rho \frac{e_{\beta\varkappa\lambda}e_{\beta\mu\nu}e_{\alpha\varkappa\mu}e_{\alpha\lambda\nu}}{e_{\rho\alpha\beta}e_{\rho\varkappa\nu}e_{\rho\lambda\mu}},$$
$$r^4 F_{\beta\varkappa\lambda}F_{\beta\mu\nu}F_{\alpha\varkappa\mu}F_{\alpha\lambda\nu} = e_\rho \frac{e_{\alpha\varkappa\lambda}e_{\alpha\mu\nu}e_{\beta\varkappa\mu}e_{\beta\lambda\nu}}{e_{\rho\alpha\beta}e_{\rho\varkappa\nu}e_{\rho\lambda\mu}}.$$

Vermöge dieser beiden Formeln geht die Gleichung (57) über in folgende:

$$(58)\qquad \frac{-e_\rho}{r^4} = (F_{\alpha\varkappa\lambda}F_{\alpha\mu\nu}F_{\beta\varkappa\mu}F_{\beta\lambda\nu} - F_{\beta\varkappa\lambda}F_{\beta\mu\nu}F_{\alpha\varkappa\mu}F_{\alpha\lambda\nu})(-1)^{\alpha|\beta+\varkappa|\nu+\lambda|\mu}.$$

Setzen wir hier für $F_{\alpha\varkappa\lambda}$, $F_{\alpha\mu\nu}$ etc. die in der Gleichung (50) angegebenen Werthe dieser Grössen, so verwandelt sich der Ausdruck auf der rechten Seite in eine ganze rationale Function der Werthsysteme $A_\alpha, B_\alpha, C_\alpha; A_\beta, B_\beta, C_\beta \cdot\cdot A_\nu, B_\nu, C_\nu$. Fassen wir denselben auf als Function eines dieser Werthsysteme, so stellt er eine ganze homogene Function zweiten Grades dar, welche verschwindet, wenn $A_\alpha, B_\alpha, C_\alpha$ gleich einem der 5 anderen Systeme: $A_\beta, B_\beta, C_\beta \cdot\cdot A_\nu, B_\nu, C_\nu$ gesetzt wird. Der Ausdruck muss daher dargestellt werden können in der Form:

$$(59)\qquad \varepsilon \begin{vmatrix} A_\alpha^2 & B_\alpha^2 & C_\alpha^2 & B_\alpha C_\alpha & C_\alpha A_\alpha & A_\alpha B_\alpha \\ A_\beta^2 & B_\beta^2 & C_\beta^2 & B_\beta C_\beta & C_\beta A_\beta & A_\beta B_\beta \\ A_\varkappa^2 & B_\varkappa^2 & C_\varkappa^2 & B_\varkappa C_\varkappa & C_\varkappa A_\varkappa & A_\varkappa B_\varkappa \\ A_\lambda^2 & B_\lambda^2 & C_\lambda^2 & B_\lambda C_\lambda & C_\lambda A_\lambda & A_\lambda B_\lambda \\ A_\mu^2 & B_\mu^2 & C_\mu^2 & B_\mu C_\mu & C_\mu A_\mu & A_\mu B_\mu \\ A_\nu^2 & B_\nu^2 & C_\nu^2 & B_\nu C_\nu & C_\nu A_\nu & A_\nu B_\nu \end{vmatrix},$$

wo ε einen Factor bedeutet, der offenbar nicht nur von $A_\alpha, B_\alpha, C_\alpha$ sondern auch von $A_\beta, B_\beta, C_\beta \cdot\cdot A_\nu, B_\nu, C_\nu$ unabhängig ist. Die Vergleichung des Diagonalgliedes in dieser Determinante mit dem entsprechenden Gliede in dem ursprünglichen Ausdruck zeigt, dass

$$(60)\qquad \varepsilon = (-1)^{\alpha|\beta\varkappa\lambda\mu\nu+\beta|\varkappa\lambda\mu\nu+\varkappa|\lambda\mu\nu+\lambda|\mu\nu+\mu|\nu}$$

ist. Dieses Vorzeichen verwandelt seinen Werth in den entgegengesetzten, wenn irgend zwei der Indices α, β, $\varkappa$, λ, μ, ν mit einander vertauscht werden. Daraus folgt, dass der Ausdruck (59) eine symmetrische Function dieser 6 Indices ist, die wir demnach durch G_ρ bezeichnen können, wo ρ den einzigen noch übrig bleibenden primitiven Index bedeutet. Wir erhalten also:

$$(61)\qquad \begin{gathered} (-1)^{\alpha|\beta+\varkappa|\nu+\lambda|\mu}(F_{\alpha\varkappa\lambda}F_{\alpha\mu\nu}F_{\beta\varkappa\mu}F_{\beta\lambda\nu} - F_{\beta\varkappa\lambda}F_{\beta\mu\nu}F_{\alpha\varkappa\mu}F_{\alpha\lambda\nu}) = G_\rho, \\ \frac{-e_\rho}{r^4} = G_\rho. \end{gathered}$$

§ 8.

Wir sind jetzt im Stande, die Constanten $A_\varkappa, B_\varkappa, C_\varkappa$, und die Moduln $e_{\varkappa\lambda\mu}$ durch eine Anzahl unabhängiger Grössen auszudrücken. Wir wählen hierfür die Verhältnisse $\frac{B_\varkappa}{A_\varkappa}, \frac{C_\varkappa}{A_\varkappa}$. Es werde gesetzt:

$$A_\varkappa = l_\varkappa a_\varkappa, \quad B_\varkappa = l_\varkappa b_\varkappa, \quad C_\varkappa = l_\varkappa c_\varkappa, \\ v_\varkappa = a_\varkappa u + b_\varkappa u' + c_\varkappa u'', \tag{62}$$

sodass

$$u_\varkappa = l_\varkappa v_\varkappa$$

ist. Von diesen Grössen $a_\varkappa, b_\varkappa, c_\varkappa$ kann stets eine willkürlich gewählt werden. Aber von den übrigen 14 Grössen können ausserdem noch 8 willkürlich angenommen werden, da nichts wesentliches geändert wird, wenn wir die Variabeln u, u', u'' einer linearen Transformation unterwerfen. Haben wir also die Moduln dargestellt durch die 21 Constanten $a_\varkappa, b_\varkappa, c_\varkappa$, so werden wir die Anzahl dieser Parameter, sobald wir wollen, auf 6 reduciren können. Indess gestalten sich die Resultate übersichtlicher ohne solche besondere Annahmen.

Wir denken uns in allen gefundenen Gleichungen die Werthe $l_\varkappa a_\varkappa$, $l_\varkappa b_\varkappa$, $l_\varkappa c_\varkappa$ für $A_\varkappa, B_\varkappa, C_\varkappa$ eingesetzt. Die Functionen, welche wir erhalten, wenn wir in den Ausdrücken von $F_{\varkappa\lambda\mu}, F_{\varkappa\lambda}, F_\varkappa, F$ und G_ρ sämmtliche Grössen $A_\varkappa, B_\varkappa, C_\varkappa$ ersetzen durch $a_\varkappa, b_\varkappa, c_\varkappa$, bezeichnen wir durch $f_{\varkappa\lambda\mu}, f_{\varkappa\lambda}, f_\varkappa, f$ und g_ρ. Ferner führen wir zur Abkürzung die beiden Bezeichnungen ein:

$$l_1 l_2 \cdots l_7 = l \quad \text{und} \quad g_1 g_2 \cdots g_7 = g. \tag{63}$$

Es ist dann:

$$F_{\varkappa\lambda\mu} = l_\varkappa l_\lambda l_\mu f_{\varkappa\lambda\mu}, \tag{64}$$

$$G_\rho = \frac{l^2}{l_\rho^2} g_\rho. \tag{65}$$

Aus der ersten dieser Gleichungen folgt:

$$F_{\varkappa\lambda} = l l_\varkappa^4 l_\lambda^4 f_{\varkappa\lambda}, \quad F_\varkappa = l^5 l_\varkappa^{10} f_\varkappa, \quad F = l^{15} f. \tag{66}$$

Dadurch gehen die Gleichungen (54), (56) und (61) über in folgende:

$$(67) \qquad r^5 l l_\varkappa^4 l_\lambda^4 f_{\varkappa\lambda} = \frac{e^2 e_{\varkappa\lambda}^2}{e_\varkappa^2 e_\lambda^2}, \quad r^{15} l^5 l_\varkappa^{10} f_\varkappa = \frac{e^3}{e_\varkappa^3}, \quad r^{35} l^{15} f = e^4,$$

$$(68) \qquad e_{\varkappa\lambda\mu} = \frac{e e_{\varkappa\lambda} e_{\varkappa\mu} e_{\lambda\mu}}{r e_\varkappa e_\lambda e_\mu l_\varkappa l_\lambda l_\mu f_{\varkappa\lambda\mu}},$$

$$(69) \qquad \frac{-e_\rho}{r^4} = \frac{l^2}{l_\rho^2} g_\rho.$$

In der letzten Gleichung setzen wir $\rho = 1, 2 \cdot\cdot 7$ und bilden das Product; dann ergiebt sich, da offenbar $e_1 e_2 \cdot\cdot e_7 = e^3$ ist:

$$(70) \qquad -e^3 = r^{28} l^{12} g.$$

Wir haben nun mit Hülfe dieser Gleichungen die Grössen $e, e_\varkappa, e_{\varkappa\lambda}, e_{\varkappa\lambda\mu}, l, l_\varkappa$ auszudrücken durch die Constanten $r, f_{\varkappa\lambda\mu}$ und $g_\varkappa$. Aus der letzten Formel in dem Gleichungssystem (67) und aus (70) folgt zunächst:

$$(71) \qquad e = -\frac{f^4}{g^5},$$

$$(72) \qquad l^3 r^7 = \frac{f^3}{g^4}.$$

Ferner aus (67) und (69):

$$(73) \qquad e_\varkappa^2 = \frac{f^3}{g^5} f_\varkappa g_\varkappa^5,$$

$$(74) \qquad l_\varkappa^4 = \frac{rlg}{f_\varkappa g_\varkappa^3}.$$

Endlich, ebenfalls aus (67):

$$(75) \qquad e_{\varkappa\lambda}^2 = \frac{f}{g^2} g_\varkappa^2 g_\lambda^2 f_{\varkappa\lambda}.$$

Jetzt können wir den Modul $e_{\varkappa\lambda\mu}$ selbst darstellen. Nach (68) ist:

$$e_{\varkappa\lambda\mu}^2 = \frac{e^2 e_{\varkappa\lambda}^2 e_{\varkappa\mu}^2 e_{\lambda\mu}^2}{r^2 e_\varkappa^2 e_\lambda^2 e_\mu^2 l_\varkappa^2 l_\lambda^2 l_\mu^2 f_{\varkappa\lambda\mu}^2}.$$

Nun ist

$$e^2 = \frac{f^8}{g^{10}} \text{ nach (71)},$$

$$e^2_{\varkappa\lambda} e^2_{\varkappa\mu} e^2_{\lambda\mu} = \frac{f^3}{g^6} g^4_\varkappa g^4_\lambda g^4_\mu f_{\varkappa\lambda} f_{\varkappa\mu} f_{\lambda\mu} \text{ nach (75)},$$

$$r^2 e_\varkappa e_\lambda e_\mu l^2_\varkappa l^2_\lambda l^2_\mu = -r^4 l^6 g_\varkappa g_\lambda g_\mu = -\frac{f^6}{g^8} g_\varkappa g_\lambda g_\mu$$

(nach (69) und (72)).

Daraus folgt:

$$e^2_{\varkappa\lambda\mu} = -\frac{f^5}{g^8} \frac{g^3_\varkappa g^3_\lambda g^3_\mu f_{\varkappa\lambda} f_{\varkappa\mu} f_{\lambda\mu}}{e_\varkappa e_\lambda e_\mu f^2_{\varkappa\lambda\mu}}.$$

Erhebt man diese Gleichung noch einmal zum Quadrat, so folgt, da nach (73)

$$e^2_\varkappa e^2_\lambda e^2_\mu = \frac{f^9}{g^{15}} f_\varkappa f_\lambda f_\mu g^5_\varkappa g^5_\lambda g^5_\mu$$

ist:

$$e^4_{\varkappa\lambda\mu} - \frac{f}{g} \frac{g_\varkappa g_\lambda g_\mu f^2_{\varkappa\lambda} f^2_{\varkappa\mu} f^2_{\lambda\mu}}{f_\varkappa f_\lambda f_\mu f^4_{\varkappa\lambda\mu}}.$$

Nach (55) ist

$$\frac{f f_{\varkappa\lambda} f_{\varkappa\mu} f_{\lambda\mu}}{f_\varkappa f_\lambda f_\mu f_{\varkappa\lambda\mu}} = f_{\alpha\beta\gamma} f_{\beta\gamma\delta} f_{\gamma\delta\alpha} f_{\delta\alpha\beta}.$$

Ausserdem:

$$g = g_\varkappa g_\lambda g_\mu g_\alpha g_\beta g_\gamma g_\delta;$$

daher:

$$e^4_{\varkappa\lambda\mu} = \frac{f_{\varkappa\lambda} f_{\varkappa\mu} f_{\lambda\mu} f_{\alpha\beta\gamma} f_{\beta\gamma\delta} f_{\gamma\delta\alpha} f_{\delta\alpha\beta}}{g_\alpha g_\beta g_\gamma g_\delta f^3_{\varkappa\lambda\mu}},$$

oder, wenn wir die Producte $f_{\varkappa\lambda}, f_{\varkappa\mu}, f_{\lambda\mu}$ auflösen:

$$e^4_{\varkappa\lambda\mu} = \frac{f_{\varkappa\lambda\alpha} f_{\varkappa\lambda\beta} f_{\varkappa\lambda\gamma} f_{\varkappa\lambda\delta} f_{\varkappa\mu\alpha} f_{\varkappa\mu\beta} f_{\varkappa\mu\gamma} f_{\varkappa\mu\delta} f_{\lambda\mu\alpha} f_{\lambda\mu\beta} f_{\lambda\mu\gamma} f_{\lambda\mu\delta} f_{\alpha\beta\gamma} f_{\beta\gamma\delta} f_{\gamma\delta\alpha} f_{\delta\alpha\beta}}{g_\alpha g_\beta g_\gamma g_\delta}.$$

Diese Formel können wir so darstellen:

(76) $$e^4_{\varkappa\lambda\mu} = \frac{\Pi(f_m)}{\Pi(g_\alpha)}.$$

Das Product im Zähler ist zu erstrecken über alle diejenigen graden Indices m, für welche $m\varkappa\lambda\mu$ ein ungrader Index ist; das Product $\Pi(g_\alpha)$ dagegen über alle von $\varkappa$, λ, μ verschiedenen primitiven Indices.

§ 9.

Es bleibt noch übrig, die Anfangsglieder

$$u_{\varkappa\lambda} = A_{\varkappa\lambda}u + B_{\varkappa\lambda}u' + C_{\varkappa\lambda}u''$$

der 21 Functionen $\Theta_{\varkappa\lambda}$ zu bestimmen. Zu diesem Zweck setzen wir in der Gleichung (47):

$$k = \varkappa\lambda, \quad m = \varkappa\mu\nu, \quad l = 0,$$

wo $\varkappa$, λ, μ, ν vier verschiedene primitive Indices bedeuten sollen. Es ist dann, da $c_{kl} = 0$ ist,

$$\sum_{\alpha=0}^{7} [(-1)^{(\varkappa\lambda\alpha,\,\alpha,\,\varkappa\mu\nu\alpha)} c_{\varkappa\mu\nu\alpha} c_{\lambda\mu\nu\alpha} \Theta_{\varkappa\lambda\alpha} \Theta_\alpha].$$

Hier fallen fort die Glieder: $\varkappa$, λ, μ, ν, es bleiben übrig die vier: 0, α, β, γ. Es ist nun zunächst

$$(\varkappa\lambda, 0, \varkappa\mu\nu) = (\varkappa\lambda, 0, \alpha\beta\gamma\lambda).$$

Hier ist offenbar $K = 0$, $L = \lambda$, $M = 0$, daher

$$(\varkappa\lambda, 0, \varkappa\mu\nu) \equiv 0 \bmod 2.$$

Ist dagegen α von 0, $\varkappa$, λ, μ, ν verschieden, so erhalten wir

$$(\varkappa\lambda\alpha, \alpha, \varkappa\mu\nu\alpha) = (\mu\nu\beta\gamma, \varkappa\lambda\mu\nu\beta\gamma, \varkappa\mu\nu\alpha).$$

Hier ergiebt sich:

$$K = \varkappa\mu\nu, \quad L = \mu\nu, \quad M = \mu\nu\beta\gamma,$$
$$Lm = \varkappa\alpha, \quad Ml = \mu\nu\beta\gamma\alpha = \varkappa\lambda.$$

Es ist daher:

$$(\varkappa\lambda\alpha, \alpha, \varkappa\mu\nu\alpha) = \varkappa\mu\nu \mid \varkappa\lambda\alpha + \varkappa\alpha \mid \alpha + \varkappa\lambda \mid \varkappa\mu\nu\alpha.$$

Es ist aber

$$\varkappa\mu\nu \mid \varkappa\lambda\alpha \equiv \varkappa\mu\nu \mid \varkappa\lambda + \varkappa\mu\nu \mid \alpha,$$
$$\varkappa\lambda \mid \varkappa\mu\nu\alpha \equiv \varkappa\lambda \mid \varkappa\mu\nu + \varkappa\lambda \mid \alpha,$$
$$\varkappa\mu\nu \mid \varkappa\lambda + \varkappa\lambda \mid \varkappa\mu\nu \equiv 1 \bmod 2,$$

weil von den drei Indices $\varkappa\mu\nu$, $\varkappa\lambda$, $\lambda\mu\nu$ nur einer ungrade ist. Mithin:

$$(\varkappa\lambda\alpha, \alpha, \varkappa\mu\nu\alpha) \equiv 1 + \varkappa\lambda \mid \alpha + \varkappa\mu\nu \mid \alpha + \varkappa\alpha \mid \alpha,$$

dies ist

$$\equiv 1+\beta\gamma \mid \alpha.$$

Demnach ergiebt sich folgende Gleichung:

$$\begin{aligned}(77)\qquad c_{\varkappa\mu\nu}c_{\lambda\mu\nu}\Theta\Theta_{\varkappa\lambda} &= (-1)^{\beta\gamma|\alpha}c_{\beta\gamma\varkappa}c_{\beta\gamma\lambda}\Theta_{\varkappa\lambda\alpha}\Theta_\alpha \\ &+(-1)^{\gamma\alpha|\beta}c_{\gamma\alpha\varkappa}c_{\gamma\alpha\lambda}\Theta_{\varkappa\lambda\beta}\Theta_\beta+(-1)^{\alpha\beta|\gamma}c_{\alpha\beta\varkappa}c_{\alpha\beta\lambda}\Theta_{\varkappa\lambda\gamma}\Theta_\gamma.\end{aligned}$$

Wir verfahren mit dieser Gleichung ebenso, wie früher mit (49). Das Anfangsglied der ungraden Function $\Theta\Theta_{\varkappa\lambda}$ ist $c_0 u_{\varkappa\lambda}$, das Anfangsglied von $\Theta_{\varkappa\lambda\alpha}\Theta_\alpha$ ist $c_{\varkappa\lambda\alpha}u_\alpha$ oder $c_{\varkappa\lambda\alpha}l_\alpha v_\alpha$. Demnach ist

$$\begin{aligned}(78)\qquad u_{\varkappa\lambda} &= (-1)^{\beta\gamma|\alpha}\frac{e_{\alpha\varkappa\lambda}e_{\beta\gamma\varkappa}e_{\beta\gamma\lambda}l_\alpha}{e_{\varkappa\mu\nu}e_{\lambda\mu\nu}}v_\alpha \\ &+(-1)^{\gamma\alpha|\beta}\frac{e_{\beta\varkappa\lambda}e_{\gamma\alpha\varkappa}e_{\gamma\alpha\lambda}l_\beta}{e_{\varkappa\mu\nu}e_{\lambda\mu\nu}}v_\beta \\ &+(-1)^{\alpha\beta|\gamma}\frac{e_{\gamma\varkappa\lambda}e_{\alpha\beta\varkappa}e_{\alpha\beta\lambda}l_\gamma}{e_{\varkappa\mu\nu}e_{\lambda\mu\nu}}v_\gamma.\end{aligned}$$

Hierdurch ist $u_{\varkappa\lambda}$ linear dargestellt durch v_α, v_β, v_γ; wo α, β, γ drei beliebige von $\varkappa$, λ verschiedene Indices bedeuten. Wir suchen jetzt den Coefficienten

$$H=e_{\alpha\varkappa\lambda}l_\alpha\frac{e_{\beta\gamma\varkappa}e_{\beta\gamma\lambda}}{e_{\mu\nu\varkappa}e_{\mu\nu\lambda}},$$

durch die unabhängigen Grössen a, b, c auszudrücken. Nach Formel (51) und (64) ist

$$\begin{aligned}e_{\beta\gamma\varkappa}e_{\beta\gamma\lambda} &= \frac{rl_\alpha l_\mu l_\nu f_{\alpha\mu\nu}}{e_{\beta\varkappa\lambda}e_{\gamma\varkappa\lambda}}, \\ e_{\mu\nu\varkappa}e_{\mu\nu\lambda} &= \frac{rl_\alpha l_\beta l_\gamma f_{\alpha\beta\gamma}}{e_{\mu\varkappa\lambda}e_{\nu\varkappa\lambda}}.\end{aligned}$$

Daraus folgt:

$$H=\frac{l_\alpha l_\mu l_\nu}{l_\beta l_\gamma}\,\frac{e_{\alpha\varkappa\lambda}e_{\mu\varkappa\lambda}e_{\nu\varkappa\lambda}}{e_{\beta\varkappa\lambda}e_{\gamma\varkappa\lambda}}\,\frac{f_{\alpha\mu\nu}}{f_{\alpha\beta\gamma}}.$$

Wenn wir nun aus der Gleichung (68) die Werthe von $e_{\alpha\varkappa\lambda}, e_{\mu\varkappa\lambda}$ etc. einsetzen, so wird

$$\frac{e_{\alpha\varkappa\lambda}e_{\mu\varkappa\lambda}e_{\nu\varkappa\lambda}}{e_{\beta\varkappa\lambda}e_{\gamma\varkappa\lambda}}=\frac{e}{r}\,\frac{e_\beta e_\gamma l_\beta l_\gamma e_{\alpha\varkappa}e_{\mu\varkappa}e_{\nu\varkappa}e_{\alpha\lambda}e_{\mu\lambda}e_{\nu\lambda}e_{\varkappa\lambda}f_{\beta\varkappa\lambda}f_{\gamma\varkappa\lambda}}{e_\alpha e_\mu e_\nu e_\varkappa e_\lambda l_\alpha l_\mu l_\nu l_\varkappa l_\lambda e_{\beta\varkappa}e_{\gamma\varkappa}e_{\beta\lambda}e_{\gamma\lambda}f_{\alpha\varkappa\lambda}f_{\mu\varkappa\lambda}f_{\nu\varkappa\lambda}}.$$

Es ist aber:

$$e_{\alpha\varkappa}e_{\mu\varkappa}e_{\nu\varkappa}e_{\lambda\varkappa}e_{\beta\varkappa}e_{\gamma\varkappa}=e_{\varkappa}^2,$$
$$e_{\alpha\lambda}e_{\mu\lambda}e_{\nu\lambda}e_{\varkappa\lambda}e_{\beta\lambda}e_{\gamma\lambda}=e_{\lambda}^2.$$

Folglich:

$$\frac{e_{\alpha\varkappa}e_{\mu\varkappa}e_{\nu\varkappa}e_{\alpha\lambda}e_{\mu\lambda}e_{\nu\lambda}e_{\varkappa\lambda}}{e_{\beta\varkappa}e_{\gamma\varkappa}\quad e_{\beta\lambda}e_{\gamma\lambda}}=\frac{e_{\varkappa}^2e_{\lambda}^2}{e_{\varkappa\lambda}e_{\beta\varkappa}^2e_{\gamma\varkappa}^2e_{\beta\lambda}^2e_{\gamma\lambda}^2}$$

und daher:

$$\frac{e_{\alpha\varkappa\lambda}e_{\mu\varkappa\lambda}e_{\nu\varkappa\lambda}}{e_{\beta\varkappa\lambda}e_{\gamma\varkappa\lambda}}=\frac{e}{r}\,\frac{e_{\beta}e_{\gamma}e_{\varkappa}e_{\lambda}l_{\beta}l_{\gamma}f_{\beta\varkappa\lambda}f_{\gamma\varkappa\lambda}}{e_{\varkappa\lambda}e_{\alpha}e_{\mu}e_{\nu}l_{\alpha}l_{\mu}l_{\nu}l_{\varkappa}l_{\lambda}e_{\beta\varkappa}^2e_{\gamma\varkappa}^2e_{\beta\lambda}^2e_{\gamma\lambda}^2f_{\alpha\varkappa\lambda}f_{\mu\varkappa\lambda}f_{\nu\varkappa\lambda}}.$$

Da ferner

$$e_{\alpha}e_{\beta}e_{\gamma}e_{\varkappa}e_{\lambda}e_{\mu}e_{\nu}=e^3$$

ist, so können wir setzen:

$$\frac{e_{\beta}e_{\gamma}e_{\varkappa}e_{\lambda}}{e_{\alpha}e_{\mu}e_{\nu}}=\frac{e_{\beta}^2e_{\gamma}^2e_{\varkappa}^2e_{\lambda}^2}{e^3}.$$

Somit ergiebt sich:

$$H=\frac{1}{re^2}\,\frac{e_{\beta}^2e_{\gamma}^2e_{\varkappa}^2e_{\lambda}^2f_{\beta\varkappa\lambda}f_{\gamma\varkappa\lambda}f_{\alpha\mu\nu}}{l_{\varkappa}l_{\lambda}e_{\varkappa\lambda}e_{\beta\varkappa}^2e_{\gamma\varkappa}^2e_{\beta\lambda}^2e_{\gamma\lambda}^2f_{\alpha\varkappa\lambda}f_{\mu\varkappa\lambda}f_{\nu\varkappa\lambda}f_{\alpha\beta\gamma}}.$$

Es ist nun zufolge (73):

$$e_{\beta}^2e_{\gamma}^2e_{\varkappa}^2e_{\lambda}^2=\frac{f^{12}}{g^{20}}\,f_{\beta}f_{\gamma}f_{\varkappa}f_{\lambda}g_{\beta}^5g_{\gamma}^5g_{\varkappa}^5g_{\lambda}^5,$$

zufolge (75):

$$e_{\beta\varkappa}^2e_{\gamma\varkappa}^2e_{\beta\lambda}^2e_{\gamma\lambda}^2=\frac{f^4}{g^8}\,f_{\beta\varkappa}f_{\gamma\varkappa}f_{\beta\lambda}f_{\gamma\lambda}g_{\beta}^4g_{\gamma}^4g_{\varkappa}^4g_{\lambda}^4$$

und nach (71):

$$e^2=\frac{f^8}{g^{10}}.$$

Danach ist:

$$H=\frac{g_{\beta}g_{\gamma}g_{\varkappa}g_{\lambda}}{rg^2l_{\varkappa}l_{\lambda}e_{\varkappa\lambda}}\,\frac{f_{\beta}f_{\gamma}f_{\varkappa}f_{\lambda}f_{\beta\varkappa\lambda}f_{\gamma\varkappa\lambda}f_{\alpha\mu\nu}}{f_{\beta\varkappa}f_{\gamma\varkappa}f_{\beta\lambda}f_{\gamma\lambda}f_{\alpha\varkappa\lambda}f_{\mu\varkappa\lambda}f_{\nu\varkappa\lambda}f_{\alpha\beta\gamma}}.$$

Diese Formel wird vereinfacht durch eine identische Relation, welche zwischen den Grössen f besteht, und die leicht zu verificiren ist:

$$f_{\alpha\mu\nu} f_{\beta\gamma\varkappa} f_{\beta\gamma\lambda} f_{\beta\varkappa\lambda} f_{\gamma\varkappa\lambda} f_\beta f_\gamma f_\varkappa f_\lambda = f f_{\beta\gamma} f_{\beta\varkappa} f_{\beta\lambda} f_{\gamma\varkappa} f_{\gamma\lambda} f_{\varkappa\lambda}.$$

Aus dieser folgt:

$$\frac{f_\beta f_\gamma f_\varkappa f_\lambda f_{\beta\varkappa\lambda} f_{\gamma\varkappa\lambda} f_{\alpha\mu\nu}}{f_{\beta\varkappa} f_{\beta\lambda} f_{\gamma\varkappa} f_{\gamma\lambda}} = \frac{f f_{\beta\gamma} f_{\varkappa\lambda}}{f_{\beta\gamma\varkappa} f_{\beta\gamma\lambda}}.$$

Dadurch wird:

$$H = \frac{g_\beta g_\gamma g_\varkappa g_\lambda}{r g^2 l_\varkappa l_\lambda e_{\varkappa\lambda}} \frac{f f_{\beta\gamma} f_{\varkappa\lambda}}{f_{\beta\gamma\alpha} f_{\beta\gamma\varkappa} f_{\beta\gamma\lambda} f_{\varkappa\lambda\alpha} f_{\varkappa\lambda\mu} f_{\varkappa\lambda\nu}}.$$

Lösen wir jetzt die Producte $f_{\beta\gamma}$ und $f_{\varkappa\lambda}$ auf, so ergiebt sich:

$$H = \frac{f g_\varkappa g_\lambda}{r g^2 l_\varkappa l_\lambda e_{\varkappa\lambda}} \cdot g_\beta g_\gamma f_{\beta\varkappa\lambda} f_{\gamma\varkappa\lambda} f_{\beta\gamma\mu} f_{\beta\gamma\nu}.$$

Wir setzen jetzt:

(79) $$\frac{f g_\varkappa g_\lambda}{r g^2 l_\varkappa l_\lambda e_{\varkappa\lambda}} = l_{\varkappa\lambda},$$

(80) $$u_{\varkappa\lambda} = l_{\varkappa\lambda} v_{\varkappa\lambda} = l_{\varkappa\lambda}(a_{\varkappa\lambda} u + b_{\varkappa\lambda} u' + c_{\varkappa\lambda} u'').$$

Dann ist $v_{\varkappa\lambda}$ bestimmt durch folgende Gleichung:

(81) $$\begin{aligned} v_{\varkappa\lambda} &= (-1)^{\beta\gamma|\alpha} g_\beta g_\gamma f_{\beta\varkappa\lambda} f_{\gamma\varkappa\lambda} f_{\beta\gamma\mu} f_{\beta\gamma\nu} v_\alpha \\ &+ (-1)^{\gamma\alpha|\beta} g_\gamma g_\alpha f_{\gamma\varkappa\lambda} f_{\alpha\varkappa\lambda} f_{\gamma\alpha\mu} f_{\gamma\alpha\nu} v_\beta \\ &+ (-1)^{\alpha\beta|\gamma} g_\alpha g_\beta f_{\alpha\varkappa\lambda} f_{\beta\varkappa\lambda} f_{\alpha\beta\mu} f_{\alpha\beta\nu} v_\gamma. \end{aligned}$$

Die Coefficienten dieser 21 linearen Functionen sind also ganze rationale Functionen der Coefficienten von $v_1, v_2, \cdots v_7$. Der Factor $l_{\varkappa\lambda}$ ist, ebenso wie $l_\varkappa$ und $e_{\varkappa\lambda\mu}$, die vierte Wurzel eines solchen Ausdrucks; nämlich

(82) $$l_{\varkappa\lambda}^4 = \frac{r l f_\varkappa f_\lambda g_\varkappa^3 g_\lambda^3}{f g^2 f_{\varkappa\lambda}^2}.$$

Zweiter Theil.

§ 1.

Nachdem wir durch die Aufstellung der Relationen zwischen den Moduln der Theta-Functionen dazu gelangt sind, diese Moduln durch eine Anzahl unabhängiger Grössen

$$r; \quad a_1, b_1, c_1; \quad a_2, b_2, c_2 \cdots a_7, b_7, c_7$$

auszudrücken, werden wir jetzt die Beziehungen betrachten, welche zwischen den Theta-Functionen selbst und ihren Differentialquotienten bestehen. Es wird sich hier ein analoges Resultat ergeben. Der Quotient je zweier Theta-Functionen wird sich darstellen lassen als die Quadratwurzel aus einer rationalen Function einer Anzahl von Werthsystemen:

$$x, y, z; \quad x_1, y_1, z_1; \quad x_2, y_2, z_2; \quad x_3, y_3, z_3,$$

deren jedes einer homogenen Gleichung $G(x, y, z) = 0$ vom Range 3 genügt, während die einzelnen Werthsysteme von einander unabhängig sind. Aus denjenigen Relationen, welche zwischen den Grössen Θ und ihren Differentialquotienten existiren, werden wir weiter den Schluss ziehen, dass sich die Argumente u, u', u'' durch Integrale erster Gattung der Grössen (x, y, z) etc. ausdrücken lassen.

Zunächst betrachten wir diejenigen quadratischen Relationen, welche zwischen den 28 ungraden Theta-Functionen bestehen; hieraus wird sich die algebraische Grundlage für die ferneren Untersuchungen ergeben.

Alle diese Relationen entspringen aus der Gleichung:

$$(1) \qquad c_0 c_{kl} \Theta_{km} \Theta_{lm} = \sum_{\alpha=0}^{7} \left[(-1)^{(k\alpha, l\alpha, m\alpha)} c_{klm\alpha} c_{m\alpha} \Theta_{k\alpha} \Theta_{l\alpha} \right]$$

durch besondere Wahl der Indices k, l, m. Die Natur dieser Beziehungen wird klarer erkannt, wenn man statt der Grössen Θ_m andre, σ_m, einführt, deren jede sich von dem entsprechenden Θ nur um einen constanten Factor unterscheidet. Dieser Factor soll so gewählt sein, dass, wenn Θ_m und σ_m grade Functionen sind, σ_m den Werth 1 erhält, wenn die Argumente u, u', u'' gleich Null gesetzt werden. Ist dagegen der Index m, und somit die Function σ_m selbst ungrade, so soll der Factor in der Weise bestimmt werden, dass das Anfangsglied in der Entwicklung von σ_m nicht $u_m = A_m u + B_m u' + C_m u''$, sondern $v_m = a_m u + b_m u' + c_m u''$ ist; was wegen der Gleichung $u_m = l_m v_m$ jedenfalls möglich ist. Danach ist:

$$(2) \qquad \begin{aligned} \text{für grade Indices } m\text{: } \Theta_m &= c_m \sigma_m, \\ \text{für ungrade: } \Theta_m &= l_m \sigma_m. \end{aligned}$$

Es wird sich dann zeigen, dass die in den Relationen zwischen den Grössen σ_m vorkommenden Coefficienten sich rational durch die Grössen $(a_\varkappa, b_\varkappa, c_\varkappa)$ $(\varkappa = 1, 2 \cdots 7)$

ausdrücken lassen, und zwar als Producte von den Determinanten-Ausdrücken:

$$f_{\varkappa\lambda\mu} = (-1)^{\varkappa|\lambda\mu+\lambda|\mu} \begin{vmatrix} a_\varkappa & b_\varkappa & c_\varkappa \\ a_\lambda & b_\lambda & c_\lambda \\ a_\mu & b_\mu & c_\mu \end{vmatrix} \tag{3}$$

$$g_\rho = (-1)^{\alpha|\beta+\varkappa|\nu+\lambda|\mu}(f_{\alpha\varkappa\lambda} f_{\alpha\mu\nu} f_{\beta\varkappa\mu} f_{\beta\lambda\nu} - f_{\beta\varkappa\lambda} f_{\beta\mu\nu} f_{\alpha\varkappa\mu} f_{\alpha\lambda\nu}).\ ^{*)}$$

Diese Umformungen beruhen auf den Gleichungen (68) bis (79) des ersten Theils, ausserdem auf den identischen Beziehungen zwischen den verschiedenen Producten e, $e_\varkappa$, $e_{\varkappa\lambda}$ und ihren Factoren $e_{\varkappa\lambda\mu}$.

Wenn wir von den linearen Relationen zwischen den Quadraten der Theta-Functionen absehen, so haben alle quadratischen Gleichungen zwischen den ungraden Θ die Form:

$$A\,\Theta_a\,\Theta_b + A'\,\Theta_{a'}\,\Theta_{b'} + A''\,\Theta_{a''}\,\Theta_{b''} + A'''\,\Theta_{a'''}\,\Theta_{b'''} = 0,$$

wo A, A', A'', A''' constante Grössen bedeuten, und die Indices a, b, a', b' etc. den Bedingungen

$$ab = a'b' = a''b'' = a'''b'''$$

genügen. Es sei nämlich m irgend ein von 0 verschiedener Index. Dieser muss sich im Ganzen auf 32 Arten in zwei verschiedene Indices a, b zerlegen lassen. Von diesen 32 Zerlegungen wird die Hälfte so beschaffen sein, dass der eine Index grade, der andre ungrade ist. Bei den 16 übrigen wird entweder a und b grade, oder a und b ungrade sein; und zwar wird die Anzahl der Zerlegungen der ersten Art 10, die der zweiten Art 6 betragen. Ist z. B. $m = \varkappa$, und $\alpha, \beta, \gamma, \delta, \varepsilon, \zeta$ die 6 übrigen primitiven Indices, so erhalten wir eine Zerlegung von m in zwei grade Indices a, b, wenn wir setzen: $a = \alpha\beta\gamma$, $b = \delta\varepsilon\zeta$; in zwei ungrade, wenn wir $a = \alpha$, $b = \alpha\varkappa$ setzen.

Zerlegen wir nun m auf verschiedene Arten in ein Product zweier Indices, welche beide grade, oder beide ungrade sind: $m = ab$, $m = a'b'$ etc., so sind die Producte:

$$\Theta_a\,\Theta_b, \quad \Theta_{a'}\,\Theta_{b'} \quad \text{etc.}$$

nach der Definition des § 3 grade Theta Functionen zweiter Ordnung mit der Charakteristik (μ^m, ν^m). Die Anzahl der von einander linear unabhängigen Functionen dieser Art beträgt

*) Das Vorzeichen dieser Gleichung erhält man leicht in folgender Weise. Fasst man die beiden Gruppen von je 4 Indices, mit denen die Grössen f behaftet sind, auf, und greift irgend einen Index der ersten Gruppe heraus, z. B. $\alpha\varkappa\lambda$, so ist α mit $\varkappa\lambda$ verbunden. In der zweiten Gruppe ist β mit $\varkappa\lambda$ verbunden; daher bilden wir $\alpha \mid \beta$. Es ist ferner in $\alpha\varkappa\lambda$ $\varkappa$ mit $\alpha\lambda$ verbunden; in der zweiten Gruppe ν mit $\alpha\lambda$; daher haben wir $\varkappa \mid \nu$. Drittens ist λ mit $\alpha\varkappa$, in der zweiten Gruppe μ mit $\alpha\varkappa$ verbunden; dadurch entsteht $\lambda \mid \mu$. So erhalten wir im Ganzen das Vorzeichen $(-1)^{\alpha|\beta+\varkappa|\nu+\lambda|\mu}$. Wir würden denselben Werth, nur in verändertem Ausdruck, erhalten haben, wenn wir statt $\alpha\varkappa\lambda$ irgend einen der drei übrigen Indices der ersten Gruppe herausgenommen hätten.

nach § 3: $\frac{2^{\rho}}{2} = 4$; daher muss zwischen je 5 derselben eine lineare homogene Gleichung bestehen. Wenn die Argumente gleich Null gesetzt werden, so verschwindet das Product $\Theta_a\Theta_b$, wenn a, b ungrade Indices sind; dagegen erhält es einen von Null verschiedenen Werth, wenn a und b grade Indices sind. Daraus folgt, dass, wenn wir von den 5 Producten $\Theta_a\Theta_b$, $\Theta_{a'}\Theta_{b'}$ etc. in einem die Indices grade, in den übrigen ungrade annehmen, der Coefficient des einen Products gleich Null sein muss. Mit andern Worten: Wenn

$$m = ab, \quad m = a'b', \quad m = a''b'' \quad \text{etc.}$$

die 6 möglichen Zerlegungen des Index m in Producte je zweier ungraden Indices sind, so sind je 4 der 6 Functionen

$$\Theta_a\Theta_b, \quad \Theta_{a'}\Theta_{b'}, \quad \Theta_{a''}\Theta_{b''} \quad \text{etc.}$$

durch eine lineare homogene Gleichung mit constanten Coefficienten verbunden.

Der Index m kann nun die drei verschiedenen Formen $\varkappa$, $\varkappa\lambda$, $\varkappa\lambda\mu$ haben. Es seien α, β, γ, δ, $\varkappa$, λ, μ die 7 primitiven Indices in irgend welcher Reihenfolge; dann erkennen wir zunächst, indem wir $m = \varkappa$ annehmen, dass durch drei Glieder der Gruppe

$$\Theta_\alpha\Theta_{\alpha\varkappa}, \quad \Theta_\beta\Theta_{\beta\varkappa}, \quad \Theta_\gamma\Theta_{\gamma\varkappa}, \quad \Theta_\delta\Theta_{\delta\varkappa}, \quad \Theta_\lambda\Theta_{\lambda\varkappa}, \quad \Theta_\mu\Theta_{\mu\varkappa}$$

sich die drei übrigen linear und homogen ausdrücken lassen; wenn wir $m = \varkappa\lambda$ setzen, dass dasselbe gilt für die Gruppe

$$\Theta_{\alpha\varkappa}\Theta_{\alpha\lambda}, \quad \Theta_{\beta\varkappa}\Theta_{\beta\lambda}, \quad \Theta_{\gamma\varkappa}\Theta_{\gamma\lambda}, \quad \Theta_{\delta\varkappa}\Theta_{\delta\lambda}, \quad \Theta_{\mu\varkappa}\Theta_{\mu\lambda}, \quad \Theta_\varkappa\Theta_\lambda;$$

endlich, wenn wir $m = \varkappa\lambda\mu = \alpha\beta\gamma\delta$ setzen, ergiebt sich dasselbe für die Producte

$$\Theta_\varkappa\Theta_{\lambda\mu}, \quad \Theta_\lambda\Theta_{\mu\varkappa}, \quad \Theta_\mu\Theta_{\varkappa\lambda}, \quad \Theta_{\alpha\delta}\Theta_{\beta\gamma}, \quad \Theta_{\beta\delta}\Theta_{\gamma\alpha}, \quad \Theta_{\gamma\delta}\Theta_{\alpha\beta}.$$

Dieselben Eigenschaften übertragen sich natürlich auf die σ.

§ 2.

Alle diese Gleichungen zwischen den ungraden Θ oder σ sind enthalten in der Fundamental-Gleichung (1). Wir heben aus ihnen drei hervor, durch welche die algebraischen Beziehungen, in denen die 28 Functionen unter einander stehen, vollständig definirt sind.

I. Wir setzen zunächst $k = 0$, $l = \varkappa$, $m = \lambda\mu$. Dann erhalten wir, da $c_{kl} = 0$ ist:

$$\sum_{\alpha=0}^{7} [(-1)^{(\alpha,\varkappa\alpha,\lambda\mu\alpha)} c_{\alpha\varkappa\lambda\mu} c_{\alpha\lambda\mu} \Theta_\alpha \Theta_{\alpha\varkappa}] = 0.$$

Diejenigen Glieder dieser Summe, die sich auf die Indices 0, $\varkappa$, λ, μ beziehen, fallen fort, da in ihnen entweder $c_{\alpha\varkappa\lambda\mu}$ oder $c_{\alpha\lambda\mu}$ gleich Null ist. Die Summe ist also nur zu erstrecken über die 4 primitiven Indices α, β, γ, δ. Es ist nun

$$(\alpha,\, \varkappa\alpha,\, \lambda\mu\alpha) = (\beta\gamma\delta\varkappa\lambda\mu,\, \varkappa\alpha,\, \beta\gamma\delta\varkappa);$$

daher:

$$K = \varkappa, \quad L = \beta\gamma\delta\varkappa = \alpha\lambda\mu, \quad M = \varkappa;$$

mithin:

$$(\alpha,\, \varkappa\alpha,\, \lambda\mu\alpha) = \varkappa \mid \alpha + 0 \mid \varkappa\alpha + \alpha \mid \lambda\mu\alpha;$$

oder, da

$$\alpha \mid \lambda\mu\alpha \equiv \lambda\mu\alpha \mid \alpha \bmod 2$$

ist:

$$(\alpha,\, \varkappa\alpha,\, \lambda\mu\alpha) \equiv \varkappa\lambda\mu\alpha \mid \alpha \equiv \beta\gamma\delta \mid \alpha.$$

Wir erhalten demnach:

$$\sum_{\alpha,\beta,\gamma,\delta} \left[(-1)^{\alpha\varkappa\lambda\mu|\alpha} c_{\alpha\varkappa\lambda\mu} c_{\alpha\lambda\mu}\, \Theta_\alpha\, \Theta_{\alpha\varkappa}\right] = 0.$$

$\alpha\varkappa\lambda\mu$ können wir ersetzen durch $\beta\gamma\delta$. Unter dem Summenzeichen steht dann ein Ausdruck, der in Bezug auf die Indices β, γ, δ symmetrisch ist. Durch Vertauschung von α, β, γ, δ unter einander erhält derselbe vier Werthe; die Summe dieser vier Werthe ist Null. Dies bezeichnen wir so:

$$\underset{\alpha,\beta,\gamma,\delta}{S} \left\{(-1)^{\beta\gamma\delta|\alpha} c_{\beta\gamma\delta} c_{\alpha\lambda\mu}\, \Theta_\alpha\, \Theta_{\alpha\varkappa}\right\} = 0.$$

Dividiren wir diese Gleichung durch c_0^2, und ersetzen jedes Θ_m durch $l_m\sigma_m$, so ergiebt sich:

$$\underset{\alpha,\beta,\gamma,\delta}{S} \left\{(-1)^{\beta\gamma\delta|\alpha} e_{\beta\gamma\delta} e_{\alpha\lambda\mu} l_\alpha l_{\alpha\varkappa} \sigma_\alpha \sigma_{\alpha\varkappa}\right\} = 0.$$

Nun ist, nach (68) und (79):

$$e_{\alpha\lambda\mu} = \frac{c}{r} \frac{e_{u\lambda} e_{\alpha\mu} e_{\lambda\mu}}{e_\alpha e_\lambda e_\mu} \frac{1}{l_\alpha l_\lambda l_\mu f_{\alpha\lambda\mu}},$$

$$e_{\beta\gamma\delta} = \frac{e}{r} \frac{e_{\alpha\varkappa} e_{\alpha\lambda} e_{\alpha\mu} e_{\varkappa\lambda} e_{\varkappa\mu} e_{\lambda\mu}}{e_\alpha e_\varkappa e_\lambda e_\mu} \frac{1}{l_\beta l_\gamma l_\delta f_{\beta\gamma\delta}},$$

(da die Identität stattfindet:

$$\left.\frac{e_{\alpha\varkappa} e_{\alpha\lambda} e_{\alpha\mu} e_{\varkappa\lambda} e_{\varkappa\mu} e_{\lambda\mu}}{e_\alpha e_\varkappa e_\lambda e_\mu} = \frac{e_{\beta\gamma} e_{\beta\delta} e_{\gamma\delta}}{e_\beta e_\gamma e_\delta}\right),$$

$$l_\alpha l_{\alpha\varkappa} = \frac{f}{rg^2}\,\frac{g_\alpha g_\varkappa}{l_\varkappa e_{\alpha\varkappa}},$$

folglich:

$$e_{\beta\gamma\delta}e_{\alpha\lambda\mu}l_\alpha l_{\alpha\varkappa} = \frac{e^2 f}{r^3 g^2 l}\,\frac{e^2_{\alpha\lambda}e^2_{\alpha\mu}e^2_{\lambda\mu}e_{\varkappa\lambda}e_{\varkappa\mu}}{e^2_\alpha e^2_\lambda e^2_\mu e_\varkappa}\,\frac{g_\alpha g_\varkappa}{f_{\alpha\lambda\mu}f_{\beta\lambda\delta}}.$$

Ferner ist, nach (73) und (75):

$$\frac{e^2_{\alpha\lambda}e^2_{\alpha\mu}e^2_{\lambda\mu}}{e^2_\alpha e^2_\lambda e^2_\mu} = \frac{g^9}{f^6}\,\frac{f_{\alpha\lambda}f_{\alpha\mu}f_{\lambda\mu}}{f_\alpha f_\lambda f_\mu g_\alpha g_\lambda g_\mu},$$

und dieses ist, wie aus der Identität (55) hervorgeht:

$$= \frac{g^9}{f^7}\,\frac{f_{\alpha\lambda\mu}f_{\beta\gamma\delta}f_{\gamma\delta\varkappa}f_{\delta\beta\varkappa}f_{\beta\gamma\varkappa}}{g_\alpha g_\lambda g_\mu}.$$

Mithin ist:

$$e_{\alpha\lambda\mu}e_{\beta\gamma\delta}l_\alpha l_{\alpha\varkappa} = \frac{e^2 g^7 g_\varkappa e_{\varkappa\lambda}e_{\varkappa\mu}}{r^3 l f^6 e_\varkappa g_\lambda g_\mu}f_{\gamma\delta\varkappa}f_{\delta\beta\varkappa}f_{\beta\gamma\varkappa}.$$

Wenn wir diesen Werth des Coefficienten in die Gleichung einsetzen, den gemeinsamen Factor aller Glieder aber fortlassen, so erhalten wir:

$$\underset{\alpha,\beta,\gamma,\delta}{S}\left\{(-1)^{\beta\gamma\delta|\alpha}f_{\gamma\delta\varkappa}f_{\delta\beta\varkappa}f_{\beta\gamma\varkappa}\sigma_\alpha\sigma_{\alpha\varkappa}\right\} = 0.$$

II. Wir setzen ferner:

$$k = \varkappa, \quad l = \lambda, \quad m = \lambda\mu\nu.$$

Dann ergiebt die Hauptgleichung, da wiederum $c_{kl} = 0$ ist:

$$\sum_{a=0}^{7}\left[(-1)^{(\varkappa\alpha,\lambda\alpha,\lambda\mu\nu\alpha)}c_{\alpha\varkappa\mu\nu}c_{\alpha\lambda\mu\nu}\Theta_{\alpha\varkappa}\Theta_{\alpha\lambda}\right] = 0.$$

Hier fallen diejenigen Glieder fort, welche sich auf die Indices $\varkappa$, λ, μ, ν beziehen. Nennen wir die drei übrigen α, β, γ, so ist demnach:

$$\sum_{\alpha,\beta,\gamma}\left[(-1)^{(\varkappa\alpha,\lambda\alpha,\lambda\mu\nu\alpha)}c_{\alpha\varkappa\mu\nu}c_{\alpha\lambda\mu\nu}\Theta_{\alpha\varkappa}\Theta_{\alpha\lambda}\right] + (-1)^{(\varkappa,\lambda,\lambda\mu\nu)}c_{\varkappa\mu\nu}c_{\lambda\mu\nu}\Theta_\varkappa\Theta_\lambda = 0.$$

Es ist nun zunächst

$$(\varkappa, \lambda, \lambda\mu\nu) = (\alpha\beta\gamma\lambda\mu\nu,\ \alpha\beta\gamma\varkappa\mu\nu,\ \alpha\beta\gamma\varkappa);$$

daher:

$$K = \alpha\beta\gamma\varkappa = \lambda\mu\nu, \quad L = \alpha\beta\gamma = \varkappa\lambda\mu\nu, \quad M = \alpha\beta\gamma\mu\nu = \varkappa\lambda;$$

mithin:

$$(\varkappa, \lambda, \lambda\mu\nu) = \lambda\mu\nu \mid \varkappa + \varkappa \mid \lambda + \varkappa \mid \lambda\mu\nu,$$

und dies ist $\equiv \lambda \mid \varkappa$ mod 2.

Bei der Bildung von $(\varkappa\alpha, \lambda\alpha, \lambda\mu\nu\alpha)$ ist $K = \lambda\alpha$, $L = \alpha$, $M = \alpha$; mithin

$$(\varkappa\alpha, \lambda\alpha, \lambda\mu\nu\alpha) = \lambda\alpha \mid \varkappa\alpha + \lambda\mu\nu \mid \lambda\alpha + \lambda \mid \lambda\mu\nu\alpha.$$

Durch Zerlegung finden wir

$$\begin{aligned}\lambda\alpha \mid \varkappa\alpha &\equiv \lambda \mid \varkappa + \lambda \mid \alpha + \alpha \mid \varkappa + \alpha \mid \alpha,\\ \lambda\mu\nu \mid \lambda\alpha &\equiv \lambda\mu\nu \mid \lambda + \lambda\mu\nu \mid \alpha,\\ \lambda \mid \lambda\mu\nu\alpha &\equiv \lambda \mid \lambda\mu\nu + \lambda \mid \alpha;\end{aligned}$$

mithin, da $\lambda\mu\nu \mid \lambda + \lambda \mid \lambda\mu\nu \equiv 0$ mod 2 ist:

$$(\varkappa\alpha, \lambda\alpha, \lambda\mu\nu\alpha) = \lambda \mid \varkappa + \alpha \mid \alpha + \alpha \mid \varkappa + \lambda\mu\nu \mid \alpha.$$

Dies ist congruent $1 + \lambda \mid \varkappa + \alpha\varkappa\lambda\mu\nu \mid \alpha$; somit ergiebt sich:

$$\sum_{\alpha,\beta,\gamma} \left[(-1)^{\alpha\varkappa\lambda\mu\nu|\alpha} c_{\alpha\varkappa\mu\nu} c_{\alpha\lambda\mu\nu} \Theta_{\alpha\varkappa} \Theta_{\alpha\lambda}\right] = c_{\varkappa\mu\nu} c_{\lambda\mu\nu} \Theta_{\varkappa} \Theta_{\lambda}.$$

Diese Gleichung lässt sich, ähnlich wie die vorige, in folgender Form schreiben:

$$\underset{\alpha,\beta,\gamma}{S} \left\{(-1)^{\beta\gamma|\alpha} c_{\beta\gamma\lambda} c_{\beta\gamma\varkappa} \Theta_{\alpha\varkappa} \Theta_{\alpha\lambda}\right\} = c_{\varkappa\mu\nu} c_{\lambda\mu\nu} \Theta_{\varkappa} \Theta_{\lambda};$$

oder, wenn wir die Grössen σ einführen:

$$\underset{\alpha,\beta,\gamma}{S} \left\{(-1)^{\beta\gamma|\alpha} \frac{e_{\beta\gamma\lambda} e_{\beta\gamma\varkappa} l_{\alpha\varkappa} l_{\alpha\lambda}}{e_{\varkappa\mu\nu} e_{\lambda\mu\nu} l_{\varkappa} l_{\lambda}} \sigma_{\alpha\varkappa} \sigma_{\alpha\lambda}\right\} = \sigma_{\varkappa} \sigma_{\lambda}.$$

Nun sind noch die Coefficienten in einfacherer Form darzustellen. Nach (68) ist:

$$\begin{aligned}e_{\beta\gamma\lambda} &= \frac{e}{r} \frac{e_{\alpha\varkappa} e_{\alpha\mu} e_{\alpha\nu} e_{\varkappa\mu} e_{\varkappa\nu} e_{\mu\nu}}{e_{\alpha} e_{\varkappa} e_{\mu} e_{\nu}} \frac{1}{l_{\beta} l_{\gamma} l_{\lambda} f_{\beta\gamma\lambda}},\\ e_{\varkappa\mu\nu} &= \frac{e}{r} \frac{e_{\varkappa\mu} e_{\varkappa\nu} e_{\mu\nu}}{e_{\varkappa} e_{\mu} e_{\nu}} \frac{1}{l_{\varkappa} l_{\mu} l_{\nu} f_{\varkappa\mu\nu}};\end{aligned}$$

daher:

$$\frac{e_{\beta\gamma\lambda}}{e_{\varkappa\mu\nu}} = \frac{e_{\alpha\varkappa}e_{\alpha\mu}e_{\alpha\nu}}{e_\alpha} \frac{l_\varkappa l_\mu l_\nu f_{\varkappa\mu\nu}}{l_\beta l_\gamma l_\lambda f_{\beta\gamma\lambda}}.$$

Ebenso ist:

$$\frac{e_{\beta\gamma\varkappa}}{e_{\lambda\mu\nu}} = \frac{e_{\alpha\lambda}e_{\alpha\mu}e_{\alpha\nu}}{e_\alpha} \frac{l_\lambda l_\mu l_\nu}{l_\beta l_\gamma l_\varkappa} \frac{f_{\lambda\mu\nu}}{f_{\beta\gamma\varkappa}}.$$

Endlich folgt aus (79):

$$\frac{l_{\alpha\varkappa}l_{\alpha\lambda}}{l_\varkappa l_\lambda} = \frac{f^2}{r^2g^4} \frac{g_\alpha^2 g_\varkappa g_\lambda}{l_\alpha^2 l_\varkappa^2 l_\lambda^2 e_{\alpha\varkappa}e_{\alpha\lambda}}.$$

Die Multiplication dieser drei Gleichungen ergiebt:

$$\frac{e_{\beta\gamma\lambda}e_{\beta\gamma\varkappa}l_{\alpha\varkappa}l_{\alpha\lambda}}{e_{\varkappa\mu\nu}e_{\lambda\mu\nu}l_\varkappa l_\lambda} = \frac{f^2}{r^2g^4} \frac{e_{\alpha\mu}^2 e_{\alpha\nu}^2}{e_\alpha^2} \frac{l_\mu^2 l_\nu^2 g_\alpha^2 g_\varkappa g_\lambda f_{\varkappa\mu\nu}f_{\lambda\mu\nu}}{l_\alpha^2 l_\beta^2 l_\gamma^2 l_\varkappa^2 l_\lambda^2 f_{\beta\gamma\varkappa}f_{\beta\gamma\lambda}}.$$

Nun ist

$$\frac{l_\mu^2 l_\nu^2}{l_\alpha^2 l_\beta^2 l_\gamma^2 l_\varkappa^2 l_\lambda^2} = \frac{l_\mu^4 l_\nu^4}{l^2} = \frac{r^2g^2}{f_\mu f_\nu g_\mu^3 g_\nu^3},$$

$$\frac{e_{\alpha\mu}^2 e_{\alpha\nu}^2}{e_\alpha^2} = \frac{g}{f} \frac{g_\mu^2 g_\nu^2}{g_\alpha} \frac{f_{\alpha\mu}f_{\alpha\nu}}{f_\alpha};$$

dadurch geht der vorstehende Ausdruck über in:

$$\frac{f}{g} \frac{g_\alpha g_\varkappa g_\lambda}{g_\mu g_\nu} \frac{f_{\alpha\mu}f_{\alpha\nu}f_{\varkappa\mu\nu}f_{\lambda\mu\nu}}{f_\alpha f_\mu f_\nu f_{\beta\gamma\varkappa}f_{\beta\gamma\lambda}}.$$

Hier wenden wir wieder die Formel an:

$$\frac{f f_{\alpha\mu}f_{\alpha\nu}f_{\mu\nu}}{f_\alpha f_\mu f_\nu} = f_{\alpha\mu\nu}f_{\beta\gamma\varkappa}f_{\beta\gamma\lambda}f_{\beta\varkappa\lambda}f_{\gamma\varkappa\lambda}.$$

Dadurch wird

$$\frac{e_{\beta\gamma\lambda}e_{\beta\gamma\varkappa}l_{\alpha\varkappa}l_{\alpha\lambda}}{e_{\varkappa\mu\nu}e_{\lambda\mu\nu}l_\varkappa l_\lambda} = \frac{g_\alpha g_\varkappa g_\lambda}{g g_\mu g_\nu} \frac{f_{\varkappa\mu\nu}f_{\lambda\mu\nu}f_{\alpha\mu\nu}f_{\beta\varkappa\lambda}f_{\gamma\varkappa\lambda}}{f_{\mu\nu}},$$

oder, da

$$f_{\mu\nu} = f_{\varkappa\mu\nu}f_{\lambda\mu\nu}f_{\alpha\mu\nu}f_{\beta\mu\nu}f_{\gamma\mu\nu},$$

$$g = g_\alpha g_\varkappa g_\lambda g_\mu g_\nu g_\beta g_\gamma$$

ist:

$$\frac{e_{\beta\gamma\lambda}e_{\beta\gamma\varkappa}l_{\alpha\varkappa}l_{\alpha\lambda}}{e_{\varkappa\mu\nu}e_{\lambda\mu\nu}l_{\varkappa}l_{\lambda}} = \frac{1}{g_\beta g_\gamma g_\mu^2 g_\nu^2}\,\frac{f_{\beta\varkappa\lambda}f_{\gamma\varkappa\lambda}}{f_{\beta\mu\nu}f_{\gamma\mu\nu}}.$$

Nachdem auf diese Weise die Ausdrücke der Coefficienten transformirt sind, nimmt unsere Gleichung folgende Form an:

$$\underset{\alpha,\beta,\gamma}{S}\left\{(-1)^{\beta\gamma|\alpha}\frac{f_{\beta\varkappa\lambda}f_{\gamma\varkappa\lambda}}{f_{\beta\mu\nu}f_{\gamma\mu\nu}}\,\frac{\sigma_{\alpha\varkappa}\sigma_{\alpha\lambda}}{g_\beta g_\gamma g_\mu^2 g_\nu^2}\right\} = \sigma_\varkappa\sigma_\lambda.$$

III. Eine dritte Relation zwischen den ungraden σ erhalten wir, indem wir setzen:

$$k=\delta, \quad l=\varkappa\lambda\mu\delta, \quad m=\varkappa\delta.$$

Dann ergiebt sich:

$$c_0 c_{\varkappa\lambda\mu}\Theta_\varkappa\Theta_{\lambda\mu} = \sum_{\alpha=0}^{7}\left[(-1)^{(\delta\alpha,\varkappa\lambda\mu\delta\alpha,\varkappa\delta\alpha)}c_{\lambda\mu\delta\alpha}c_{\varkappa\delta\alpha}\Theta_{\delta\alpha}\Theta_{\varkappa\lambda\mu\delta\alpha}\right].$$

Hier verschwinden die Coefficienten für die Werthe 0, $\varkappa$, λ, μ, δ des Summations-Index α. Diese Gleichung nimmt deshalb, wenn wir durch α, β, γ die drei von $\varkappa$, λ, μ, δ verschiedenen primitiven Indices bezeichnen, die Form an:

$$c_0 c_{\varkappa\lambda\mu}\Theta_\varkappa\Theta_{\lambda\mu} = \underset{\alpha,\beta,\gamma}{S}\left\{(-1)^{(\delta\alpha,\varkappa\lambda\mu\delta\alpha,\varkappa\delta\alpha)}c_{\lambda\mu\delta\alpha}c_{\varkappa\delta\alpha}\Theta_{\delta\alpha}\Theta_{\varkappa\lambda\mu\delta\alpha}\right\},$$

oder, da $\varkappa\lambda\mu\delta\alpha=\beta\gamma$ ist:

$$c_0 c_{\varkappa\lambda\mu}\Theta_\varkappa\Theta_{\lambda\mu} = \underset{\alpha,\beta,\gamma}{S}\left\{(-1)^{(\delta\alpha,\beta\gamma,\varkappa\delta\alpha)}c_{\varkappa\beta\gamma}c_{\varkappa\alpha\delta}\Theta_{\beta\gamma}\Theta_{\alpha\delta}\right\}.$$

Nun ist

$$(\delta\alpha,\beta\gamma,\varkappa\delta\alpha) = (\delta\alpha,\beta\gamma,\lambda\mu\beta\gamma).$$

Bilden wir hier wieder die grössten gemeinsamen Theiler der Indices $k=\delta\alpha$, $l=\beta\gamma$, $m=\lambda\mu\beta\gamma$, so erhalten wir:

$$K=\beta\gamma, \quad L=0, \quad M=0;$$

es ist also

$$(\delta\alpha,\beta\gamma,\varkappa\delta\alpha) = \beta\gamma\,|\,\delta\alpha + \varkappa\delta\alpha\,|\,\beta\gamma + \beta\gamma\,|\,\varkappa\delta\alpha,$$

und dies ist $\equiv \beta\gamma\,|\,\delta\alpha$ mod 2, da von den drei Indices $\varkappa\delta\alpha$, $\beta\gamma$, $\varkappa\delta\alpha\beta\gamma$ zwei ungrade sind, der dritte grade. Wir erhalten demnach:

$$c_0 c_{\varkappa\lambda\mu}\Theta_\varkappa\Theta_{\lambda\mu} = \underset{\alpha,\beta,\gamma}{S}\left\{(-1)^{\beta\gamma|\alpha\delta}c_{\varkappa\beta\gamma}c_{\varkappa\alpha\delta}\Theta_{\beta\gamma}\Theta_{\alpha\delta}\right\},$$

oder:

$$e_{\varkappa\lambda\mu} l_\varkappa l_{\lambda\mu} \sigma_\varkappa \sigma_{\lambda\mu} = \underset{\alpha,\beta,\gamma}{S} \left\{ (-1)^{\beta\gamma|\alpha\delta} e_{\varkappa\beta\gamma} e_{\varkappa\alpha\delta} l_{\beta\gamma} l_{\alpha\delta} \sigma_{\beta\gamma} \sigma_{\alpha\delta} \right\}.$$

Nun haben wir den Coefficienten:

$$Q = \frac{e_{\varkappa\beta\gamma} e_{\varkappa\alpha\delta} l_{\beta\gamma} l_{\alpha\delta}}{e_{\varkappa\lambda\mu} l_\varkappa l_{\lambda\mu}}$$

umzuformen. Wir bilden zunächst:

$$q = \frac{e_{\varkappa\beta\gamma} l_{\beta\gamma}}{l_\varkappa}.$$

Es ist nach den Formeln (68) und (79) des ersten Theils:

$$e_{\varkappa\beta\gamma} = \frac{e e_{\varkappa\beta} e_{\varkappa\gamma} e_{\beta\gamma}}{r e_\varkappa e_\beta e_\gamma l_\varkappa l_\beta l_\gamma f_{\varkappa\beta\gamma}}, \quad l_{\beta\gamma} = \frac{f g_\beta g_\gamma}{r g^2 l_\beta l_\gamma e_{\beta\gamma}};$$

daher:

$$q = \frac{f e e_{\varkappa\beta} e_{\varkappa\gamma} g_\beta g_\gamma}{r^2 g^2 e_\varkappa e_\beta e_\gamma l_\varkappa^2 l_\beta^2 l_\gamma^2 f_{\varkappa\beta\gamma}}.$$

Nun ist nach (69)

$$e_\varkappa l_\varkappa^2 = -r^4 l^2 g_\varkappa;$$

Daher:

$$e_\varkappa e_\beta e_\gamma l_\varkappa^2 l_\beta^2 l_\gamma^2 = -r^{12} l^6 g_\varkappa g_\beta g_\gamma,$$

mithin:

$$q = \frac{-f e e_{\varkappa\beta} e_{\varkappa\gamma}}{r^{14} l^6 g^2 g_\varkappa f_{\varkappa\beta\gamma}}.$$

Nach (71) und (72) ist aber:

$$-e = \frac{f^4}{g^5}, \quad r^{14} l^6 = \frac{f^6}{g^8};$$

folglich:

$$q = \frac{g}{f} \frac{e_{\varkappa\beta} e_{\varkappa\gamma}}{g_\varkappa f_{\varkappa\beta\gamma}}.$$

Da nun

$$Q = \frac{e_{\varkappa\beta\gamma} l_{\beta\gamma}}{l_\varkappa} \cdot \frac{e_{\varkappa\alpha\delta} l_{\alpha\delta}}{l_\varkappa} \cdot \frac{l_\varkappa}{e_{\varkappa\lambda\mu} l_{\lambda\mu}}$$

ist, so erhalten wir:

$$Q = \frac{g}{f} \frac{e_{\varkappa\beta} e_{\varkappa\gamma} e_{\varkappa\alpha} e_{\varkappa\delta}}{g_\varkappa e_{\varkappa\lambda} e_{\varkappa\mu}} \cdot \frac{f_{\varkappa\lambda\mu}}{f_{\varkappa\beta\gamma} f_{\varkappa\alpha\delta}}.$$

Es ist aber:

$$e_{\varkappa\beta}e_{\varkappa\gamma}e_{\varkappa\alpha}e_{\varkappa\delta}e_{\varkappa\lambda}e_{\varkappa\mu} = e_\varkappa^2 = \frac{f^3}{g^5} f_\varkappa g_\varkappa^5,$$

$$e_{\varkappa\lambda}^2 e_{\varkappa\mu}^2 = \frac{f^2}{g^4} g_\varkappa^4 g_\lambda^2 g_\mu^2 f_{\varkappa\lambda} f_{\varkappa\mu};$$

mithin ergiebt sich:

$$Q = \frac{f_\varkappa f_{\varkappa\lambda\mu}}{g_\lambda^2 g_\mu^2 f_{\varkappa\lambda} f_{\varkappa\mu} f_{\varkappa\beta\gamma} f_{\varkappa\alpha\delta}}.$$

Nun ist, wenn wir die Producte $f_\varkappa$, $f_{\varkappa\lambda}$, $f_{\varkappa\mu}$ auflösen:

$$\frac{f_\varkappa f_{\varkappa\lambda\mu}}{f_{\varkappa\lambda} f_{\varkappa\mu}} = f_{\varkappa\alpha\beta} f_{\varkappa\alpha\gamma} f_{\varkappa\alpha\delta} f_{\varkappa\beta\gamma} f_{\varkappa\beta\delta} f_{\varkappa\gamma\delta};$$

folglich erhalten wir:

$$Q = \frac{f_{\varkappa\gamma\alpha} f_{\varkappa\beta\delta} f_{\varkappa\alpha\beta} f_{\varkappa\gamma\delta}}{g_\lambda^2 g_\mu^2}.$$

Durch diese Umformung der Coefficienten nimmt die aufgestellte Gleichung folgende Gestalt an:

$$\underset{\alpha,\beta,\gamma}{S}\left\{(-1)^{\beta\gamma|\alpha\delta} f_{\varkappa\gamma\alpha} f_{\varkappa\beta\delta} f_{\varkappa\alpha\beta} f_{\varkappa\gamma\delta} \sigma_{\beta\gamma}\sigma_{\alpha\delta}\right\} = g_\lambda^2 g_\mu^2 \sigma_\varkappa \sigma_{\lambda\mu}.$$

Dadurch ist jetzt folgendes System von Relationen gefunden:

$$(4)\qquad \begin{cases} \text{(A)} & \underset{\alpha,\beta,\gamma,\delta}{S}\left\{(-1)^{\beta\gamma\delta|\alpha} f_{\gamma\delta\varkappa} f_{\delta\beta\varkappa} f_{\beta\gamma\varkappa} \sigma_\alpha \sigma_{\alpha\varkappa}\right\} = 0, \\ \text{(B)} & \underset{\alpha,\beta,\gamma}{S}\left\{(-1)^{\beta\gamma|\alpha} \dfrac{f_{\beta\varkappa\lambda} f_{\gamma\varkappa\lambda}}{f_{\beta\mu\nu} f_{\gamma\mu\nu}} \dfrac{\sigma_{\alpha\varkappa}\sigma_{\alpha\lambda}}{g_\beta g_\gamma g_\mu^2 g_\nu^2}\right\} = \sigma_\varkappa \sigma_\lambda, \\ \text{(C)} & \underset{\alpha,\beta,\gamma}{S}\left\{(-1)^{\beta\gamma|\alpha\delta} f_{\varkappa\gamma\alpha} f_{\varkappa\beta\delta} f_{\varkappa\alpha\beta} f_{\varkappa\gamma\delta} \sigma_{\beta\gamma}\sigma_{\alpha\delta}\right\} = g_\lambda^2 g_\mu^2 \sigma_\varkappa \sigma_{\lambda\mu}. \end{cases}$$

§ 3.

Wir gehen aus von der ersten Gleichung dieses Systems. Das Product $\sigma_\varkappa \sigma_\lambda \sigma_{\varkappa\lambda}$ bezeichnen wir durch $\varphi_{\varkappa\lambda}$:

$$\sigma_\varkappa \sigma_\lambda \sigma_{\varkappa\lambda} = \varphi_{\varkappa\lambda} (\varkappa \lesseqgtr \lambda).$$

Die Gleichung (A) zeigt dann, dass zwischen den vier Grössen $\varphi_{\alpha\varkappa}$, $\varphi_{\beta\varkappa}$, $\varphi_{\gamma\varkappa}$, $\varphi_{\delta\varkappa}$ eine lineare Gleichung

$$\underset{\alpha,\beta,\gamma,\delta}{S}\left\{(-1)^{\beta\gamma\delta|\alpha} f_{\gamma\delta\varkappa} f_{\delta\beta\varkappa} f_{\beta\gamma\varkappa} \varphi_{\alpha\varkappa}\right\} = 0$$

besteht. Hieraus folgt, dass sich die 21 Grössen $\varphi_{\varkappa\lambda}$ durch sechs unter ihnen linear darstellen lassen. Denn es lässt sich $\varphi_{15}, \varphi_{16}, \varphi_{17}$ durch $\varphi_{12}, \varphi_{13}, \varphi_{14}$; $\varphi_{25}, \varphi_{26}, \varphi_{27}$ durch $\varphi_{12}, \varphi_{23}, \varphi_{24}$; und $\varphi_{35}, \varphi_{36}, \varphi_{37}$ durch $\varphi_{13}, \varphi_{23}, \varphi_{34}$ darstellen; endlich $\varphi_{56}, \varphi_{57}, \varphi_{67}$ durch die schon dargestellten ausdrücken; so dass schliesslich alle $\varphi_{\varkappa\lambda}$ lineare Functionen von $\varphi_{12}, \varphi_{13}, \varphi_{14}, \varphi_{23}, \varphi_{24}, \varphi_{34}$ werden. Um aber die Symmetrie zu wahren, wollen wir die 21 Grössen $\varphi_{\varkappa\lambda}$ durch sechs neue Grössen, die von den Indices unabhängig sind, ausdrücken.

Wenn wir eine quadratische Form aufstellen:

$$\xi^2 L_{11} + 2\xi\eta L_{12} + 2\xi\zeta L_{13} + \eta^2 L_{22} + 2\eta\zeta L_{23} + \zeta^2 L_{33},$$

und in dieser für ξ, η, ζ die gemeinsamen Werthsysteme der beiden Gleichungen $a_\varkappa \xi + b_\varkappa \eta + c_\varkappa \zeta = 0$, $a_\lambda \xi + b_\lambda \eta + c_\lambda \zeta = 0$ einsetzen:

$$\xi = b_\varkappa c_\lambda - c_\varkappa b_\lambda, \quad \eta = c_\varkappa a_\lambda - a_\varkappa c_\lambda, \quad \zeta = a_\varkappa b_\lambda - b_\varkappa a_\lambda,$$

so lässt sich zeigen, dass zwischen den 21 Ausdrücken $\Phi_{\varkappa\lambda}$, welche wir so erhalten, dieselben Gleichungen bestehen, wie zwischen den Grössen $\varphi_{\varkappa\lambda}$. Zu diesem Zweck bilden wir die Summe

$$S = \underset{\alpha,\beta,\gamma,\delta}{S} \left\{ (-1)^{\beta\gamma\delta|\alpha} f_{\gamma\delta\varkappa} f_{\delta\beta\varkappa} f_{\beta\gamma\varkappa} \Phi_{\alpha\varkappa} \right\}$$

und betrachten in dieser a_δ, b_δ, c_δ als veränderliche Grössen, die übrigen Parameter dagegen und die Grössen L als Constanten. Setzen wir dann $a_\delta = a_\alpha$, $b_\delta = b_\alpha$, $c_\delta = c_\alpha$, so verschwindet der Factor

$$f_{\delta\alpha\varkappa} = (-1)^{\delta|\alpha\varkappa + \alpha|\varkappa} \begin{vmatrix} a_\delta & b_\delta & c_\delta \\ a_\alpha & b_\alpha & c_\alpha \\ a_\varkappa & b_\varkappa & c_\varkappa \end{vmatrix}$$

des zweiten und dritten Gliedes; die vorgelegte Summe reducirt sich daher auf folgende:

$$S = (-1)^{\beta\gamma\delta|\alpha} f_{\gamma\delta\varkappa} f_{\delta\beta\varkappa} f_{\beta\gamma\varkappa} \Phi_{\alpha\varkappa} + (-1)^{\alpha\beta\gamma|\delta} f_{\beta\gamma\varkappa} f_{\gamma\alpha\varkappa} f_{\alpha\beta\varkappa} \Phi_{\delta\varkappa}.$$

Nun ist, unter der gemachten Voraussetzung:

$$f_{\gamma\delta\varkappa} = (-1)^{\alpha\delta|\gamma\varkappa} f_{\gamma\alpha\varkappa}, \quad f_{\delta\beta\varkappa} = (-1)^{\alpha\delta|\beta\varkappa} f_{\alpha\beta\varkappa},$$
$$\Phi_{\alpha\varkappa} = \Phi_{\delta\varkappa};$$

es ist also

$$S = ((-1)^{\beta\gamma\delta|\alpha + \alpha\delta|\gamma\varkappa + \alpha\delta|\beta\varkappa} + (-1)^{\alpha\beta\gamma|\delta}) f_{\beta\gamma\varkappa} f_{\gamma\alpha\varkappa} f_{\alpha\beta\varkappa} \Phi_{\delta\varkappa}.$$

Nun ist aber

$$\beta\gamma\delta \mid \alpha + \alpha\delta \mid \gamma\varkappa + \alpha\delta \mid \beta\varkappa \equiv 1 + \alpha\beta\gamma \mid \delta \mod 2;$$

folglich ist $S = 0$. – Ebenso lässt sich zeigen, dass S verschwindet, wenn $(a_\delta, b_\delta, c_\delta) = (a_\beta, b_\beta, c_\beta)$ oder $= (a_\gamma, b_\gamma, c_\gamma)$ gesetzt wird. Endlich ist offenbar, dass jedes Glied von S, und zwar von der zweiten Ordnung, verschwindet, wenn $(a_\delta, b_\delta, c_\delta) = (a_\varkappa, b_\varkappa, c_\varkappa)$ gesetzt wird. Nun ist aber S eine homogene quadratische Function von $(a_\delta, b_\delta, c_\delta)$; da diese an einer Stelle von der zweiten Ordnung, und ausserdem an drei andern unabhängigen Stellen verschwindet, so muss sie identisch gleich Null sein. Damit ist der ausgesprochene Satz bewiesen.

Daraus folgt nun, dass alle 21 Grössen $\Phi_{\varkappa\lambda}$ dieselben Functionen von $\Phi_{12}, \Phi_{13} \cdots \Phi_{34}$ sind, wie $\varphi_{\varkappa\lambda}$ von $\varphi_{12}, \varphi_{13} \cdots \varphi_{34}$. Daraus geht hervor, dass, wenn wir die sechs Grössen L so bestimmen, dass die sechs linearen Gleichungen

$$\varphi_{12} = \Phi_{12};\; \varphi_{13} = \Phi_{13} \cdots,\; \varphi_{34} = \Phi_{34}$$

erfüllt werden, allgemein $\varphi_{\varkappa\lambda} = \Phi_{\varkappa\lambda}$ ist. Auf diese Weise sind also die 21 Grössen $\varphi_{\varkappa\lambda} = \sigma_\varkappa \sigma_\lambda \sigma_{\varkappa\lambda}$ in folgender Form dargestellt:

$$(5)\qquad \begin{cases} \varphi_{\varkappa\lambda} = \xi^2 L_{11} + 2\xi\eta L_{12} + 2\xi\zeta L_{13} + \eta^2 L_{22} + 2\eta\zeta L_{23} + \zeta^2 L_{33} \\ \quad \xi = b_\varkappa c_\lambda - c_\varkappa b_\lambda, \quad \eta = c_\varkappa a_\lambda - a_\varkappa c_\lambda, \quad \zeta = a_\varkappa b_\lambda - b_\varkappa a_\lambda. \end{cases}$$

§ 4.

Wir führen nun eine Anzahl neuer Bezeichnungen ein. Das Product aller sieben Grössen $\sigma_1, \sigma_2 \cdots \sigma_7$, bezeichnen wir durch $\widetilde{\omega}$; ferner das Product von $\sigma_{\varkappa\lambda}$ in diejenigen fünf der Grössen $\sigma_1, \sigma_2 \cdots \sigma_7$, deren Indices von $\varkappa$ und λ verschieden sind, mit $\chi_{\varkappa\lambda}$; endlich das Product von $\widetilde{\omega}$ in das Quadrat irgend einer der 28 ungraden σ-Functionen $\widetilde{\omega}\sigma_m^2$ mit ψ_m. Danach ist:

$$(6)\qquad \begin{cases} \widetilde{\omega} = \sigma_1 \sigma_2 \sigma_3 \sigma_4 \sigma_5 \sigma_6 \sigma_7 \\ \varphi_{\varkappa\lambda} = \sigma_\varkappa \sigma_\lambda \sigma_{\varkappa\lambda} \\ \chi_{\varkappa\lambda} = \sigma_\alpha \sigma_\beta \sigma_\gamma \sigma_\mu \sigma_\nu \sigma_{\varkappa\lambda} = \dfrac{\widetilde{\omega}\sigma_{\varkappa\lambda}}{\sigma_\varkappa \sigma_\lambda} \\ \psi_m = \widetilde{\omega}\sigma_m^2. \end{cases}$$

Es ist dann $\varphi_{\varkappa\lambda}$ ein Product dreier, $\chi_{\varkappa\lambda}$ ein Product von sechs, ψ_m von neun σ-Functionen, und es ist offenbar

$$\psi_{\varkappa\lambda} = \varphi_{\varkappa\lambda}\chi_{\varkappa\lambda}.$$

Wenn wir diese Ausdrücke in die zweite und dritte der Gleichungen (3) einführen, so erhalten wir:

$$(7)\quad \begin{cases} \text{(A)} \quad \underset{\alpha,\beta,\gamma}{S}\left\{(-1)^{\beta\gamma|\alpha\delta} f_{\varkappa\gamma\alpha} f_{\varkappa\beta\delta} f_{\varkappa\alpha\beta} f_{\varkappa\gamma\delta} \varphi_{\beta\gamma} \varphi_{\alpha\delta}\right\} = g_\lambda^2 g_\mu^2 \chi_{\lambda\mu}, \\ \text{(B)} \quad \underset{\alpha,\beta,\gamma}{S}\left\{(-1)^{\beta\gamma|\alpha} \dfrac{f_{\beta\varkappa\lambda} f_{\gamma\varkappa\lambda} \varphi_{\alpha\varkappa} \chi_{\alpha\lambda}}{g_\beta g_\gamma g_\mu^2 g_\nu^2 f_{\beta\mu\nu} f_{\gamma\mu\nu}}\right\} = \psi_\varkappa, \\ \text{(C)} \quad \varphi_{\varkappa\lambda} \chi_{\varkappa\lambda} = \psi_{\varkappa\lambda}. \end{cases}$$

Die erste dieser Gleichungen wird aus der letzten Formel des Systems (3) gewonnen, indem man dieselbe mit $\sigma_\alpha\sigma_\beta\sigma_\gamma\sigma_\delta$ multiplicirt, die zweite, indem man (B) mit $\dfrac{\widetilde{\omega}\sigma_\varkappa}{\sigma_\lambda}$ multiplicirt. Diese Formeln lassen sich nun in folgender Weise auffassen. Durch die Gleichung (5) sind die Grössen φ dargestellt als homogene lineare Functionen der sechs Grössen L. Setzen wir diese Ausdrücke in (A) ein, so verwandelt sich $\chi_{\lambda\mu}$ in eine homogene quadratische Function derselben Grössen; die beiden letzten Gleichungen zeigen dann, dass $\psi_\varkappa$, $\psi_{\varkappa\lambda}$ kubische Functionen dieser Grössen sind. Wenn wir dies festhalten, so zeigen die Gleichungen (6), dass nicht nur das Quadrat jedes Quotienten zweier ungeraden σ-Functionen, sondern auch allgemein jedes Product beliebig vieler solcher Quotienten $\dfrac{\sigma_a}{\sigma_b}$, $\dfrac{\sigma_{a'}}{\sigma_{b'}}$, $\dfrac{\sigma_{a''}}{\sigma_{b''}}$ etc., wenn nur der Gesammt-Index desselben $aba'b'a''b''\cdots$ gleich dem Index 0 ist, sich als eine rationale Function der Verhältnisse der Grössen L darstellen lässt. Weiter aber zeigen diese Formeln, dass zwischen den sechs Grössen L eine grosse Anzahl homogener Gleichungen, sämmtlich von der sechsten Ordnung, besteht. Denn aus der zweiten und dritten der Gleichungen (6) folgt:

$$\frac{\varphi_{\beta\lambda}}{\chi_{\beta\lambda}} = \frac{\sigma_\beta^2\sigma_\lambda^2}{\widetilde{\omega}};$$

daher ist:

$$\frac{\varphi_{\beta\lambda}}{\chi_{\beta\lambda}}\psi_\varkappa = \sigma_\beta^2\sigma_\varkappa^2\sigma_\lambda^2 = \frac{\varphi_{\beta\varkappa}}{\chi_{\beta\varkappa}}\psi_\lambda,$$

$$\frac{\varphi_{\beta\lambda}}{\chi_{\beta\lambda}}\,\frac{\varphi_{\alpha\varkappa}}{\chi_{\alpha\varkappa}} = \frac{\sigma_\beta^2\sigma_\lambda^2\sigma_\alpha^2\sigma_\varkappa^2}{\widetilde{\omega}^2} = \frac{\varphi_{\beta\varkappa}}{\chi_{\beta\varkappa}}\,\frac{\varphi_{\alpha\lambda}}{\chi_{\alpha\lambda}};$$

$$\frac{\varphi_{\alpha\beta}}{\chi_{\alpha\beta}}\,\frac{\varphi_{\gamma\delta}}{\chi_{\gamma\delta}}\,\frac{\varphi_{\lambda\mu}}{\chi_{\lambda\mu}} = \frac{\sigma_\alpha^2\sigma_\beta^2\sigma_\gamma^2\sigma_\delta^2\sigma_\lambda^2\sigma_\mu^2}{\widetilde{\omega}^3} = \frac{1}{\widetilde{\omega}\sigma_\varkappa^2} = \frac{1}{\psi_\varkappa};$$

daher ist, für beliebige Indices:

$$(8)\quad \begin{cases} \varphi_{\beta\lambda}\chi_{\beta\varkappa}\psi_\varkappa = \varphi_{\beta\varkappa}\chi_{\beta\lambda}\psi_\lambda, \\ \varphi_{\alpha\varkappa}\varphi_{\beta\lambda}\chi_{\alpha\lambda}\chi_{\beta\varkappa} = \varphi_{\alpha\lambda}\varphi_{\beta\varkappa}\chi_{\alpha\varkappa}\chi_{\beta\lambda}, \\ \varphi_{\alpha\beta}\varphi_{\gamma\delta}\varphi_{\lambda\mu}\psi_\varkappa = \chi_{\alpha\beta}\chi_{\gamma\delta}\chi_{\lambda\mu}; \end{cases}$$

und alles dieses sind, wenn wir für die Grössen φ, χ, ψ ihre Ausdrücke durch die L eingesetzt denken, homogene Gleichungen sechster Ordnung zwischen den Grössen L. Freilich können nur zwei von diesen Gleichungen unabhängig von einander sein; die übrigen müssen sich als Folgerungen derselben ergeben.

§ 5.

Wir brechen jetzt diese allgemeinere Betrachtung ab, um zu untersuchen, was aus den Ausdrücken φ, χ, ψ wird, wenn wir durch eine gleich anzugebende willkürliche Relation unter den Grössen L die Veränderlichkeit der Argumente beschränken.

I. $\varphi_{\varkappa\lambda}$ ist nach der Gleichung (5) durch eine quadratische Form dargestellt. Wir setzen die Determinante derselben gleich Null:

$$\begin{vmatrix} L_{11} & L_{12} & L_{13} \\ L_{21} & L_{22} & L_{23} \\ L_{31} & L_{32} & L_{33} \end{vmatrix} = 0. \tag{9}$$

Alsdann zerfällt die quadratische Form in ein Product zweier Linearfactoren:

$$\varphi_{\varkappa\lambda} = (\xi x + \eta y + \zeta z)(\xi x' + \eta y' + \zeta z');$$

oder, wenn wir für ξ, η, ζ die Werthe dieser Grössen einsetzen:

$$\varphi_{\varkappa\lambda} = \begin{vmatrix} x & y & z \\ a_\varkappa & b_\varkappa & c_\varkappa \\ a_\lambda & b_\lambda & c_\lambda \end{vmatrix} \begin{vmatrix} x' & y' & z' \\ a_\varkappa & b_\varkappa & c_\varkappa \\ a_\lambda & b_\lambda & c_\lambda \end{vmatrix}.$$

Wir multipliciren die einzelnen Factoren, um sie in Bezug auf $\varkappa$, λ symmetrisch zu machen, mit dem alternirenden Vorzeichen $(-1)^{\varkappa|\lambda}$, und bezeichnen

$$(-1)^{\varkappa|\lambda} \begin{vmatrix} x & y & z \\ a_\varkappa & b_\varkappa & c_\varkappa \\ a_\lambda & b_\lambda & c_\lambda \end{vmatrix} \text{ durch } F(x, y, z)_{\varkappa\lambda}.$$

Alsdann ist

$$\varphi_{\varkappa\lambda} = F(x, y, z)_{\varkappa\lambda} F(x', y', z')_{\varkappa\lambda}. \tag{10}$$

Wir können uns (x, y, x) als die homogenen Coordinaten eines veränderlichen Punktes in einer Ebene, $(a_1, b_1, c_1) \cdots (a_7\ b_7\ c_7)$ als die von 7 festen Punkten vorstellen, und diese Punkte selbst durch die Zahlen $1, 2 \cdots 7$ bezeichnen. $F(x, y, z)_{\varkappa\lambda} = 0$ ist dann die Gleichung derjenigen Graden, welche durch die beiden Punkte $\varkappa$, λ hindurchgeht. Dadurch ist diese

Function charakterisirt, wenn ausserdem noch der Werth von $F(x, y, x)_{\varkappa\lambda}$ in einem dritten Punkte μ gegeben ist. $F_{\varkappa\lambda}$ ist also bestimmt durch die Eigenschaften:

$$(11)\qquad \begin{cases} F_{\varkappa\lambda} = 0 \text{ in den Punkten } \varkappa, \lambda, \\ \qquad = (-1)^{\mu|\varkappa\lambda} f_{\mu\varkappa\lambda} \text{ im Punkte } \mu. \end{cases}$$

II. Setzt man in der ersten der Gleichungen (7) für die Grössen φ die eben gefundenen Ausdrücke, wobei der Kürze wegen $F_{\beta\gamma}$ für $F(x, y, z)_{\beta\gamma}$, $F'_{\beta\gamma}$ für $F(x', y', z')_{\beta\gamma}$ geschrieben werden soll, so erhält man:

$$g_\lambda^2 g_\mu^2 \chi_{\lambda\mu} = \underset{\alpha,\beta,\gamma}{S} \left\{ (-1)^{\beta\gamma|\alpha\delta} f_{\varkappa\gamma\alpha} f_{\varkappa\beta\delta} f_{\varkappa\alpha\beta} f_{\varkappa\gamma\delta} F_{\beta\gamma} F_{\alpha\delta} F'_{\beta\gamma} F'_{\alpha\delta} \right\}.$$

Hierdurch ist, wenn wir (x', y', z') als constant auffassen, $\chi_{\lambda\mu}$ definirt als eine homogene quadratische Function von (x, y, z), die offenbar an den vier Punkten α, β, γ, δ verschwindet. Sie verschwindet aber auch im Punkte $\varkappa$. Denn in diesem wird nach (11):

$$F_{\beta\gamma} F_{\alpha\delta} = (-1)^{\varkappa|\alpha\beta\gamma\delta} f_{\varkappa\beta\gamma} f_{\varkappa\alpha\delta};$$

der Ausdruck auf der rechten Seite geht daher über in:

$$(-1)^{\varkappa|\alpha\beta\gamma\delta} f_{\varkappa\gamma\alpha} f_{\varkappa\beta\delta} f_{\varkappa\alpha\beta} f_{\varkappa\gamma\delta} f_{\varkappa\beta\gamma} f_{\varkappa\alpha\delta} \underset{\alpha,\beta,\gamma}{S} \left\{ (-1)^{\beta\gamma|\alpha\delta} F'_{\beta\gamma} F'_{\alpha\delta} \right\}.$$

Wir betrachten nun den letzten Factor dieses Products. Vertauschen wir (x', y', z') mit $(a_\delta, b_\delta, c_\delta)$, so geht

$$F'_{\beta\gamma} \text{ in } (-1)^{\beta\gamma|\delta} f_{\delta\beta\gamma}, \quad F'_{\alpha\delta} \text{ in } -F'_{\alpha\delta}$$

über; daher der Summenausdruck in:

$$-\underset{\alpha,\beta,\gamma}{S} \left\{ (-1)^{\beta\gamma|\alpha} f_{\delta\beta\gamma} F'_{\alpha\delta} \right\}.$$

Von dieser Summe, die eine lineare Function von x', y', z' darstellt, ist zu zeigen, dass sie identisch verschwindet. Dazu ist nur nöthig, zu zeigen, dass sie in den drei Punkten α, β, γ verschwindet. Dies aber geht unmittelbar aus (11) hervor. Denn setzen wir z. B. $(x', y', z') = (a_\gamma, b_\gamma, c_\gamma)$, so wird

$$F'_{\alpha\delta} = (-1)^{\gamma|\alpha\delta} f_{\delta\gamma\alpha}, \quad F'_{\beta\delta} = (-1)^{\gamma|\beta\delta} f_{\beta\delta\gamma}, \quad F'_{\gamma\delta} = 0;$$

daher:

$$\begin{aligned} &(-1)^{\beta\gamma|\alpha} f_{\delta\beta\gamma} F'_{\alpha\delta} = (-1)^{\beta|\alpha+\gamma|\delta} f_{\delta\beta\gamma} f_{\delta\gamma\alpha}, \\ &(-1)^{\gamma\beta|\alpha} f_{\delta\gamma\alpha} F'_{\beta\delta} = (-1)^{\alpha|\beta+\gamma|\delta} f_{\delta\beta\gamma} f_{\delta\gamma\alpha}, \\ &(-1)^{\alpha\beta|\gamma} f_{\delta\alpha\beta} F'_{\gamma\delta} = 0. \end{aligned}$$

Somit muss diese Summe, und auch die ursprüngliche identisch Null sein. Es gelten also die beiden Relationen:

(a) $$\underset{\alpha,\beta,\gamma}{S}\left\{(-1)^{\beta\gamma|\alpha} f_{\beta\gamma\varkappa} F_{\alpha\varkappa}\right\} = 0,$$

(b) $$\underset{\alpha,\beta,\gamma}{S}\left\{(-1)^{\beta\gamma|\alpha\delta} F_{\beta\gamma} F_{\alpha\delta}\right\} = 0.$$

Aus der letzten Gleichung folgt nun, dass die quadratische Function, durch welche $\chi_{\lambda\mu}$ dargestellt ist, ausser an den Punkten α, β, γ, δ auch noch im Punkte $\varkappa$ verschwindet. Dadurch ist aber $\chi_{\lambda\mu}$ bis auf einen von x, y, z unabhängigen Factor bestimmt; und da $\chi_{\lambda\mu}$ symmetrisch ist in Bezug auf beide Werthsysteme, so folgt, dass $\chi_{\lambda\mu}$, ebenso wie $\varphi_{\lambda\mu}$, in zwei Factoren zerfällt, von denen der eine nur x, y, z, der andere nur x', y', z' enthält. Diese Zerlegung nun lässt sich mit Hülfe der gefundenen Formel wirklich ausführen. Wir bezeichnen für den Augenblick die Producte

$$\begin{aligned}
&F_{\beta\gamma}F_{\alpha\delta},\quad F_{\gamma\alpha}F_{\beta\delta},\quad F_{\alpha\beta}F_{\gamma\delta} \text{ durch } P_1, P_2, P_3,\\
&F'_{\beta\gamma}F'_{\alpha\delta} \text{ etc. durch } P'_1, P'_2, P'_3,\\
&f_{\varkappa\beta\gamma}f_{\varkappa\alpha\delta} \text{ etc. durch } p_1, p_2, p_3,
\end{aligned}$$

und die Vorzeichen

$$(-1)^{\beta\gamma|\alpha\delta},\quad (-1)^{\gamma\alpha|\beta\delta},\quad (-1)^{\alpha\beta|\gamma\delta} \text{ durch } \varepsilon_1, \varepsilon_2, \varepsilon_3.$$

Es ist dann offenbar:

$$\begin{aligned}
g_\lambda^2 g_\mu^2 \chi_{\lambda\mu} &= \varepsilon_1 p_2 p_3 P_1 P'_1 + \varepsilon_2 p_3 p_1 P_2 P'_2 + \varepsilon_3 p_1 p_2 P_3 P'_3,\\
\varepsilon_1 P_1 + \varepsilon_2 P_2 + \varepsilon_3 P_3 &= 0,\\
\varepsilon_1 P'_1 + \varepsilon_2 P'_2 + \varepsilon_3 P'_3 &= 0,\\
\varepsilon_1 p_1 + \varepsilon_2 p_2 + \varepsilon_3 p_3 &= 0,\\
\varepsilon_1 \varepsilon_2 \varepsilon_3 &= \quad 1.
\end{aligned}$$

Die vorletzte Gleichung wird aus (b) dadurch erhalten, dass man $(x, y, z) = (a_\varkappa, b_\varkappa, c_\varkappa)$ setzt. Wir eliminiren nun die Grössen P_3, P'_3, p_3. Dadurch geht der Ausdruck von $g_\lambda^2 g_\mu^2 \chi_{\lambda\mu}$ über in folgenden:

$$\begin{aligned}
g_\lambda^2 g_\mu^2 \chi_{\lambda\mu} &= p_2^2 P_1 P'_1 + p_1^2 P_2 P'_2 - p_1 p_2 (P_1 P'_2 + P_2 P'_1)\\
&= (p_2 P_1 - p_1 P_2)(p_2 P'_1 - p_1 P'_2).
\end{aligned}$$

Wir bezeichnen nun die Function zweiten Grades

$$(-1)^{\alpha|\beta+\delta|\gamma}\frac{p_2P_1-p_1P_2}{g_\lambda g_\mu} \text{ durch } G(x,y,z).$$

Alsdann ist

$$\chi_{\lambda\mu}=G(x,y,z)G(x',y',z').$$

Diese Function zweiten Grades $G(x, y, z)$ hat, wie wir bewiesen haben, die Eigenschaft, an den fünf von λ, μ verschiedenen Punkten zu verschwinden. Im Punkte λ selbst ist, wie aus (11) hervorgeht:

$$P_1=(-1)^{\lambda|\alpha\beta\gamma\delta}f_{\lambda\beta\gamma}f_{\lambda\alpha\delta},\quad P_2=(-1)^{\lambda|\alpha\beta\gamma\delta}f_{\lambda\gamma\alpha}f_{\lambda\beta\delta};$$

daher erhalten wir:

$$\begin{aligned}&f_{\varkappa\gamma\alpha}f_{\varkappa\beta\delta}f_{\lambda\beta\gamma}f_{\lambda\alpha\delta}-f_{\varkappa\beta\gamma}f_{\varkappa\alpha\delta}f_{\lambda\gamma\alpha}f_{\lambda\beta\delta}\\&=(-1)^{\lambda|\varkappa\lambda\mu+\alpha|\beta+\delta|\gamma}g_\lambda g_\mu G(a_\lambda,b_\lambda,c_\lambda).\end{aligned}$$

Der Ausdruck auf der linken Seite ist aber, wie aus (2) folgt,

$$=(-1)^{\alpha|\beta+\delta|\gamma+\lambda|\varkappa}g_\mu;$$

mithin ist:

$$G(a_\lambda,b_\lambda,c_\lambda)=\frac{(-1)^{\lambda|\lambda\mu}}{g_\lambda}.$$

Ebenso ist:

$$G(a_\mu,b_\mu,c_\mu)=\frac{(-1)^{\mu|\lambda\mu}}{g_\mu}.$$

Die Function $G(x, y, z)$ ist auf diese Weise charakterisirt durch sieben Bedingungen. Diese sind symmetrisch nach den beiden Indices λ, μ einerseits, und den davon verschiedenen α, β, γ, δ, $\varkappa$ andrerseits. Daher können wir diese Function durch $G(x, y, z)_{\lambda\mu}$ bezeichnen. Demnach erhalten wir:

(12) $$\chi_{\lambda\mu}=G(x,y,z)_{\lambda\mu}\,G(x',y',z')_{\lambda\mu},$$

wo die Function $G_{\lambda\mu}$ definirt ist durch die Gleichung:

(c) $$(-1)^{\alpha|\beta+\delta|\gamma}(f_{\varkappa\gamma\alpha}f_{\varkappa\beta\gamma}F_{\beta\gamma}F_{\alpha\delta}-f_{\varkappa\beta\gamma}f_{\varkappa\alpha\delta}F_{\gamma\alpha}F_{\beta\delta})=g_\lambda g_\mu G_{\lambda\mu},$$

und auch durch die Eigenschaften:

(13) $$\begin{cases}G_{\lambda\mu}=0 \text{ in den Punkten } \alpha,\beta,\gamma,\delta,\varkappa,\\ \quad\;=\dfrac{(-1)^{\lambda|\lambda\mu}}{g_\lambda} \text{ im Punkte } \lambda.\end{cases}$$

Zu den beiden Gleichungen (b) und (c) wollen wir noch zwei verwandte hinzufügen. Es stellen nämlich die sechs Grössen

$$G_{\lambda\mu},\quad G_{\mu\varkappa},\quad G_{\varkappa\lambda},\quad F_{\beta\gamma}F_{\alpha\delta},\quad F_{\gamma\alpha}F_{\beta\delta},\quad F_{\alpha\beta}F_{\gamma\delta}$$

sämmtlich Functionen zweiter Ordnung dar, die in den vier Punkten α, β, γ, δ verschwinden. Zwischen je drei derselben muss daher eine lineare Gleichung stattfinden. Es muss daher auch $F_{\beta\gamma}F_{\alpha\delta}$ linear durch $G_{\varkappa\mu}$, $G_{\lambda\mu}$ ausdrückbar sein, und endlich zwischen $G_{\lambda\mu}$, $G_{\varkappa\mu}$, $G_{\varkappa\lambda}$ eine lineare Gleichung bestehen. Um die Coefficienten der Gleichung

$$F_{\beta\gamma}F_{\alpha\delta} = AG_{\varkappa\mu} + BG_{\varkappa\lambda}$$

zu bestimmen, setzen wir $(x, y, z) = (a_\mu, b_\mu, c_\mu)$; dann wird

$$F_{\beta\gamma}F_{\alpha\delta} = (-1)^{\mu|\beta\gamma\alpha\delta} f_{\mu\beta\gamma} f_{\mu\alpha\delta},\quad G_{\varkappa\mu} = \frac{(-1)^{\mu|\varkappa\mu}}{g_\mu},\quad G_{\varkappa\lambda} = 0;$$

daher ist:

$$A = (-1)^{\mu|\beta\gamma\alpha\delta\varkappa\mu} g_\mu f_{\mu\beta\gamma} f_{\mu\alpha\delta} = (-1)^{\mu|\lambda} g_\mu f_{\mu\beta\gamma} f_{\mu\alpha\delta}.$$

Ebenso ist

$$B = (-1)^{\lambda|\mu} g_\lambda f_{\lambda\beta\gamma} f_{\lambda\alpha\delta};$$

wir erhalten daher:

$$\text{(d)}\qquad F_{\beta\gamma}F_{\alpha\delta} = (-1)^{\lambda|\mu}(g_\lambda f_{\lambda\beta\gamma} f_{\lambda\alpha\delta} G_{\varkappa\lambda} - g_\mu f_{\mu\beta\gamma} f_{\mu\alpha\delta} G_{\varkappa\mu}).$$

Ebenso werden die Coefficienten der Gleichung

$$AG_{\lambda\mu} + BG_{\mu\varkappa} + CG_{\varkappa\lambda} = 0$$

bestimmt; für $(x, y, z) = (a_\mu, b_\mu, c_\mu)$ geht dieselbe über in:

$$(-1)^{\mu|\lambda\mu}\frac{A}{g_\mu} + (-1)^{\mu|\mu\varkappa}\frac{B}{g_\mu} = 0;$$

wir können deshalb setzen:

$$A = (-1)^{\lambda\mu|\varkappa},\quad B = (-1)^{\mu\varkappa|\lambda},\quad C = (-1)^{\varkappa\lambda|\mu};$$

so dass die Formel die Gestalt annimmt:

$$\text{(e)}\qquad (-1)^{\lambda\mu|\varkappa} G_{\lambda\mu} + (-1)^{\mu\varkappa|\lambda} G_{\mu\varkappa} + (-1)^{\varkappa\lambda|\mu} G_{\varkappa\lambda} = 0.$$

Durch die vier Identitäten b, c, d, e ist die Form der Relationen zwischen den aufgestellten sechs Grössen vollständig festgestellt, ebenso wie durch die Gleichung (a) die Form derjenigen Relationen, welche zwischen

$$F_{\alpha\varkappa}, F_{\beta\varkappa}, F_{\gamma\varkappa}, F_{\delta\varkappa}, F_{\lambda\varkappa}, F_{\mu\varkappa}$$

bestehen.

III. Wir setzen jetzt die für die 56 Grössen $\varphi_{\varkappa\lambda}$, $\chi_{\varkappa\lambda}$ gefundenen Werthe in den Ausdruck von $\psi_\varkappa$ ein:

$$\psi_\varkappa = \underset{\alpha,\beta,\gamma}{S}\left\{(-1)^{\beta\gamma|\alpha}\frac{f_{\beta\varkappa\lambda}f_{\gamma\varkappa\lambda}F_{\alpha\varkappa}G_{\alpha\lambda}F'_{\alpha\varkappa}G'_{\alpha\lambda}}{g_\beta g_\gamma g_\mu^2 g_\nu^2 f_{\beta\mu\nu}f_{\gamma\mu\nu}}\right\}.$$

Fassen wir diesen Ausdruck auf als abhängig von (x, y, z) allein, indem wir x', y', z' als Constanten betrachten, so stellt er eine homogene Function dritter Ordnung dar. Fassen wir irgend eine der Grössen auf, aus denen die Summe zusammengesetzt ist, z. B. $F_{\alpha\varkappa}G_{\alpha\lambda}$, so sehen wir, dass diese an den Punkten α, β, γ, μ, ν von der ersten, an der Stelle $\varkappa$ aber von der zweiten Ordnung verschwindet. Denn an der Stelle $\varkappa$ verschwindet $F_{\alpha\varkappa}$ und $G_{\alpha\lambda}$, an der Stelle α: $F_{\alpha\varkappa}$, und an den Stellen β, γ, μ, ν: $G_{\alpha\lambda}$. Diese Eigenschaften sind allen drei Gliedern der Summe gemeinsam, und übertragen sich also auf den ganzen Ausdruck. Ausserdem aber ist zu zeigen, dass der ganze Ausdruck auch an der Stelle λ verschwindet. An dieser wird:

$$F_{\alpha\varkappa} = (-1)^{\lambda|\alpha\varkappa}f_{\alpha\varkappa\lambda}, \quad G_{\alpha\lambda} = \frac{(-1)^{\lambda|\alpha\lambda}}{g_\lambda};$$

daher:

$$\psi_\varkappa = \underset{\alpha,\beta,\gamma}{S}\left\{(-1)^{\beta\gamma|\alpha+\lambda|\varkappa\lambda}\frac{f_{\alpha\varkappa\lambda}f_{\beta\varkappa\lambda}f_{\gamma\varkappa\lambda}F'_{\alpha\varkappa}G'_{\alpha\lambda}}{g_\beta g_\gamma g_\lambda g_\mu^2 g_\nu^2 f_{\beta\mu\nu}f_{\gamma\mu\nu}}\right\}.$$

Das Verlangte wird also bewiesen sein, wenn wir zeigen, dass die Identität

$$\text{(f)} \qquad \underset{\alpha,\beta,\gamma}{S}\left\{(-1)^{\beta\gamma|\alpha}g_\alpha f_{\alpha\mu\nu}F_{\alpha\varkappa}G_{\alpha\lambda}\right\}$$

stattfindet. Nun ist nach der Formel (f) $= 0$:

$$f_{\beta\mu\nu}f_{\gamma\varkappa\nu}F_{\beta\varkappa}F_{\gamma\mu} - f_{\gamma\mu\nu}f_{\beta\varkappa\nu}F_{\beta\mu}F_{\gamma\varkappa} = (-1)^{\beta|\gamma+\varkappa|\mu}g_\alpha g_\lambda G_{\alpha\lambda}.$$

Diese Gleichung multipliciren wir mit $f_{\alpha\mu\nu}F_{\alpha\varkappa}$ und vertauschen dann die Indices α, β, γ cyklisch. Wir können hierbei $(-1)^{\beta|\gamma}$ durch $\varepsilon(-1)^{\beta\gamma|\alpha}$ ersetzen; der Werth des Zeichens ε ist dann alternirend in Bezug auf α, β, γ und bleibt deshalb bei cyklischer

Vertauschung dieser Indices ungeändert. Wir bekommen so drei Gleichungen; die erste derselben ist:

$$\begin{aligned}f_{\alpha\mu\nu}F_{\alpha\varkappa}f_{\beta\mu\nu}F_{\beta\varkappa}f_{\gamma\varkappa\nu}F_{\gamma\mu} - f_{\gamma\mu\nu}F_{\gamma\varkappa}f_{\alpha\mu\nu}F_{\alpha\varkappa}f_{\beta\varkappa\nu}F_{\beta\mu}\\ = (-1)^{\varkappa|\mu}\varepsilon g_\lambda(-1)^{\beta\gamma|\alpha}g_\alpha f_{\alpha\mu\nu}F_{\alpha\varkappa}G_{\alpha\lambda}.\end{aligned}$$

Bilden wir die Summe dieser drei Gleichungen, so ergiebt sich offenbar auf der linken Seite Null, während auf der rechten derselbe Ausdruck erscheint, welcher in der Gleichung (f) vorkommt, nur mit einer Constanten multiplicirt. Damit ist die Gleichung (f) bewiesen.

Setzen wir nun in derselben $(x, y, z) = (a_\lambda, b_\lambda, c_\lambda)$, so erhalten wir noch die Parameter-Gleichung:

$$\text{(f}'\text{)}\qquad \underset{\alpha,\beta,\gamma}{S}\left\{(-1)^{\beta\gamma|\alpha}g_\alpha f_{\alpha\varkappa\lambda}f_{\alpha\mu\nu}\right\} = 0.$$

Hieraus geht nicht nur hervor, dass $\psi_\varkappa$, ebenso wie die früher behandelten Ausdrücke, in zwei Factoren zerfallen muss, sondern es lässt sich auch diese Zerlegung direct ausführen. Wir führen folgende Abkürzungen ein. Es mögen

$$\frac{F_{\alpha\varkappa}G_{\alpha\lambda}}{f_{\alpha\varkappa\lambda}},\quad \frac{F_{\beta\varkappa}G_{\beta\lambda}}{f_{\beta\varkappa\lambda}},\quad \frac{F_{\gamma\varkappa}G_{\gamma\lambda}}{f_{\gamma\varkappa\lambda}}$$

durch M_α, M_β, M_γ; die entsprechenden Functionen von (x', y', z') durch M'_α, M'_β, M'_γ; die Grössen

$$g_\alpha f_{\alpha\varkappa\lambda}f_{\alpha\mu\nu},\quad g_\beta f_{\beta\varkappa\lambda}f_{\beta\mu\nu},\quad g_\gamma f_{\gamma\varkappa\lambda}f_{\gamma\mu\nu}$$

durch m_α, m_β, m_γ bezeichnet werden; endlich die Vorzeichen

$$(-1)^{\beta\gamma|\alpha},\quad (-1)^{\gamma\alpha|\beta},\quad (-1)^{\alpha\beta|\gamma} \text{ durch } \varepsilon_\alpha, \varepsilon_\beta, \varepsilon_\gamma.$$

Es ist dann:

$$\psi_\varkappa = \frac{f_{\alpha\varkappa\lambda}f_{\beta\varkappa\lambda}f_{\gamma\varkappa\lambda}(\varepsilon_\alpha m_\alpha M_\alpha M'_\alpha + \cdots + \varepsilon_\gamma m_\gamma M_\gamma M'_\gamma)}{f_{\alpha\mu\nu}f_{\beta\mu\nu}f_{\gamma\mu\nu}g_\alpha g_\beta g_\gamma g_\mu^2 g_\nu^2},$$

$$\varepsilon_\alpha\varepsilon_\beta\varepsilon_\gamma = -1,$$

und, nach den Formeln (f, f′):

$$\begin{aligned}\varepsilon_\alpha m_\alpha M_\alpha + \varepsilon_\beta m_\beta M_\beta + \varepsilon_\gamma m_\gamma M_\gamma &= 0,\\ \varepsilon_\alpha m_\alpha M'_\alpha + \varepsilon_\beta m_\beta M'_\beta + \varepsilon_\gamma m_\gamma M'_\gamma &= 0,\\ \varepsilon_\alpha m_\alpha + \varepsilon_\beta m_\beta + \varepsilon_\gamma m_\gamma &= 0.\end{aligned}$$

Die drei letzten Gleichungen benutzen wir dazu, um in dem Ausdruck

$$\varepsilon_\alpha m_\alpha M_\alpha M'_\alpha + \varepsilon_\beta m_\beta M_\beta M'_\beta + \varepsilon_\gamma m_\gamma M_\gamma M'_\gamma = M$$

die Grössen m_γ, M_γ, M'_γ zu eliminiren. Hierbei ergiebt sich:

$$\begin{aligned}\varepsilon_\gamma m_\gamma M &= (\varepsilon_\alpha m_\alpha M_\alpha + \varepsilon_\beta m_\beta M_\beta)(\varepsilon_\alpha m_\alpha M'_\alpha + \varepsilon_\beta m_\beta M'_\beta)\\ &- (\varepsilon_\alpha m_\alpha + \varepsilon_\beta m_\beta)(\varepsilon_\alpha m_\alpha M_\alpha M'_\alpha + \varepsilon_\beta m_\beta M_\beta M'_\beta)\\ &= \varepsilon_\gamma m_\alpha m_\beta (M_\alpha M'_\alpha + M_\beta M'_\beta - M_\alpha M'_\beta - M_\beta M'_\alpha);\end{aligned}$$

daher:

$$M = \frac{m_\alpha m_\beta}{m_\gamma}(M_\alpha - M_\beta)(M'_\alpha - M'_\beta).$$

Setzen wir dies in den Ausdruck von $\psi_\varkappa$ ein, indem wir den Constanten m_α, m_β, m_γ ihre Werthe beilegen, so erhalten wir:

$$\psi_\varkappa = \frac{f^2_{\gamma\varkappa\lambda} f^2_{\beta\varkappa\lambda}(M_\alpha - M_\beta)(M'_\alpha - M'_\beta)}{f^2_{\gamma\mu\nu} g^2_\gamma g^2_\mu g^2_\nu},$$

oder, wenn wir setzen:

$$(-1)^{\beta|\alpha} \frac{f_{\alpha\varkappa\lambda} f_{\beta\varkappa\lambda}(M_\alpha - M_\beta)}{g_\gamma g_\mu g_\nu f_{\gamma\mu\nu}} = H(x, y, z),$$

$$\psi_\varkappa = H(x, y, z) H(x', y', z').$$

Dieser neu definirte Ausdruck

$$H(x, y, z) = (-1)^{\beta|\alpha} \frac{f_{\beta\varkappa\lambda} F_{\alpha\varkappa} G_{\alpha\lambda} - f_{\alpha\varkappa\lambda} F_{\beta\varkappa} G_{\beta\lambda}}{g_\gamma g_\mu g_\nu f_{\gamma\mu\nu}}$$

ist nun eine kubische Function von (x, y, z), die an allen sieben Stellen verschwindet, an der Stelle $\varkappa$ aber von der zweiten Ordnung. Er ist symmetrisch in Bezug auf die drei Indices γ, μ, ν einerseits und α, β andrerseits; es ist aber leicht zu sehen, dass sein Werth auch dann ungeändert bleibt, wenn man α oder β mit γ, μ oder ν vertauscht. Denn vertauschen wir z. B. α mit γ. Aus den Gleichungen

$$\varepsilon_\alpha m_\alpha M_\alpha + \varepsilon_\beta m_\beta M_\beta + \varepsilon_\gamma m_\gamma M_\gamma = 0,$$
$$\varepsilon_\alpha m_\alpha + \varepsilon_\beta m_\beta + \varepsilon_\gamma m_\gamma = 0$$

folgt:

$$\varepsilon_\alpha m_\alpha (M_\alpha - M_\beta) + \varepsilon_\gamma m_\gamma (M_\gamma - M_\beta) = 0;$$

daher:

$$M_\alpha - M_\beta = \varepsilon_\beta \frac{m_\gamma}{m_\alpha}(M_\gamma - M_\beta),$$

oder:

$$(-1)^{\beta|\alpha}(M_\alpha - M_\beta) = (-1)^{\beta|\gamma} \frac{m_\gamma}{m_\alpha}(M_\gamma - M_\beta).$$

Hieraus ergiebt sich:

$$H(x, y, z) = (-1)^{\beta|\gamma} \frac{f_{\gamma\varkappa\lambda} f_{\beta\varkappa\lambda}}{g_\alpha g_\mu g_\nu f_{\alpha\mu\nu}}(M_\gamma - M_\beta).$$

Es bleibt also der Werth von $H(x, y, z)$ ungeändert bei einer beliebigen Vertauschung der Indices $\alpha, \beta, \gamma, \mu, \nu$ unter einander. Es muss aber gezeigt werden, dass dasselbe stattfindet, auch wenn wir einen dieser Indices mit λ vertauschen. Zu diesem Zweck multipliciren wir die Gleichung

$$f_{\beta\varkappa\lambda} F_{\alpha\varkappa} G_{\alpha\lambda} - f_{\alpha\varkappa\lambda} F_{\beta\varkappa} G_{\beta\lambda} = (-1)^{\beta|\alpha} g_\gamma g_\mu g_\nu f_{\gamma\mu\nu} H$$

mit $F_{\gamma\nu}$. Nach der Formel (d) ist dann

$$F_{\alpha\varkappa} F_{\gamma\nu} = (-1)^{\lambda|\mu}(g_\lambda f_{\lambda\alpha\varkappa} f_{\lambda\gamma\nu} G_{\beta\lambda} - g_\mu f_{\mu\alpha\varkappa} f_{\mu\gamma\nu} G_{\beta\mu}),$$
$$F_{\beta\varkappa} F_{\gamma\nu} = (-1)^{\lambda|\mu}(g_\lambda f_{\lambda\beta\varkappa} f_{\lambda\gamma\nu} G_{\alpha\lambda} - g_\mu f_{\mu\beta\varkappa} f_{\mu\gamma\nu} G_{\alpha\mu}).$$

Wenn wir dies einsetzen, so heben sich die mit g_λ multiplicirten Glieder gegenseitig auf, und wir erhalten:

$$f_{\beta\varkappa\lambda} f_{\alpha\varkappa\mu} G_{\alpha\lambda} G_{\beta\mu} - f_{\alpha\varkappa\lambda} f_{\beta\varkappa\mu} G_{\beta\lambda} G_{\alpha\mu} = (-1)^{\beta|\alpha+\mu|\lambda} g_\gamma g_\nu F_{\gamma\nu} H.$$

Diese Darstellung von H ist symmetrisch in Bezug auf λ und μ. Da wir demnach alle von $\varkappa$ verschiedenen Indices in dem Ausdrucke der Function $H(x, y, z)$ vertauschen können, ohne ihren Werth zu ändern, so können wir diese Function dritter Ordnung bezeichnen durch $H(x, y, z)_\varkappa$. Wir erhalten also:

$$\psi_\varkappa = H(x, y, z)_\varkappa H(x', y', z')_\varkappa, \tag{14}$$

und wir können uns $H_\varkappa$ definirt denken durch jede der beiden Gleichungen:

$$f_{\beta\varkappa\lambda} F_{\alpha\varkappa} G_{\alpha\lambda} - f_{\alpha\varkappa\lambda} F_{\beta\varkappa} G_{\beta\lambda} = (-1)^{\beta|\alpha} g_\gamma g_\mu g_\nu f_{\gamma\mu\nu} H_\varkappa, \tag{g}$$

$$f_{\beta\varkappa\lambda} f_{\alpha\varkappa\mu} G_{\alpha\lambda} G_{\beta\mu} - f_{\alpha\varkappa\lambda} f_{\beta\varkappa\mu} G_{\beta\lambda} G_{\alpha\mu} = (-1)^{\beta|\alpha+\mu|\lambda} g_\gamma g_\nu F_{\gamma\nu} H_\varkappa. \tag{g'}$$

Die Formeln (f) und (g) gehören zu einer neuen Gruppe von Identitäten. Die Functionen

$$F_{\alpha\varkappa}G_{\alpha\lambda},\quad F_{\beta\varkappa}G_{\beta\lambda},\quad F_{\gamma\varkappa}G_{\gamma\lambda},\quad F_{\mu\varkappa}G_{\mu\lambda},\quad F_{\nu\varkappa}G_{\nu\lambda},\quad H_{\varkappa}$$

sind sämmtlich von der dritten Ordnung, und verschwinden doppelt im Punkte $\varkappa$, einfach in den Punkten α, β, γ, μ, ν. Es müssen also auch hier lineare Relationen zwischen je dreien dieser Grössen stattfinden. Die Form dieser Gleichungen wird durch (f) und (g) angegeben.

Wir setzen endlich

$$F(x,y,z)_{\varkappa\lambda}G(x,y,z)_{\varkappa\lambda} = H(x,y,z)_{\varkappa\lambda}; \tag{15}$$

dann ist:

$$\psi_{\varkappa\lambda} = H(x,y,z)_{\varkappa\lambda}H(x',y',z')_{\varkappa\lambda},$$

also allgemein, für alle 28 ungraden Indices:

$$\psi_m = H(x,y,z)_m H(x',y',z')_m. \tag{16}$$

Diese 28 Functionen H_m sind sämmtlich von der dritten Ordnung und haben die Eigenschaft gemeinsam, dass sie an den Punkten $1, 2\cdots 7$ verschwinden. Während aber die 7 Functionen $H_\varkappa$ die besondere Eigenschaft haben, dass jede von ihnen an einem dieser Punkte von der zweiten Ordnung verschwindet, so ist es den 21 übrigen eigenthümlich, dass jede in eine Function zweiter Ordnung und eine lineare zerfällt.

§ 6.

Die im vorigen § hergeleiteten Gleichungen sind sämmtlich Identitäten, die in leicht erkennbarem Zusammenhange mit den σ-Relationen stehen. Nicht identische Relationen dagegen, also algebraische Beziehungen zwischen den Grössen x, y, z und x', y', z' erhalten wir, wenn wir die Ausdrücke $\varphi_{\varkappa\lambda} = F_{\varkappa\lambda}F'_{\varkappa\lambda}$, $\chi_{\varkappa\lambda} = G_{\varkappa\lambda}G'_{\varkappa\lambda}$, $\psi_\varkappa = H_\varkappa H'_\varkappa$ in die Gleichungen (8) einführen:

$$\begin{gathered}F_{\beta\lambda}G_{\beta\varkappa}H_\varkappa\cdot F'_{\beta\lambda}G'_{\beta\varkappa}H'_\varkappa = F_{\beta\varkappa}G_{\beta\lambda}H_\lambda\cdot F'_{\beta\varkappa}G'_{\beta\lambda}H'_\lambda,\\ F_{\alpha\varkappa}F_{\beta\lambda}G_{\alpha\lambda}G_{\beta\varkappa}\cdot F'_{\alpha\varkappa}F'_{\beta\lambda}G'_{\alpha\lambda}G'_{\beta\varkappa} = F_{\alpha\lambda}F_{\beta\varkappa}G_{\alpha\varkappa}G_{\beta\lambda}\cdot F'_{\alpha\lambda}F'_{\beta\varkappa}G'_{\alpha\varkappa}G'_{\beta\lambda},\\ F_{\alpha\beta}F_{\gamma\delta}F_{\lambda\mu}H_\varkappa\cdot F'_{\alpha\beta}F'_{\gamma\delta}F'_{\lambda\mu}H'_\varkappa = G_{\alpha\beta}G_{\gamma\delta}G_{\lambda\mu}\cdot G'_{\alpha\beta}G'_{\gamma\delta}G'_{\lambda\mu}.\end{gathered}$$

Diese Gleichungen werden dadurch erfüllt, dass man einzeln:

$$\left\{\begin{aligned} F_{\beta\lambda}G_{\beta\varkappa}H_\varkappa &= F_{\beta\varkappa}G_{\beta\lambda}H_\lambda,\\ F_{\alpha\varkappa}F_{\beta\lambda}G_{\alpha\lambda}G_{\beta\varkappa} &= F_{\alpha\lambda}F_{\beta\varkappa}G_{\alpha\varkappa}G_{\beta\lambda},\\ F_{\alpha\beta}F_{\gamma\delta}F_{\lambda\mu}H_\varkappa &= G_{\alpha\beta}G_{\gamma\delta}G_{\lambda\mu}\end{aligned}\right. \tag{17}$$

setzt, und dieselben Relationen zwischen den entsprechenden Functionen von x', y', z' annimmt. Zuerst lässt sich leicht zeigen, dass durch das Gleichungssystem (17) nur eine einzige Beziehung zwischen x, y, z festgestellt wird. Vergleicht man nämlich die beiden Formeln (c) und (g') des vorigen Paragraphen mit einander, so erkennt man, dass zwischen den drei Functionen $F_{\alpha\beta}F_{\gamma\delta}$, $F_{\beta\gamma}F_{\alpha\delta}$, $G_{\lambda\mu}$ dieselbe Beziehung besteht, wie zwischen $G_{\alpha\beta}G_{\gamma\delta}$, $G_{\beta\gamma}G_{\alpha\delta}$, $F_{\lambda\mu}H_{\varkappa}$:

$$AF_{\alpha\beta}F_{\gamma\delta}+BF_{\beta\gamma}F_{\alpha\delta}+CG_{\lambda\mu}=0,$$
$$AG_{\alpha\beta}G_{\gamma\delta}+BG_{\beta\gamma}G_{\alpha\delta}+CF_{\lambda\mu}H_{\varkappa}=0.$$

Eliminirt man hier den Coefficienten A, so folgt:

$$B(F_{\alpha\beta}F_{\gamma\delta}G_{\beta\gamma}G_{\alpha\delta}-F_{\beta\gamma}F_{\alpha\delta}G_{\alpha\beta}G_{\gamma\delta})$$
$$+C(F_{\alpha\beta}F_{\gamma\delta}F_{\lambda\mu}H_{\varkappa}-G_{\alpha\beta}G_{\gamma\delta}G_{\lambda\mu})=0.$$

Dies ist eine Identität. Wir erkennen also, dass von den beiden Gleichungen

$$F_{\alpha\beta}F_{\gamma\delta}G_{\beta\gamma}G_{\alpha\delta}=F_{\beta\gamma}F_{\alpha\delta}G_{\alpha\beta}G_{\gamma\delta},$$
$$F_{\alpha\beta}F_{\gamma\delta}F_{\lambda\mu}H_{\varkappa}=G_{\alpha\beta}G_{\gamma\delta}G_{\lambda\mu}$$

die eine nur eine identische Umformung der andern ist. Bezeichnen wir die dadurch festgestellte Beziehung zwischen x, y, z durch

$$L(x,y,z)=0, \tag{18}$$

so lehrt die erste Form, dass diese Beziehung unabhängig ist von der Vertauschung der Indices $\varkappa$, λ, μ unter einander. Die zweite Form zeigt aber, dass man die Indices λ, μ mit α, β und auch mit γ, δ vertauschen kann. Daher ist die Gleichung $L=0$ völlig unabhängig von der Vertauschung der Indices. Hiermit ist gezeigt, dass die zweite und dritte Formel des Systems (17), auch wenn die Indices ganz beliebig angenommen werden, nur verschiedene Formen einer einzigen Gleichung $L=0$ geben. Aus der dritten folgt aber unmittelbar die erste Formel. Denn da

$$F_{\alpha\beta}F_{\gamma\delta}F_{\lambda\mu}H_{\varkappa}=G_{\alpha\beta}G_{\gamma\delta}G_{\lambda\mu},$$
$$G_{\alpha\beta}G_{\gamma\delta}G_{\lambda\varkappa}=F_{\alpha\beta}F_{\gamma\delta}F_{\lambda\varkappa}H_{\mu}$$

ist, so ist auch:

$$F_{\lambda\mu}G_{\lambda\varkappa}H_{\varkappa}=F_{\lambda\varkappa}G_{\lambda\mu}H_{\mu}.$$

Man kann nun fragen: Ist dies die einzig mögliche Art, das Gleichungssystem (8) aufzulösen? Setzen wir

$$F_{\beta\lambda}G_{\beta\varkappa}H_{\varkappa}=A,\quad F_{\beta\varkappa}G_{\beta\lambda}H_{\lambda}=B,$$

und nehmen an, dass die Gleichung $L = 0$ nicht erfüllt ist, so ist

$$A - B = L,$$

wo L eine von Null verschiedene Grösse bedeutet. Dieselbe Gleichung findet statt für die entsprechenden Functionen von (x', y', z'):

$$A' - B' = L'.$$

Multiplicirt man die erste mit B', die zweite mit A, so erhält man:

$$AA' - BB' = B'L + AL'.$$

Die linke Seite ist, nach dem Gleichungssystem (8), Null; daher:

$$F'_{\beta\varkappa} G'_{\beta\lambda} H'_{\lambda} L + F_{\beta\lambda} G_{\beta\varkappa} H_{\varkappa} L' = 0.$$

Aus dem vorhin geführten Beweise geht hervor, dass die Grössen L und L', wenn sie von Null verschieden sind, sich nur um einen constanten Factor ändern, wenn die Indices vertauscht werden. Ihr Quotient $\frac{L}{L'}$ ist also jedenfalls eine von den Indices unabhängige Grösse. Dann aber zeigt die letzte Gleichung, dass der Quotient

$$\frac{G'_{\beta\lambda} H'_{\lambda}}{F_{\beta\lambda}}$$

vom Index λ,

$$\frac{G_{\beta\varkappa} H_{\varkappa}}{F'_{\beta\varkappa}}$$

vom Index $\varkappa$ unabhängig sein muss. Daraus folgt, dass wir setzen können:

$$H'_{\beta} H'_{\lambda} G'_{\beta\lambda} = Q F_{\beta\lambda}, \quad H_{\beta} H_{\lambda} G_{\beta\lambda} = Q' F'_{\beta\lambda},$$

wo Q und Q' ebenfalls von den Indices unabhängige Grössen bedeuten. Dadurch ergiebt sich

$$QLH_{\beta} + Q'L'H'_{\beta} = 0.$$

Es unterscheidet sich also H'_{β} von H_{β} nur um einen Factor, welcher von dem Index β unabhängig ist. Dieselbe Beziehung, wie zwischen H'_{β} und H_{β}, muss auch zwischen $H'_{\varkappa\lambda}$ und $H_{\varkappa\lambda}$ bestehen. Denn die 28 Grössen H_m sind sämmtlich Functionen dritter Ordnung, welche 7 Nullpunkte gemeinsam haben; zwischen je 4 derselben muss also eine lineare Gleichung bestehen. Es lässt sich demnach $H_{\varkappa\lambda}$ linear durch $H_{\alpha}, H_{\beta}, H_{\gamma}$ ausdrücken, und $H'_{\varkappa\lambda}$ ist dieselbe Function von $H'_{\alpha}, H'_{\beta}, H'_{\gamma}$. Ist also $H'_{\alpha} = qH_{\alpha} (\alpha = 1, 2 \cdots 7)$, so folgt hieraus, dass auch $H'_{\varkappa\lambda} = qH_{\varkappa\lambda}$ ist. Nun haben wir die Gleichung: $\widetilde{\omega}\sigma_m^2 = H_m H'_m$; es ist also $\widetilde{\omega}\sigma_m^2 = qH_m^2$, mithin

$$\sigma_m = \sqrt{\frac{q}{\widetilde{\omega}}}H_m.$$

Dadurch erkennen wir, dass sich alle Grössen σ_m linear und homogen durch drei Grössen ξ, η, ζ ausdrücken lassen müssen.

Eine solche Auflösung der Relationen zwischen den ungraden σ ist nun zwar wirklich möglich. Denn wenn wir irgend eine dieser Relationen auffassen, und wir entwickeln in derselben die Grössen σ nach den aufsteigenden Dimensionen der Argumente, so erkennt man unmittelbar, dass dieselben Gleichungen, welche zwischen den σ bestehen, schon zwischen den Anfangsgliedern dieser Functionen bestehen müssen. Wir erhalten also eine Auflösung aller dieser Gleichungen, wenn wir setzen:

$$\sigma_m = a_m\xi + b_m\eta + c_m\zeta,$$

wo ξ, η, ζ willkürliche Grössen bedeuten. Die später zu entwickelnden Relationen zwischen den graden und ungraden σ-Functionen zeigen aber, dass, wenn wir diese Lösung aufrecht erhalten wollen, der Quotient je zweier graden σ gleich Eins, der Quotient eines ungraden σ durch ein grades gleich Null angenommen werden muss; so dass alle 28 ungraden σ-Functionen im Verhältniss zu den graden als unendlich klein angenommen werden müssten. Deshalb ist diese Lösung zu verwerfen, und die in den beiden Gleichungen $L(x,y,z) = 0$, $L(x',y',z') = 0$ enthaltene die allein brauchbare.

§ 7.

Wir gehen nun dazu über, die in der Gleichung $L = 0$ ausgesprochene Beziehung zwischen x, y, z genauer zu untersuchen. Zunächst lassen sich die Eigenschaften der Grössen F, G, H, welche in dem System (17) ausgesprochen sind, durch eine merkwürdige Formel darstellen. Aus der ersten Gleichung des Systems folgt nämlich

$$\frac{H_\beta H_\varkappa G_{\beta\varkappa}}{F_{\beta\varkappa}} = \frac{H_\beta H_\lambda G_{\beta\lambda}}{F_{\beta\lambda}}.$$

Bezeichnet man den gemeinsamen Werth beider Ausdrücke durch R, so ist leicht zu sehen, dass diese Grösse R von den Indices völlig unabhängig sein muss. Wir bekommen also

$$H_\varkappa H_\lambda G_{\varkappa\lambda} = RF_{\varkappa\lambda}. \tag{19}$$

Multiplicirt man nun die drei Gleichungen

$$H_\alpha H_\beta G_{\alpha\beta} = RF_{\alpha\beta},$$
$$H_\gamma H_\delta G_{\gamma\delta} = RF_{\gamma\delta},$$
$$H_\lambda H_\mu G_{\lambda\mu} = RF_{\lambda\mu}$$

mit einander, und beachtet, dass nach der letzten Formel des Systems (17) $G_{\alpha\beta}G_{\gamma\delta}G_{\lambda\mu} = F_{\alpha\beta}F_{\gamma\delta}F_{\lambda\mu}H_{\varkappa}$ ist, so ergiebt sich

$$H_\alpha H_\beta H_\gamma H_\delta H_\varkappa H_\lambda H_\mu = R^3, \tag{20}$$

es ist also R gleich der dritten Wurzel aus dem Product aller 7 Grössen H_α. Umgekehrt ist jede der Formeln (17) eine einfache Folge der beiden zuletzt aufgestellten.

Nehmen wir irgend eine Form der Gleichung $L = 0$, z. B. die folgende:

$$F_{\alpha\varkappa}F_{\beta\lambda}G_{\alpha\lambda}G_{\beta\varkappa} - F_{\alpha\lambda}F_{\beta\varkappa}G_{\alpha\varkappa}G_{\beta\lambda} = 0,$$

so ist unmittelbar ersichtlich, dass dieselbe eine Gleichung sechster Ordnung mit den 7 Doppelpunkten $1, 2 \cdots 7$ ist. Denn jedes der beiden Producte, aus denen L besteht, verschwindet an jedem dieser Punkte von der zweiten Ordnung. Im Punkte α verschwinden die Factoren $F_{\alpha\varkappa}$ und $G_{\beta\varkappa}$ des ersten Products, im Punkte β: $F_{\beta\lambda}$ und $G_{\alpha\lambda}$, im Punkte $\varkappa$: $F_{\alpha\varkappa}$ und $G_{\alpha\lambda}$, im Punkte λ: $F_{\beta\lambda}$ und $G_{\beta\varkappa}$, endlich in den drei übrigen γ, μ, ν: $G_{\alpha\lambda}$ und $G_{\beta\varkappa}$. Das entsprechende gilt von dem zweiten Product. Nach der bekannten Formel $\rho = \frac{1}{2}(m-1)(m-2) - d$, in der ρ den Rang (nach Riemann's Bezeichnung das Geschlecht), m die Ordnung, und d die Anzahl der Doppelpunkte der Curve bedeutet, ist somit die Gleichung $L = 0$ vom Range 3.

Zu den Punkten $1, 2 \cdots 7$, welche dem durch die Gleichung $L = 0$ definirten algebraischen Gebilde angehören, und doppelt zu zählen, also als Punktepaare aufzufassen sind, kommen nun noch 21 andre Punktepaare. Die angenommene Form der Gleichung zeigt nämlich, dass dieselbe befriedigt wird, wenn gleichzeitig

$$F_{\alpha\varkappa} = 0, \quad G_{\alpha\varkappa} = 0$$

gesetzt wird. Die erste Gleichung ist die einer Graden, welche durch die beiden Doppelpunkte α, $\varkappa$, die zweite die eines Kegelschnitts, welcher durch die fünf übrigen hindurchgeht. Das Punktepaar, welches beiden gemeinsam ist, bezeichnen wir durch den Index $\alpha\varkappa$. Dadurch sind also 28 bevorzugte Punktepaare des Gebildes, den 28 ungraden Indices entsprechend, definirt.

Wenn nun auch durch die Bedingung, dass die Punkte $1, 2 \cdots 7$ Doppelpunkte der Curve sechster Ordnung $L = 0$ sein sollen, diese letztere noch nicht völlig bestimmt ist, so ist doch klar, dass, wenn wir noch die Bedingung hinzufügen, dass die weiteren 21 Punktepaare auf der Curve liegen sollen, nur eine Curve existiren kann, welche diesen Bedingungen gehorcht. Es lässt sich nun die Gleichung $L = 0$ algebraisch weit einfacher definiren. Es sei nämlich

$$F(\xi, \eta, \zeta) = A\xi^3 + B\xi^2\eta + C\xi^2\zeta + \cdots + K\zeta^3$$

eine homogene Function dritter Ordnung der drei unabhängigen Veränderlichen ξ, η, ζ, deren Coefficienten ebenfalls willkürliche Grössen sind. Stellt man die Bedingung, dass diese an den Stellen $1, 2 \cdots 7$ verschwindet, so erhält man 7 homogene Gleichungen

$$F(a_\alpha, b_\alpha, c_\alpha) = 0 \quad (\alpha = 1, 2 \cdots 7)$$

zwischen den Coefficienten der Form. Verlangt man nun, dass die Function noch an einer neuen Stelle: $\xi = x$, $\eta = y$, $\zeta = z$ verschwindet, und zwar von der zweiten Ordnung, so treten zu diesen 7 Gleichungen noch drei neue hinzu:

$$\frac{\partial}{\partial x} F(x, y, z) = 0, \quad \frac{\partial}{\partial y} F(x, y, z) = 0, \quad \frac{\partial}{\partial z} F(x, y, z) = 0,$$

und es kann diesen 10 Bedingungen nur dann Genüge geleistet werden, wenn eine algebraische Beziehung zwischen den Grössen x, y, z und den Parametern festgestellt wird. Diese Beziehung besteht darin, dass die Determinante dieser 10 Gleichungen gleich Null gesetzt wird.

Hierdurch ist eine algebraische Gleichung zwischen x, y, z und den Parametern festgesetzt, die in Bezug auf x, y, z von der sechsten, in Bezug auf jedes Werthsystem $(a_\alpha, b_\alpha, c_\alpha)$ von der dritten Ordnung ist. Es ist offenbar, dass eine solche Determinante von der zweiten Ordnung verschwindet, wenn $(x, y, z) = (a_\alpha, b_\alpha, c_\alpha)$ gesetzt wird. Diese 7 Punkte sind also Doppelpunkte der Gleichung. Ferner aber, wenn wir Curven $F(\xi, \eta, \zeta) = 0$ kennen, die von der dritten Ordnung sind, durch die Punkte $1, 2 \cdots 7$ hindurchgehen, und ausserdem einen oder mehrere Doppelpunkte haben, so wird, wenn wir für x, y, z die Coordinaten eines dieser Doppelpunkte einsetzen, die aufgestellte Determinante verschwinden; diese Punkte werden also auf der Curve sechster Ordnung liegen. Eine solche Curve ist aber diejenige Curve dritter Ordnung, die in eine durch $\varkappa$, λ hindurchgehende Grade und einen durch die übrigen 5 Punkte gelegten Kegelschnitt zerfällt, und die Doppelpunkte dieser Curve dritter Ordnung sind diejenigen, in welchen Kegelschnitt und Grade sich schneiden. Somit müssen auch die 21 mit $\varkappa\lambda$ bezeichneten Punktepaare auf dem Gebilde sechster Ordnung liegen, welches durch das Null-Setzen der Determinante definirt wird. Daraus folgt, dass diese Gleichung mit der Gleichung $L = 0$ übereinstimmen muss. Wir erhalten also das Resultat:

Die algebraische Beziehung zwischen x, y, z ist dadurch charakterisirt, dass es möglich ist, eine homogene Function dritter Ordnung dreier unabhängiger Grössen ξ, η, ζ zu bilden, die an den 7 Stellen $(a_\alpha, b_\alpha, c_\alpha)$ von der ersten Ordnung, an der Stelle x, y, z von der zweiten Ordnung verschwindet.

Uebrigens lässt sich dieser Satz auch rein formal, nämlich dadurch, dass man in einer der Darstellungen von $H_\varkappa$, z. B. der Formel (g) in § 5, das Werthsystem (x, y, z) mit $(a_\varkappa, b_\varkappa, c_\varkappa)$ vertauscht, ableiten.

§ 8.

Die Gleichung $L = 0$ steht in naher Beziehung zu der allgemeinen Gleichung vierter Ordnung, die gewöhnlich als algebraische Grundlage dieser Theorie genommen wird. Bevor wir zu dieser übergehen, ist es vortheilhaft, noch eine neue Identität zu entwickeln.

Wie schon erwähnt, sind alle 28 Grössen H_m Functionen dritter Ordnung, welche an den 7 Punkten $(a_\alpha, b_\alpha, c_\alpha)$ verschwinden. Daraus folgt, dass zwischen je vier derselben eine lineare homogene Gleichung mit constanten Coefficienten bestehen muss. Wir wollen diejenige Relation aufstellen, durch welche $H_{\varkappa\lambda}, H_\alpha, H_\beta, H_\gamma$ verbunden sind.

Die Grössen $H_\alpha, H_\beta, H_\gamma$ sind nach Formel (g) definirt durch folgende Ausdrücke:

$$\begin{aligned}
f_{\mu\alpha\lambda}F_{\varkappa\alpha}G_{\varkappa\lambda} - f_{\varkappa\alpha\lambda}F_{\mu\alpha}G_{\mu\lambda} &= (-1)^{\mu|\varkappa} g_\beta g_\gamma g_\nu f_{\beta\gamma\nu} H_\alpha,\\
f_{\mu\beta\lambda}F_{\varkappa\beta}G_{\varkappa\lambda} - f_{\varkappa\beta\lambda}F_{\mu\beta}G_{\mu\lambda} &= (-1)^{\mu|\varkappa} g_\gamma g_\alpha g_\nu f_{\gamma\alpha\nu} H_\beta,\\
f_{\mu\gamma\lambda}F_{\varkappa\gamma}G_{\varkappa\lambda} - f_{\varkappa\gamma\lambda}F_{\mu\gamma}G_{\mu\lambda} &= (-1)^{\mu|\varkappa} g_\alpha g_\beta g_\nu f_{\alpha\beta\nu} H_\gamma.
\end{aligned}$$

Wir multipliciren diese Gleichungen mit drei Constanten A, B, C und bilden dann ihre Summe. Das Resultat hat dann die Form:

$$F_1 G_{\varkappa\lambda} - F_2 G_{\mu\lambda} = H,$$

wo F_1 und F_2 lineare Functionen von x, y, z bedeuten, von denen erstere an der Stelle $\varkappa$, letztere an der Stelle μ verschwindet, während H eine lineare Function von $H_\alpha, H_\beta, H_\gamma$ ist. Man kann nun die drei Constanten so bestimmen, dass F_2 identisch Null ist; dann ist $F_1 G_{\varkappa\lambda} = H$; und da die rechte Seite dieser Gleichung an allen 7 Stellen verschwindet, $G_{\varkappa\lambda}$ aber an den Stellen $\varkappa$, λ von Null verschiedene Werthe hat, so muss F_1 an den Stellen $\varkappa$, λ verschwinden. Daraus folgt aber, dass sich F_1 von $F_{\varkappa\lambda}$ nur um einen constanten Factor f_0 unterscheiden kann. Wir erhalten also:

$$F_1 = f_0 F_{\varkappa\lambda}; \quad \text{daher} \quad F_1 G_{\varkappa\lambda} = f_0 H_{\varkappa\lambda} = H.$$

Die geforderte Bestimmung der Coefficienten A, B, C ergiebt sich unmittelbar aus der Formel

$$\underset{\alpha,\beta,\gamma}{S}\left\{(-1)^{\beta\gamma|\alpha} f_{\beta\gamma\mu} F_{\alpha\mu}\right\} = 0,$$

welche aus (a) durch Veränderung von $\varkappa$ in μ hervorgeht. Danach muss

$$\begin{gathered}
A = (-1)^{\beta\gamma|\alpha} f_{\beta\gamma\mu} f_{\varkappa\beta\lambda} f_{\varkappa\gamma\lambda}, \quad B = (-1)^{\gamma\alpha|\beta} f_{\gamma\alpha\mu} f_{\varkappa\gamma\lambda} f_{\varkappa\alpha\lambda},\\
C = (-1)^{\alpha\beta|\gamma} f_{\alpha\beta\mu} f_{\varkappa\alpha\lambda} f_{\varkappa\beta\lambda}
\end{gathered}$$

sein. Daher ist:

$$F_1 = f_0 F_{\varkappa\lambda} = \underset{\alpha,\beta,\gamma}{S}\left\{(-1)^{\beta\gamma|\alpha} f_{\beta\gamma\mu} f_{\mu\alpha\lambda} f_{\varkappa\beta\lambda} f_{\varkappa\gamma\lambda} F_{\varkappa\alpha}\right\},$$

$$H = f_0 H_{\varkappa\lambda} = (-1)^{\mu|\varkappa} g_\nu \underset{\alpha,\beta,\gamma}{S}\left\{(-1)^{\beta\gamma|\alpha} g_\beta g_\gamma f_{\beta\gamma\mu} f_{\beta\gamma\nu} f_{\beta\varkappa\lambda} f_{\gamma\varkappa\lambda} H_\alpha\right\}.$$

Hierdurch ist die gesuchte Darstellung gewonnen, sobald die Constante f_0 bestimmt ist. Setzen wir nun in der ersten dieser beiden Gleichungen $(x, y, z) = (a_\gamma, b_\gamma, c_\gamma)$, so verschwindet $F_{\varkappa\gamma}$, während

$$F_{\varkappa\lambda} \text{ in } (-1)^{\gamma|\varkappa\lambda} f_{\gamma\varkappa\lambda}, \quad F_{\varkappa\alpha} \text{ in } (-1)^{\gamma|\varkappa\alpha} f_{\gamma\alpha\varkappa}$$

übergeht, so dass sich ergiebt:

$$(-1)^{\gamma|\varkappa\lambda} f_{\gamma\varkappa\lambda} f_0 = \underset{\alpha,\beta}{S} \left\{(-1)^{\beta\gamma|\alpha+\gamma|\varkappa\alpha} f_{\beta\gamma\mu} f_{\mu\alpha\lambda} f_{\varkappa\beta\lambda} f_{\varkappa\gamma\lambda} f_{\gamma\alpha\varkappa}\right\}.$$

Oder:

$$\begin{aligned} f_0 &= \underset{\alpha,\beta}{S} \left\{(-1)^{\beta|\alpha+\gamma|\lambda} f_{\alpha\lambda\mu} f_{\alpha\gamma\varkappa} f_{\beta\gamma\mu} f_{\beta\varkappa\lambda}\right\} \\ &= (-1)^{\beta|\alpha+\gamma|\lambda} (f_{\alpha\lambda\mu} f_{\alpha\gamma\varkappa} f_{\beta\gamma\mu} f_{\beta\varkappa\lambda} - f_{\beta\lambda\mu} f_{\beta\gamma\varkappa} f_{\alpha\gamma\mu} f_{\alpha\varkappa\lambda}). \end{aligned}$$

Nun ist aber der Ausdruck auf der rechten Seite, wenn wir noch das Vorzeichen $(-1)^{\mu|\varkappa}$ hinzufügen, nichts andres, als g_ν; daher ist

$$f_0 - (-1)^{\mu|\varkappa} g_\nu,$$

und somit:

$$H_{\varkappa\lambda} = \underset{\alpha,\beta,\gamma}{S} \left\{(-1)^{\beta\gamma|\alpha} g_\beta g_\gamma f_{\beta\varkappa\lambda} f_{\gamma\varkappa\lambda} f_{\beta\gamma\mu} f_{\beta\gamma\nu} H_\alpha\right\}. \tag{21}$$

Vergleicht man dieses Resultat mit Formel (81) des ersten Theils, so erkennt man, dass die Beziehung, welche zwischen $H_{\varkappa\lambda}$, H_α, H_β, H_γ besteht, genau dieselbe ist, wie die, durch welche $v_{\varkappa\lambda}$, v_α, v_β, v_γ verbunden sind. Daraus muss der allgemeinere Schluss gezogen werden, dass überhaupt je vier der 28 Grössen H_m durch dieselbe Gleichung verbunden sind, wie die entsprechenden Grössen v_m. Diese sind nun lineare Functionen dreier unabhängiger Grössen u, u', u'', von der Form: $v_m = a_m u + b_m u' + c_m u''$; umgekehrt können letztere linear aus irgend drei der Grössen v_m gebildet werden. Wenn wir nun drei Functionen dritter Ordnung

$$H(x, y, z), \quad \overline{H}(x, y, z), \quad \overline{\overline{H}}(x, y, z),$$

definiren, welche aus drei der Functionen H_m ebenso gebildet sind, wie u, u', u'' aus den entsprechenden Grössen v_m, so muss umgekehrt jede Function $H(x, y, z)_m$ sich durch diese drei in derselben Weise darstellen lassen, wie v_m durch u, u', u''. Demnach erhalten wir folgende Darstellung der 28 Functionen H_m durch drei von den Indices unabhängige Grössen:

$$H_m = a_m H + b_m \overline{H} + c_m \overline{\overline{H}}. \tag{22}$$

§ 9.

Durch jedes lineare Aggregat der Grössen $H, \overline{H}, \overline{\overline{H}}$ ist eine homogene Function dritter Ordnung dargestellt, welche an den 7 Doppelpunkten des Gebildes verschwindet. Setzen wir ein solches Aggregat gleich Null, so schneidet die durch diese Bedingung definirte Curve dritter Ordnung die Curve sechster Ordnung $L = 0$ in $3 \cdot 6 = 18$ Punkten. Daher verschwindet jedes derartige Aggregat (welches wir eine allgemeine H-Function nennen wollen) ausser in den 7 Doppelpunkten noch in $18 - 2 \cdot 7 = 4$ weiteren Punkten. Die letzteren fallen paarweise zusammen, wenn die H-Function eine der 28 Grössen H_m ist, und diese beiden Punkte, in denen H_m, ausser den allen gemeinsamen, noch zweifach verschwindet, sind identisch mit dem durch den Index m bezeichneten Punktepaare. Denn nehmen wir zuerst $m = \varkappa\lambda$, so ist $H_m = F_{\varkappa\lambda} G_{\varkappa\lambda}$. In dem Punktepaare $\varkappa\lambda$ verschwindet sowohl $F_{\varkappa\lambda}$ als $G_{\varkappa\lambda}$, daher verschwindet das Product in demselben von der zweiten Ordnung. Setzen wir aber $m = \varkappa$, so folgt aus der Formel

$$G_{\alpha\beta} G_{\gamma\delta} G_{\lambda\mu} = F_{\alpha\beta} F_{\gamma\delta} F_{\lambda\mu} H_{\varkappa},$$

dass die Function $H_{\varkappa}$ in dem Doppelpunkte $\varkappa$ der Curve $L = 0$ von der dritten Ordnung verschwindet. Denn jeder der drei Factoren des auf der linken Seite stehenden Productes wird gleich Null, wenn $(x, y, z) = (a_{\varkappa}, b_{\varkappa}, c_{\varkappa})$ gesetzt wird, während die drei Grössen $F_{\alpha\beta}$, $F_{\gamma\delta}$, $F_{\lambda\mu}$ von Null verschiedene Werthe erhalten. Wir können also auch hier sagen, dass $H_{\varkappa}$ ausser in den Punkten $1, 2 \cdots 7$ noch zweimal in dem Doppelpunkte $\varkappa$ verschwindet.

Bilden wir also den Quotienten zweier allgemeinen H-Functionen, so erhalten wir eine rationale Function der durch die Gleichung $L = 0$ verbundenen Grössen (x, y, z), welche vom vierten (in speciellen Fällen vom dritten) Grade ist, da sie an vier Stellen verschwindet, und an eben so vielen unendlich wird. Daraus geht hervor, dass die Gleichung

$$M(H, \overline{H}, \overline{\overline{H}}) = 0,$$

welche zwischen $H, \overline{H}, \overline{\overline{H}}$ besteht, von der vierten Ordnung ist. Fassen wir diese Grössen als neue Veränderliche auf, und zwar als homogene Coordinaten einer Ebene, so ist $M = 0$ eine Curve vierter Ordnung, und $aH + b\overline{H} + c\overline{\overline{H}} = 0$ die Gleichung einer Graden, welche diese Curve in vier Punkten schneidet. Setzen wir für a, b, c eins der 28 Systeme a_m, b_m, c_m, so fallen die vier Schnittpunkte paarweise zusammen; es sind also $H_m = 0$ die Gleichungen der 28 Doppeltangenten dieser Curve, und wir sehen, dass den 28 Punktepaaren m in dieser Curve die 28 Paare von Berührungspunkten der Doppeltangenten entsprechen.

Die Gleichung $M = 0$ lässt sich nun in mannichfachen Formen darstellen, bei denen diese Eigenschaft der 28 Graden in Evidenz tritt, und die in naher Beziehung zu den Θ- oder σ-Relationen stehen. In § 1 wurde nämlich gezeigt, dass, wenn wir die sechs Zerlegungen $m = ab$, $m = a'b'$ etc. eines von 0 verschiedenen Index m in je zwei ungrade Indices vornehmen, zwischen je vier der sechs Producte

$$\sigma_a \sigma_b, \quad \sigma_{a'} \sigma_{b'} \text{ etc.}$$

eine lineare homogene Gleichung besteht. Nun ist nach Formel (16) allgemein für jeden ungraden Index n:

$$\widetilde{\omega}\sigma_n^2 = \psi_n = H_n H_n';$$

es muss also eine lineare Gleichung bestehen zwischen je vier der sechs Ausdrücke:

$$\sqrt{H_a}\sqrt{H_b}\sqrt{H_a'}\sqrt{H_b'}, \quad \sqrt{H_{a'}}\sqrt{H_{b'}}\sqrt{H_{a'}'}\sqrt{H_{b'}'} \text{ etc.}$$

Hierin ist allgemein

$$H_n = a_n H + b_n \overline{H} + c_n \overline{\overline{H}},$$
$$H_n' = a_n H' + b_n \overline{H'} + c_n \overline{\overline{H'}}.$$

Nun ist das Werthsystem $(H, \overline{H}, \overline{\overline{H}})$ unabhängig von dem andern $(H', \overline{H'}, \overline{\overline{H'}})$; wir können also dem letzteren einen willkürlichen Werth beilegen, der nur der Gleichung $M = 0$ genügen muss. Dieser Werth kann so gewählt werden, dass einer der vier Ausdrücke verschwindet. Daraus folgt, dass eine Relation bestehen muss zwischen je dreien der sechs Ausdrücke:

$$\sqrt{H_a}\sqrt{H_b}, \quad \sqrt{H_{a'}}\sqrt{H_{b'}} \text{ etc.}$$

Daran knüpft sich noch eine andere Folgerung. Es seien a, b, c, d vier von einander verschiedene ungrade Indices, deren Product $abcd$ gleich dem Index 0 ist; dann ist das Product der vier Wurzelgrössen $\sqrt{H_a}$, $\sqrt{H_b}$, $\sqrt{H_c}$, $\sqrt{H_d}$ rational durch die drei Veränderlichen $H, \overline{H}, \overline{\overline{H}}$ ausdrückbar, und zwar in der Form einer homogenen Function zweiter Ordnung. Denn setzt man $ab = m$, so folgt aus der Voraussetzung $abcd = 0$, dass auch $cd = m$ ist. Es sei nun $m = ef$ eine dritte Zerlegung des Index m in zwei ungrade Indices; dann ist nach dem eben bewiesenen Satze $\sqrt{H_e}\sqrt{H_f}$ linear darstellbar durch $\sqrt{H_a}\sqrt{H_b}$ und $\sqrt{H_c}\sqrt{H_d}$. Erhebt man in dieser Gleichung beide Seiten ins Quadrat, so ergiebt sich eine lineare Relation zwischen

$$H_a H_b, \quad H_c H_d, \quad H_e H_f \text{ und } \sqrt{H_a}\sqrt{H_b}\sqrt{H_c}\sqrt{H_d}.$$

Damit ist der eben ausgesprochene Satz bewiesen.

Hieraus folgt z. B., dass das Product der Grössen $\sqrt{H_\varkappa}$, $\sqrt{H_\lambda}$, $\sqrt{H_{\varkappa\mu}}$, $\sqrt{H_{\lambda\mu}}$ gleich einer Function zweiter Ordnung von $H, \overline{H}, \overline{\overline{H}}$ ist; und da $H_\lambda H_{\lambda\mu}$ eine ebensolche Function ist, so erkennt man, dass der Quotient

$$\frac{\sqrt{H_\varkappa}\sqrt{H_{\varkappa\mu}}}{\sqrt{H_\lambda}\sqrt{H_{\lambda\mu}}} = \frac{F_{\varkappa\mu}}{F_{\lambda\mu}}$$

gleichfalls eine rationale Function dieser Grössen ist, die nur von den Verhältnissen derselben abhängt. In derselben Weise lässt sich $\frac{F_{\varkappa\lambda}}{F_{\varkappa\mu}}$ darstellen. Dadurch sind zwei in Bezug auf x, y, z lineare Gleichungen gegeben, mit deren Hülfe sich die Verhältnisse dieser drei Grössen rational durch die Verhältnisse von $H, \overline{H}, \overline{\overline{H}}$ ausdrücken lassen. Es zeigt sich also, dass die ursprüngliche Gleichung $L = 0$ aus der neuen, $M = 0$, ebenfalls durch rationale Transformation hervorgeht.

Die verschiedenen linearen Gleichungen zwischen den Wurzel-Functionen

$$\sqrt{H_a}\sqrt{H_b}, \quad \sqrt{H_{a'}}\sqrt{H_{b'}} \text{ etc.},$$

deren jede als eine Form der Gleichung $M = 0$ angesehen werden kann, zerfallen in drei Gruppen, je nachdem der Index m ein-, zwei- oder dreigliedrig ist. Für einen eingliedrigen Index, $m = \varkappa$, hat man, den sechs Zerlegungen entsprechend, folgende Gruppe von sechs Grössen:

$$\sqrt{H_\alpha}\sqrt{H_{\alpha\varkappa}}, \quad \sqrt{H_\beta}\sqrt{H_{\beta\varkappa}}, \quad \sqrt{H_\gamma}\sqrt{H_{\gamma\varkappa}}, \quad \sqrt{H_\lambda}\sqrt{H_{\lambda\varkappa}}, \quad \sqrt{H_\mu}\sqrt{H_{\mu\varkappa}},$$

für einen zweigliedrigen, $m = \varkappa\lambda$:

$$\sqrt{H_{\alpha\varkappa}}\sqrt{H_{\alpha\lambda}}, \quad \sqrt{H_{\beta\varkappa}}\sqrt{H_{\beta\lambda}}, \quad \sqrt{H_{\gamma\varkappa}}\sqrt{H_{\gamma\lambda}}, \quad \sqrt{H_{\mu\varkappa}}\sqrt{H_{\mu\lambda}}, \quad \sqrt{H_\varkappa}\sqrt{H_\lambda}$$

und für $m = \varkappa\lambda\mu = \alpha\beta\gamma\delta$:

$$\sqrt{H_\varkappa}\sqrt{H_{\lambda\mu}}, \quad \sqrt{H_\lambda}\sqrt{H_{\mu\varkappa}}, \quad \sqrt{H_\mu}\sqrt{H_{\varkappa\lambda}}, \quad \sqrt{H_{\beta\gamma}}\sqrt{H_{\alpha\delta}},$$
$$\sqrt{H_{\gamma\alpha}}\sqrt{H_{\beta\delta}}, \quad \sqrt{H_{\alpha\beta}}\sqrt{H_{\gamma\delta}}.$$

Zwischen je drei Gliedern irgend einer dieser Gruppen besteht eine lineare Relation. Es ist leicht, zu sehen, dass sich im Ganzen sieben solcher Gleichungen aufstellen lassen, deren Form verschieden ist; davon gehört eine der ersten, zwei der zweiten und vier der dritten Gruppe an. Diese lassen sich ohne jede Schwierigkeit aufstellen, da sie unmittelbare Folgerungen der in § 5 entwickelten Identitäten sind, wenn man die beiden Formeln des § 7:

$$H_\varkappa H_\lambda G_{\varkappa\lambda} = R F_{\varkappa\lambda},$$
$$H_1 H_2 H_3 \cdots H_7 = R^3$$

hinzunimmt. Ans der ersten folgt nämlich, da $F_{\varkappa\lambda} G_{\varkappa\lambda} = H_{\varkappa\lambda}$ ist:

$$H_\varkappa H_\lambda H_{\varkappa\lambda} = R(F_{\varkappa\lambda})^2.$$

Wir haben nun die Quadratwurzeln aus den 28 Grössen H_m zu bilden. Die Vorzeichen der 7 Grössen $\sqrt{H_\varkappa}$ mögen willkürlich gewählt sein; $\sqrt{R}$ bestimmen wir dann so, dass die Gleichung

$$(23) \qquad \sqrt{H_1}\sqrt{H_2}\sqrt{H_3}\cdots\sqrt{H_7} = (\sqrt{R})^3$$

gilt, und $\sqrt{H_{\varkappa\lambda}}$ so, dass

$$\sqrt{H_\varkappa}\sqrt{H_\lambda}\sqrt{H_{\varkappa\lambda}} = \sqrt{R}F_{\varkappa\lambda} \tag{24}$$

ist. Dann folgt von selbst:

$$G_{\varkappa\lambda} = \frac{\sqrt{R}\sqrt{H_{\varkappa\lambda}}}{\sqrt{H_\varkappa}\sqrt{H_\lambda}}. \tag{25}$$

Setzt man diese Ausdrücke für die Grössen F und G in die Gleichungen a bis g des § 5 ein, so erhält man folgendes System:

$$\text{(A)}\qquad \underset{\alpha,\beta,\gamma}{S}\left\{(-1)^{\beta\gamma|\alpha} f_{\beta\gamma\varkappa}\sqrt{H_\alpha}\sqrt{H_{\alpha\varkappa}}\right\} = 0;$$

$$\text{(B)}\qquad \underset{\alpha,\beta,\gamma}{S}\left\{(-1)^{\beta\gamma|\alpha\delta}\sqrt{H_{\beta\gamma}}\sqrt{H_{\alpha\delta}}\right\} = 0;$$

$$\text{(C)}\qquad \begin{aligned} &f_{\varkappa\gamma\alpha}f_{\varkappa\beta\delta}\sqrt{H_{\beta\gamma}}\sqrt{H_{\alpha\delta}} - f_{\varkappa\beta\gamma}f_{\varkappa\alpha\delta}\sqrt{H_{\gamma\alpha}}\sqrt{H_{\beta\delta}} \\ &\quad = (-1)^{\alpha|\beta+\delta|\gamma} g_\lambda g_\mu \sqrt{H_\varkappa}\sqrt{H_{\lambda\mu}}; \end{aligned}$$

$$\text{(D)}\qquad \begin{aligned} &g_\lambda f_{\lambda\beta\gamma}f_{\lambda\alpha\delta}\sqrt{H_\mu}\sqrt{H_{\varkappa\lambda}} - g_\mu f_{\mu\beta\gamma}f_{\mu\alpha\delta}\sqrt{H_\lambda}\sqrt{H_{\varkappa\mu}} \\ &\quad = (-1)^{\lambda|\mu}\sqrt{H_{\beta\gamma}}\sqrt{H_{\alpha\delta}}; \end{aligned}$$

$$\text{(E)}\qquad \underset{\varkappa,\lambda,\mu}{S}\left\{(-1)^{\lambda\mu|\varkappa}\sqrt{H_\varkappa}\sqrt{H_{\lambda\mu}}\right\} = 0;$$

$$\text{(F)}\qquad \underset{\alpha,\beta,\gamma}{S}\left\{(-1)^{\beta\gamma|\alpha} g_\alpha f_{\alpha\mu\nu}\sqrt{H_{\alpha\varkappa}}\sqrt{H_{\alpha\lambda}}\right\} = 0;$$

$$\text{(G)}\qquad \begin{aligned} &f_{\beta\varkappa\lambda}\sqrt{H_{\alpha\varkappa}}\sqrt{H_{\alpha\lambda}} - f_{\alpha\varkappa\lambda}\sqrt{H_{\beta\varkappa}}\sqrt{H_{\beta\lambda}} \\ &\quad = (-1)^{\beta|\alpha} g_\gamma g_\mu g_\nu f_{\gamma\mu\nu}\sqrt{H_\varkappa}\sqrt{H_\lambda}. \end{aligned}$$

Von diesen Gleichungen giebt die erste die Form der Relationen der ersten Gruppe, die vier folgenden (B), (C), (D), (E) die der dritten, und die beiden letzten die der zweiten Gruppe.

Wir bemerken noch, dass die Formel (19) auch dazu benutzt werden kann, aus den Identitäten des § 5 andere abzuleiten, die zwischen Functionen der vierten oder fünften Ordnung bestehen. Von diesen ist eine bemerkenswerth, weil sie zu einer besonders einfachen Relation führt, die zwischen den Variabeln der beiden Gleichungen $L = 0$ und $M = 0$ besteht. Multiplicirt man nämlich die Gleichung

$$\underset{\varkappa,\lambda,\mu}{S}\left\{(-1)^{\lambda\mu|\varkappa}G_{\lambda\mu}\right\} = 0$$

mit $H_\varkappa H_\lambda H_\mu$, und ersetzt $H_\lambda H_\mu G_{\lambda\mu}$ durch $RF_{\lambda\mu}$, so ergiebt sich:

$$\underset{\varkappa,\lambda,\mu}{S}\left\{(-1)^{\lambda\mu|\varkappa}H_\varkappa F_{\lambda\mu}\right\} = 0.$$

Der Ausdruck auf der linken Seite kann dargestellt werden als eine lineare Function von x, y, z, deren Coefficienten linear in $H, \overline{H}, \overline{\overline{H}}$ sind. Letztere Grössen wollen wir für den Augenblick als unabhängige Constanten ansehen. Setzen wir dann $x = a_\varkappa$, $y = b_\varkappa$, $z = c_\varkappa$, so wird $F_{\mu\varkappa}$ und $F_{\varkappa\lambda} = 0$, während $(-1)^{\lambda\mu|\varkappa} F_{\lambda\mu}$ gleich $f_{\varkappa\lambda\mu}$ wird; daher geht die linke Seite der obigen Gleichung über in

$$f_{\varkappa\lambda\mu} H_\varkappa = f_{\varkappa\lambda\mu}(a_\varkappa H + b_\varkappa \overline{H} + c_\varkappa \overline{\overline{H}}).$$

Es wird also für $x = a_\varkappa$, $y = b_\varkappa$, $z = c_\varkappa$ der obige Ausdruck identisch mit folgendem:

$$f_{\varkappa\lambda\mu}(xH + y\overline{H} + z\overline{\overline{H}}).$$

Dasselbe muss stattfinden für $x = a_\lambda$, $y = b_\lambda$, $z = c_\lambda$, und für $x = a_\mu$, $y = b_\mu$, $z = c_\mu$; mithin müssen beide Ausdrücke überhaupt für alle Werthe der Veränderlichen identisch sein. Daraus folgt:

$$xH + y\overline{H} + z\overline{\overline{H}} = 0. \tag{26}$$

§ 10.

Ehe wir die Theorie der beiden Gleichungen $L = 0$ und $M = 0$ verlassen, wollen wir noch eine lineare Beziehung zwischen den Differentialen der Grössen H aufstellen, von der wir später Gebrauch machen werden.

Die Gleichung $M = 0$ wurde in expliciter rationaler Form nicht aufgestellt. Aus ihrer Existenz aber folgt, dass zwischen den Differentialen dreier Grössen H_α, H_β, H_γ eine lineare Relation besteht:

$$A\,dH_\alpha + B\,dH_\beta + C\,dH_\gamma = 0,$$

in welcher A, B, C rationale Functionen der Grössen H bedeuten, die offenbar der Bedingung

$$AH_\alpha + BH_\beta + CH_\gamma = 0$$

genügen müssen. Man kann zu dieser Gleichung gelangen, indem man irgend eine der Formen, in denen die Gleichung $M = 0$ gegeben ist, differenzirt. Wir wählen die Form (E). Das Resultat der Differentiation hat dann die Gestalt

$$A + B = 0, \quad \text{oder} \quad A = -B,$$

wo

$$A = \underset{\varkappa,\lambda,\mu}{S} \left\{ (-1)^{\lambda\mu|\varkappa} \frac{\sqrt{H_{\lambda\mu}}}{\sqrt{H_\varkappa}}\, dH_\varkappa \right\},$$

$$B = \underset{\varkappa,\lambda,\mu}{S} \left\{ (-1)^{\lambda\mu|\varkappa} \frac{\sqrt{H_\varkappa}}{\sqrt{H_{\lambda\mu}}}\, dH_{\lambda\mu} \right\}.$$

Beide Ausdrücke formen wir um. Den ersten zunächst dadurch, dass wir nach Formel (24)

$$\sqrt{H_{\lambda\mu}} \text{ durch } \frac{\sqrt{R}F_{\lambda\mu}}{\sqrt{H_\lambda}\sqrt{H_\mu}}$$

ersetzen; dadurch erhalten wir:

$$A = \underset{\varkappa,\lambda,\mu}{S} \left\{ (-1)^{\lambda\mu|\varkappa} \frac{\sqrt{R}F_{\lambda\mu}\,dH_\varkappa}{\sqrt{H_\varkappa}\sqrt{H_\lambda}\sqrt{H_\mu}} \right\},$$

oder:

$$\sqrt{H_\varkappa}\sqrt{H_\lambda}\sqrt{H_\mu}A = \sqrt{R} \underset{\varkappa,\lambda,\mu}{S} \left\{ (-1)^{\lambda\mu|\varkappa} F_{\lambda\mu}\,dH_\varkappa \right\}.$$

Wenn wir auf die rechte Seite dieser Gleichung dieselbe Operation anwenden, welche wir am Schluss des vorigen Paragraphen ausgeführt haben, so ergiebt sich:

$$\underset{\varkappa,\lambda,\mu}{S} \left\{ (-1)^{\lambda\mu|\varkappa} F_{\lambda\mu}\,dH_\varkappa \right\} = f_{\varkappa\lambda\mu}(x\,dH + y\,d\overline{H} + z\,d\overline{\overline{H}}).$$

Für diesen Differential-Ausdruck führen wir eine besondere Bezeichnung ein:

(27) $$x\,dH + y\,d\overline{H} + z\,d\overline{\overline{H}} = \Delta.$$

Danach ist

$$\sqrt{H_\varkappa}\sqrt{H_\lambda}\sqrt{H_\mu}A = f_{\varkappa\lambda\mu}\sqrt{R}\Delta.$$

In dem zweiten Ausdrucke multipliciren wir jedes Glied mit dem Product

$$\sqrt{H_\varkappa}\sqrt{H_\lambda}\sqrt{H_\mu}\sqrt{H_{\lambda\mu}}\sqrt{H_{\varkappa\mu}}\sqrt{H_{\varkappa\lambda}} = P.$$

Es ist alsdann

$$\begin{aligned}\frac{P\sqrt{H_\varkappa}}{\sqrt{H_{\lambda\mu}}} &= \sqrt{H_\varkappa}\sqrt{H_\lambda}\sqrt{H_{\varkappa\lambda}} \cdot \sqrt{H_\varkappa}\sqrt{H_\mu}\sqrt{H_{\varkappa\mu}} \\ &- RF_{\varkappa\lambda}F_{\varkappa\mu};\end{aligned}$$

mithin ist

$$PB = R \underset{\varkappa,\lambda,\mu}{S} \left\{ (-1)^{\lambda\mu|\varkappa} F_{\varkappa\lambda}F_{\varkappa\mu}\,dH_{\lambda\mu} \right\}.$$

Mit Hülfe der Gleichung (21) lässt sich jedes der Differentiale $dH_{\lambda\mu}$, $dH_{\mu\varkappa}$, $dH_{\varkappa\lambda}$, mithin auch die ganze rechte Seite der Gleichung, durch dH_α, dH_β, dH_γ ausdrucken. Wir setzen:

$$\underset{\varkappa,\lambda,\mu}{S} \left\{ (-1)^{\lambda\mu|\varkappa} F_{\varkappa\lambda}F_{\varkappa\mu}\,dH_{\lambda\mu} \right\} = \varphi_1\,dH_\alpha + \varphi_2\,dH_\beta + \varphi_3\,dH_\gamma,$$

und beschränken uns darauf, φ_1 zu bestimmen, da die beiden andern Grössen daraus durch Vertauschung des Index α mit β, bezüglich γ, abgeleitet werden können. Nach (21) ist

$$dH_{\lambda\mu} = \underset{\alpha,\beta,\gamma}{S}\left\{(-1)^{\beta\gamma|\alpha} g_\beta g_\gamma f_{\beta\lambda\mu} f_{\gamma\lambda\mu} f_{\beta\gamma\varkappa} f_{\beta\gamma\nu}\, dH_\alpha\right\};$$

daher ist

$$\varphi_1 = (-1)^{\beta\gamma|\alpha} g_\beta g_\gamma f_{\beta\gamma\nu} \underset{\varkappa,\lambda,\mu}{S}\left\{(-1)^{\lambda\mu|\varkappa} f_{\beta\lambda\mu} f_{\gamma\lambda\mu} f_{\beta\gamma\varkappa} F_{\varkappa\lambda} F_{\varkappa\mu}\right\}.$$

Wir betrachten nun die quadratische Function

$$\varphi(x,y,z) = \underset{\varkappa,\lambda,\mu}{S}\left\{(-1)^{\lambda\mu|\varkappa} f_{\beta\lambda\mu} f_{\gamma\lambda\mu} f_{\beta\gamma\varkappa} F_{\varkappa\lambda} F_{\varkappa\mu}\right\},$$

bei deren Umformung wir von der zwischen x, y, z bestehenden Beziehung $L=0$ absehen. Setzen wir nun $F_{\lambda\mu}=0$, so reducirt sich die Summe auf das erste Glied. Zugleich aber reducirt sich die zwischen $F_{\varkappa\lambda}$, $F_{\beta\lambda}$, $F_{\mu\lambda}$ bestehende Gleichung auf folgende:

$$(-1)^{\beta\mu|\varkappa} f_{\beta\mu\lambda} F_{\varkappa\lambda} + (-1)^{\mu\varkappa|\beta} f_{\mu\varkappa\lambda} F_{\beta\lambda} = 0,$$

oder

$$f_{\beta\lambda\mu} F_{\varkappa\lambda} = (-1)^{\beta\varkappa|\mu} f_{\varkappa\lambda\mu} F_{\beta\lambda}.$$

Wir erhalten also, immer unter der Voraussetzung, dass $F_{\lambda\mu}=0$ ist:

$$\varphi(x,y,z) = (-1)^{\varkappa|\lambda+\beta|\mu} f_{\varkappa\lambda\mu} f_{\gamma\lambda\mu} f_{\gamma\beta\varkappa} F_{\lambda\beta} F_{\varkappa\mu}.$$

Nun ist aber nach Formel (d):

$$f_{\gamma\lambda\mu} f_{\gamma\beta\varkappa} F_{\lambda\beta} F_{\varkappa\mu} - f_{\gamma\lambda\beta} f_{\gamma\varkappa\mu} F_{\lambda\mu} F_{\beta\varkappa} = (-1)^{\varkappa|\lambda+\mu|\beta} g_\alpha g_\nu G_{\alpha\nu};$$

mithin, da $F_{\lambda\mu}=0$ vorausgesetzt ist:

$$f_{\gamma\lambda\mu} f_{\gamma\beta\varkappa} F_{\lambda\beta} F_{\varkappa\mu} = (-1)^{\varkappa|\lambda+\mu|\beta} g_\alpha g_\nu G_{\alpha\nu},$$
$$\varphi(x,y,z) = -g_\alpha g_\nu f_{\varkappa\lambda\mu} G_{\alpha\nu}.$$

Diese Relation ist hergeleitet worden unter der Voraussetzung $F_{\lambda\mu}=0$. Es ist aber leicht einzusehen, dass sie identisch bestehen muss. Denn sowohl die rechte als auch die linke Seite ist symmetrisch in Bezug auf die drei Indices $\varkappa$, λ, μ. Es muss also

$$\varphi(x,y,z) + g_\alpha g_\nu f_{\varkappa\lambda\mu} G_{\alpha\nu}$$

theilbar sein durch die drei linearen Functionen $F_{\lambda\mu}$, $F_{\mu\varkappa}$ und $F_{\varkappa\lambda}$. Da dieser Ausdruck aber nur von der zweiten Ordnung ist, so folgt, dass er identisch Null sein muss. Setzen wir den so gefundenen Werth von $\varphi(x, y, z)$ ein, so folgt jetzt

$$\varphi_1 = -(-1)^{\beta\gamma|\alpha} g_\alpha g_\beta g_\gamma g_\nu f_{\varkappa\lambda\mu} f_{\beta\gamma\nu} G_{\alpha\nu}.$$

Daraus ergeben sich φ_2 und φ_3 durch Vertauschung der Indices α, β, γ. Nun war:

$$PB = R(\varphi_1\, dH_\alpha + \varphi_2\, dH_\beta + \varphi_3\, dH_\gamma);$$

mithin ergiebt sich:

$$-PB = g_\alpha g_\beta g_\gamma g_\nu f_{\varkappa\lambda\mu} R \underset{\alpha,\beta,\gamma}{S} \left\{(-1)^{\beta\gamma|\alpha} f_{\beta\gamma\nu} G_{\alpha\nu}\, dH_\alpha\right\},$$

$$PA = f_{\varkappa\lambda\mu}\sqrt{R}\sqrt{H_{\lambda\mu}}\sqrt{H_{\mu\varkappa}}\sqrt{H_{\varkappa\lambda}}\,\Delta;$$

und da $A = -B$ ist, so folgt:

$$\underset{\alpha,\beta,\gamma}{S} \left\{(-1)^{\beta\gamma|\alpha} f_{\beta\gamma\nu} G_{\alpha\nu}\, dH_\alpha\right\} = \frac{\sqrt{H_{\lambda\mu}}\sqrt{H_{\mu\varkappa}}\sqrt{H_{\varkappa\lambda}}}{g_\alpha g_\beta g_\gamma g_\nu \sqrt{R}}\,\Delta.$$

Wir ersetzen in dieser Formel noch

$$G_{\alpha\nu} \text{ durch } \frac{RF_{\alpha\nu}}{H_\alpha H_\nu}, \qquad \text{und } \frac{dH_\alpha}{H_\alpha} \text{ durch } d\log H_\alpha;$$

dadurch ergiebt sich schliesslich:

$$\underset{\alpha,\beta,\gamma}{S} \left\{(-1)^{\beta\gamma|\alpha} f_{\beta\gamma\nu} F_{\alpha\nu} d\log H_\alpha\right\} = \frac{\sqrt{H_{\lambda\mu}}\sqrt{H_{\mu\varkappa}}\sqrt{H_{\varkappa\lambda}}H_\nu}{g_\alpha g_\beta g_\gamma g_\nu (\sqrt{R})^3}\,\Delta, \tag{28}$$

wo das Differential Δ durch die Gleichung (27) definirt ist. – Aus dieser Formel lässt sich nun leicht eine Relation zwischen $d\log H_\alpha$, $d\log H_\beta$ und $d\log H_\gamma$ herleiten, z. B. dadurch, dass man ν mit $\varkappa$ vertauscht, und aus den beiden Gleichungen, die man so erhält, Δ eliminirt. Aber wir begnügen uns mit dieser einfacheren Formel, die für spätere Zwecke ausreicht.

§ 11.

Durch die bisherige Untersuchung sind die Quotienten je zweier ungraden σ definirt als algebraische Functionen zweier den Gleichungen dritten Ranges: $L = 0$ und $L' = 0$

genügenden Werthsysteme $x:y:z$ und $x':y':z'$. Nimmt man das letztere als constant an, betrachtet also den Quotienten $\frac{\sigma_m}{\sigma_n}$ als abhängig von (x,y,z) allein, so ist

$$\frac{\sigma_m}{\sigma_n} = c\frac{\sqrt{H_m}}{\sqrt{H_n}},$$

wo c eine Constante bedeutet. Der Quotient $\frac{H_m}{H_n}$ wird an zwei Stellen Null, an zwei Stellen unendlich, beides von der zweiten Ordnung. Der Quotient $\frac{\sigma_m}{\sigma_n}$ hat daher, obgleich er keine rationale Function ist, doch an jeder Stelle des Gebildes den Charakter einer solchen, und wird an zwei Stellen Null von der ersten Ordnung, an zwei andern ebenso unendlich. Ferner ist das Quadrat eines Quotienten $\frac{\sigma_m}{\sigma_n}$ eine rationale Function, und in gleicher Weise das Product mehrerer verschiedener $\frac{\sigma_a}{\sigma_b}, \frac{\sigma_c}{\sigma_d}$ etc., wenn nur zwischen den Indices a, b, c, d etc. die Bedingung stattfindet, dass der aus allen zusammengesetzte gleich dem Index 0 ist. Dieselben Eigenschaften zeigen diese Quotienten, wenn wir sie als abhängig von (x',y',z') auffassen.

Es sind nun zunächst, wenn wir die Bedingung zwischen den Grössen L, durch welche die Veränderlichkeit der Argumente beschränkt wird, beibehalten, zwei Aufgaben zu lösen: erstens, den Quotienten zweier graden σ, und dann: den Quotienten eines graden und eines ungraden, als algebraische Functionen der beiden Grössensysteme (x,y,z) und (x',y',z') darzustellen, und deren Eigenschaften zu bestimmen. Wir haben also jetzt Relationen zwischen den graden und ungraden σ aufzustellen. An solchen Beziehungen zwischen diesen 64 Grössen ist ein sehr beträchtlicher Reichthum vorhanden; und wenn es nur darauf ankäme, überhaupt Ausdrücke für die gesuchten Grössen aufzustellen, so würde diese Aufgabe rasch gelöst sein. Aber diejenigen Darstellungen, welche man durch directe Elimination erhält, lassen nicht sämmtliche wesentlichen algebraischen Eigenschaften dieser Grössen unmittelbar erkennen, deshalb muss die Untersuchung einen etwas längeren Weg einschlagen.

Wenn man in der zwischen vier Producten ungrader Theta-Functionen

$$\Theta_{\alpha\mu}\Theta_{\alpha\nu}, \quad \Theta_{\beta\mu}\Theta_{\beta\nu}, \quad \Theta_{\gamma\mu}\Theta_{\gamma\nu}, \quad \Theta_{\lambda\mu}\Theta_{\lambda\nu}$$

bestehenden linearen Gleichung die Argumente vermehrt um dasjenige halbe Periodensystem, welches zum Index $\lambda\mu$ gehört, so verwandelt sich dieselbe in eine lineare Relation zwischen

$$\Theta_{\alpha\lambda}\Theta_{\beta\gamma\varkappa}, \quad \Theta_{\beta\lambda}\Theta_{\gamma\alpha\varkappa}, \quad \Theta_{\gamma\lambda}\Theta_{\alpha\beta\varkappa}, \quad \Theta_0\Theta_{\mu\nu}.$$

Man erhält diese Gleichung aus der Fundamental-Formel (1), indem man dort

$$k=\lambda, \quad l=\lambda\mu\nu, \quad m=\varkappa\mu$$

setzt. Wir erhalten dann, da *kl* ein ungrader Index ist:

$$\sum_{\alpha=0}^{7}\left[(-1)^{(\lambda\alpha,\lambda\mu\nu\alpha,\varkappa\mu\alpha)}c_{\alpha\varkappa\mu}c_{\alpha\varkappa\nu}\,\Theta_{\alpha\lambda}\,\Theta_{\alpha\lambda\mu\nu}\right]=0.$$

Hier verschwinden diejenigen Glieder, die den Werthen der Summationsbuchstaben: $\alpha=0$, $\varkappa$, μ, ν entsprechen; wenn wir also mit α, β, γ die von $\varkappa$, λ, μ, ν verschiedenen primitiven Indices bezeichnen, so sind dem Summationsbuchstaben die Werthe λ, α, β, γ beizulegen. Wir erhalten somit:

$$\begin{aligned}&(-1)^{(0,\mu\nu,\alpha\beta\gamma\nu)}c_{\varkappa\lambda\mu}c_{\varkappa\lambda\nu}\,\Theta_0\,\Theta_{\mu\nu}\\+\underset{\alpha,\beta,\gamma}{S}&\left\{(-1)^{(\lambda\alpha,\lambda\mu\nu\alpha,\lambda\nu\beta\gamma)}c_{\alpha\varkappa\mu}c_{\alpha\varkappa\nu}\,\Theta_{\alpha\lambda}\,\Theta_{\beta\gamma\varkappa}\right\}=0.\end{aligned}$$

Nun ist für $(0,\ \mu\nu,\ \alpha\beta\gamma\nu)$:

$$K=\nu,\quad L=0,\quad M=0;$$

daher:

$$(0,\mu\nu,\alpha\beta\gamma\nu)=\alpha\beta\gamma\nu\mid\mu\nu+\mu\nu\mid\alpha\beta\gamma\nu\equiv 1 \bmod 2.$$

Für das Zeichen $(\lambda\alpha,\ \lambda\mu\nu\alpha,\ \lambda\nu\beta\gamma)$ dagegen ist:

$$K=\lambda\nu,\quad L=\lambda,\quad M=\lambda\alpha;$$

und da

$$\lambda\mu\nu\alpha\mid\lambda\nu\beta\gamma+\lambda\nu\beta\gamma\mid\lambda\mu\nu\alpha\equiv 0 \bmod 2$$

ist, so erhalten wir:

$$(\lambda\alpha,\lambda\mu\nu\alpha,\lambda\nu\beta\gamma)\equiv\lambda\nu\mid\lambda\alpha+\lambda\mid\lambda\mu\nu\alpha+\lambda\alpha\mid\lambda\nu\beta\gamma.$$

Für $\lambda\nu\mid\lambda\alpha$ können wir setzen: $1+\lambda\alpha\mid\lambda\nu$; daher für

$$\lambda\nu\mid\lambda\alpha+\lambda\alpha\mid\lambda\nu\beta\gamma:\ 1+\lambda\alpha\mid\beta\gamma,$$

oder:

$$1+\lambda\mid\beta\gamma+\alpha\mid\beta\gamma.$$

Wir erhalten daher:

$$(\lambda\alpha,\lambda\mu\nu\alpha,\lambda\nu\beta\gamma)\equiv 1+\alpha\mid\beta\gamma+\lambda\mid\beta\gamma+\lambda\mid\lambda\mu\nu\alpha.$$

Nun ist

$$\lambda \mid \beta\gamma + \lambda \mid \lambda\mu\nu\alpha \equiv \lambda \mid \lambda\mu\nu\alpha\beta\gamma \equiv \lambda \mid \varkappa,$$
$$\alpha \mid \beta\gamma \equiv \beta\gamma \mid \alpha;$$

mithin:

$$(\lambda\alpha, \lambda\mu\nu\alpha, \lambda\nu\beta\gamma) \equiv 1 + \lambda \mid \varkappa + \beta\gamma \mid \alpha \bmod 2.$$

Wenn wir nun in die obige Gleichung die Grössen σ einführen, so erhält dieselbe, nach dieser Bestimmung der Vorzeichen, folgende Form:

$$\underset{\alpha,\beta,\gamma}{S}\left\{(-1)^{\beta\gamma\mid\alpha}\frac{-e_{\alpha\varkappa\mu}e_{\alpha\varkappa\nu}e_{\beta\gamma\varkappa}l_{\alpha\lambda}}{e_{\varkappa\lambda\mu}e_{\varkappa\lambda\nu}l_{\mu\nu}}\sigma_{\alpha\lambda}\sigma_{\beta\gamma\varkappa}\right\} = (-1)^{\lambda\mid\varkappa}\sigma_0\sigma_{\mu\nu}.$$

Wir haben jetzt den Coefficienten

$$\frac{-e_{\alpha\varkappa\mu}e_{\alpha\varkappa\nu}e_{\beta\gamma\varkappa}l_{\alpha\lambda}}{e_{\varkappa\lambda\mu}e_{\varkappa\lambda\nu}l_{\mu\nu}} = Q$$

in eine Function der unabhängigen Parameter umzuformen. Zunächst ist nach Gleichung (79) des ersten Theils:

$$\frac{l_{\alpha\lambda}}{l_{\mu\nu}} = \frac{g_\alpha g_\lambda l_\mu l_\nu e_{\mu\nu}}{g_\mu g_\nu l_\alpha l_\lambda e_{\alpha\lambda}};$$

setzen wir nun

$$\frac{e_{\alpha\varkappa\mu}e_{\alpha\varkappa\nu}e_{\beta\gamma\varkappa}e_{\mu\nu}e_\lambda}{e_{\varkappa\lambda\mu}e_{\varkappa\lambda\nu}e_{\alpha\lambda}} = E,$$

so ist demnach:

$$Q = \frac{-g_\alpha g_\lambda l_\mu l_\nu}{g_\mu g_\nu l_\alpha l_\lambda e_\lambda}E,$$

oder, da nach Formel (69)

$$e_\lambda l_\lambda^2 = -r^4 l^2 g_\lambda$$

ist:

$$Q = \frac{g_\alpha l_\lambda l_\mu l_\nu}{r^4 l^2 g_\mu g_\nu l_\alpha}E.$$

Wenn wir in dem mit E bezeichneten Quotienten die Producte $e_{\alpha\lambda}$, $e_{\mu\nu}$, e_λ in ihre Factoren entwickeln, so heben sich alle Factoren des Nenners gegen solche, die im Zähler enthalten sind; es bleibt übrig ein Product von 16 Factoren, das sich in vier Theile zerlegen lässt:

$$e_{\beta\gamma\varkappa}e_{\beta\gamma\lambda}e_{\beta\varkappa\lambda}e_{\gamma\varkappa\lambda}, \quad e_{\beta\lambda\mu}e_{\beta\lambda\nu}e_{\beta\mu\nu}e_{\lambda\mu\nu},$$
$$e_{\alpha\varkappa\mu}e_{\alpha\varkappa\nu}e_{\alpha\mu\nu}e_{\varkappa\mu\nu}, \quad e_{\gamma\lambda\mu}e_{\gamma\lambda\nu}e_{\gamma\mu\nu}e_{\lambda\mu\nu}.$$

Diese vier Producte sind nach den Formeln (51) und (64) bezüglich gleich:

$$r l_\alpha l_\mu l_\nu f_{\alpha\mu\nu}, \quad r l_\gamma l_\alpha l_\varkappa f_{\gamma\alpha\varkappa},$$
$$r l_\beta l_\gamma l_\lambda f_{\beta\gamma\lambda}, \quad r l_\alpha l_\beta l_\varkappa f_{\alpha\beta\varkappa}.$$

Das Product aller ist also:

$$\begin{aligned} E &= r^4 l_\alpha^3 l_\beta^2 l_\gamma^2 l_\varkappa^2 l_\lambda l_\mu l_\nu f_{\alpha\mu\nu} f_{\beta\gamma\lambda} f_{\gamma\alpha\varkappa} f_{\alpha\beta\varkappa} \\ &= \frac{r^4 l^2 l_\alpha f_{\alpha\mu\nu} f_{\beta\gamma\lambda} f_{\gamma\alpha\varkappa} f_{\alpha\beta\varkappa}}{l_\lambda l_\mu l_\nu}; \end{aligned}$$

mithin:

$$Q = \frac{g_\alpha f_{\alpha\mu\nu} f_{\beta\gamma\lambda} f_{\gamma\alpha\varkappa} f_{\alpha\beta\varkappa}}{g_\mu g_\nu}.$$

Jetzt können wir die Gleichung in ihrer entwickelten Form hinschreiben:

(29) $$\underset{\alpha,\beta,\gamma}{S}\left\{(-1)^{\beta\gamma|\alpha} g_\alpha f_{\alpha\beta\varkappa} f_{\alpha\gamma\varkappa} f_{\alpha\mu\nu} f_{\beta\gamma\lambda} \sigma_{\alpha\lambda} \sigma_{\beta\gamma\varkappa}\right\} = (\ \ 1)^{\lambda|\varkappa} g_\mu g_\nu \sigma_0 \sigma_{\mu\nu}.$$

Multipliciren wir dieselbe mit

$$\frac{\sigma_\alpha \sigma_\beta \sigma_\gamma \sigma_\varkappa \sigma_\lambda}{\sigma_0},$$

und führen die neue Bezeichnung ein:

$$\frac{\sigma_\varkappa \sigma_\lambda \sigma_\mu \sigma_{\varkappa\lambda\mu}}{\sigma_0} = \omega_{\varkappa\lambda\mu},$$

so erhalten wir zwischen den drei Grössen $\omega_{\beta\gamma\varkappa}$, $\omega_{\gamma\alpha\varkappa}$, $\omega_{\alpha\beta\varkappa}$ folgende lineare Gleichung:

(30) $$\underset{\alpha,\beta,\gamma}{S}\left\{(-1)^{\beta\gamma|\alpha} g_\alpha f_{\alpha\beta\varkappa} f_{\alpha\gamma\varkappa} f_{\alpha\mu\nu} f_{\beta\gamma\lambda} \varphi_{\alpha\lambda} \omega_{\beta\gamma\varkappa}\right\} = (-1)^{\lambda|\varkappa} g_\mu g_\nu \chi_{\mu\nu},$$

in welcher für die Grössen φ und χ ihre Ausdrücke durch (x, y, z), (x', y', z'), nämlich

$$\varphi_{\alpha\lambda} = F_{\alpha\lambda} F'_{\alpha\lambda}, \quad \chi_{\mu\nu} = G_{\mu\nu} G'_{\mu\nu}$$

einzusetzen sind.

§ 12.

Wir wollen im Folgenden x', y', z' als unveränderliche Grössen betrachten, so dass sich $\varphi_{\alpha\lambda}$ von $F_{\alpha\lambda}$, $\chi_{\mu\nu}$ von $G_{\mu\nu}$ nur um constante Factoren unterscheiden. Aus der entwickelten Relation zwischen den Grössen $\omega_{\beta\gamma\varkappa}$, $\omega_{\gamma\alpha\varkappa}$, $\omega_{\alpha\beta\varkappa}$ lassen sich zwei neue Gleichungen zwischen denselben Grössen dadurch ableiten, dass wir λ mit μ und ν vertauschen.

In allen drei Gleichungen sind die Coefficienten von $\omega_{\beta\gamma\varkappa}$, $\omega_{\gamma\alpha\varkappa}$, $\omega_{\alpha\beta\varkappa}$ lineare homogene Functionen von x, y, z, und zwar verschwindet bei allen dreien der Coefficient von $\omega_{\beta\gamma\varkappa}$ im Punkte α, der von $\omega_{\gamma\alpha\varkappa}$ im Punkte β, der von $\omega_{\alpha\beta\varkappa}$ im Punkte γ. Ferner steht in allen drei Gleichungen auf der rechten Seite eine homogene quadratische Function, die in den vier Punkten α, β, γ, $\varkappa$ verschwindet. Wenn wir diese drei Gleichungen mit willkürlichen Constanten c_λ, c_μ, c_ν multipliciren und addiren, so muss die resultirende Gleichung

$$A\omega_{\beta\gamma\varkappa}+B\omega_{\gamma\alpha\varkappa}+C\omega_{\alpha\beta\varkappa}=D$$

dieselben Eigenschaften haben. Wir können nun, da A eine lineare Function von x, y, z ist, die im Punkte α verschwindet und drei willkürliche Grössen c_λ, c_μ, c_ν enthält, diese letzteren so bestimmen, dass der Coefficient A identisch Null ist. Dann reducirt sich die Gleichung auf folgende:

$$B\omega_{\gamma\alpha\varkappa}+C\omega_{\alpha\beta\varkappa}=D.$$

A, B, C, D sind durch folgende Ausdrücke gegeben:

$$A=(-1)^{\beta\gamma|\alpha}g_\alpha f_{\alpha\beta\varkappa}f_{\alpha\gamma\varkappa}\underset{\lambda,\mu,\nu}{S}\left\{c_\lambda f_{\alpha\mu\nu}f_{\beta\gamma\lambda}F'_{\alpha\lambda}F_{\alpha\lambda}\right\},$$

$$B=(-1)^{\gamma\alpha|\beta}g_\beta f_{\beta\gamma\varkappa}f_{\beta\alpha\varkappa}\underset{\lambda,\mu,\nu}{S}\left\{c_\lambda f_{\beta\mu\nu}f_{\gamma\alpha\lambda}F'_{\beta\lambda}F_{\beta\lambda}\right\},$$

$$C=(-1)^{\alpha\beta|\gamma}g_\gamma f_{\gamma\alpha\varkappa}f_{\gamma\beta\varkappa}\underset{\lambda,\mu,\nu}{S}\left\{c_\lambda f_{\gamma\mu\nu}f_{\alpha\beta\lambda}F'_{\gamma\lambda}F_{\gamma\lambda}\right\},$$

$$D=\underset{\lambda,\mu,\nu}{S}\left\{(-1)^{\lambda|\varkappa}c_\lambda g_\mu g_\nu G'_{\mu\nu}G_{\mu\nu}\right\}.$$

Hier sollen c_λ, c_μ, c_ν so bestimmt werden, dass A identisch gleich Null wird. Nun besteht nach Formel (a) zwischen $F_{\alpha\lambda}$, $F_{\alpha\mu}$, $F_{\alpha\nu}$ die Identität:

$$\underset{\lambda,\mu,\nu}{S}\left\{(-1)^{\mu\nu|\lambda}f_{\alpha\mu\nu}F_{\alpha\lambda}\right\}=0.$$

Mit dieser muss die Gleichung $A=0$ identisch sein; daraus folgt, dass wir

$$c_\lambda=c(-1)^{\mu\nu|\lambda}f_{\beta\gamma\mu}f_{\beta\gamma\nu}F'_{\alpha\mu}F'_{\alpha\nu},$$

$$c_\mu=c(-1)^{\nu\lambda|\mu}f_{\beta\gamma\nu}f_{\beta\gamma\lambda}F'_{\alpha\nu}F'_{\alpha\lambda},$$

$$c_\nu=c(-1)^{\lambda\mu|\nu}f_{\beta\gamma\lambda}f_{\beta\gamma\mu}F'_{\alpha\lambda}F'_{\alpha\mu}$$

zu setzen haben.

Dem Factor c können wir einen beliebigen Werth beilegen. Im Uebrigen sind jetzt B, C, D bestimmte Functionen von x, y, z, deren Ausdruck wir vereinfachen müssen. B ist linear dargestellt durch $F_{\beta\lambda}$, $F_{\beta\mu}$, $F_{\beta\nu}$; wegen der Relation, die zwischen diesen Grössen besteht, muss sich B auch in dieser Weise ausdrücken lassen:

$$B = B_1 F_{\beta\mu} + B_2 F_{\beta\nu}.$$

Um nun B_1 zu bestimmen, haben wir $(x, y, z) = (a_\nu, b_\nu, c_\nu)$ zu setzen; dann wird einerseits

$$B = (-1)^{\nu|\beta\mu} f_{\beta\mu\nu} B_1,$$

andrerseits, da

$$F_{\beta\lambda} \text{ in } (-1)^{\nu|\beta\lambda} f_{\beta\lambda\nu}, \quad F_{\beta\mu} \text{ in } (-1)^{\nu|\beta\mu} f_{\beta\mu\nu}, \quad F_{\beta\nu} \text{ in } 0$$

übergeht:

$$B = (-1)^{\gamma\alpha|\beta} g_\beta f_{\beta\gamma\varkappa} f_{\beta\alpha\varkappa} \underset{\lambda,\mu}{S} \left\{(-1)^{\nu|\beta\lambda} c_\lambda f_{\beta\lambda\nu} f_{\beta\mu\nu} f_{\gamma\alpha\lambda} F'_{\beta\lambda}\right\}.$$

Daher ist:

$$(-1)^{\nu|\beta\mu} B_1 = (-1)^{\gamma\alpha|\beta} g_\beta f_{\beta\gamma\varkappa} f_{\beta\alpha\varkappa} f_{\beta\lambda\nu} \underset{\lambda,\mu}{S} \left\{(-1)^{\nu|\beta\lambda} c_\lambda f_{\gamma\alpha\lambda} F'_{\beta\lambda}\right\}.$$

Setzt man hier für c_λ seinen Werth ein, so verwandelt sich

$$\underset{\lambda,\mu}{S} \left\{(-1)^{\nu|\beta\lambda} c_\lambda f_{\gamma\alpha\lambda} F'_{\beta\lambda}\right\}$$

in

$$c f_{\beta\gamma\nu} F'_{\alpha\nu} \underset{\lambda,\mu}{S} \left\{(-1)^{\nu|\beta\lambda+\mu\nu|\lambda} f_{\gamma\beta\mu} f_{\gamma\alpha\lambda} F'_{\beta\lambda} F'_{\alpha\mu}\right\},$$

oder, da

$$\nu \mid \beta\lambda + \mu\nu \mid \lambda \equiv \mu \mid \lambda + \alpha \mid \beta + \alpha\nu \mid \beta \bmod 2$$

ist, in

$$c(-1)^{\alpha\nu|\beta} f_{\beta\gamma\nu} F'_{\alpha\nu} \underset{\lambda,\mu}{S} \left\{(-1)^{\alpha|\beta+\mu|\lambda} f_{\gamma\beta\mu} f_{\gamma\alpha\lambda} F'_{\beta\lambda} F'_{\alpha\mu}\right\}.$$

Der Formel (c) zufolge ist aber:

$$\underset{\lambda,\mu}{S} \left\{(-1)^{\alpha|\beta+\mu|\lambda} f_{\gamma\beta\mu} f_{\gamma\alpha\lambda} F'_{\beta\lambda} F'_{\alpha\mu}\right\} = g_\varkappa g_\nu G'_{\varkappa\nu};$$

daher folgt:

$$(-1)^{\nu|\beta\mu}B_1=(-1)^{\gamma\alpha|\beta}g_\beta f_{\beta\gamma\varkappa}f_{\beta\alpha\varkappa}f_{\beta\lambda\nu}c(-1)^{\alpha\nu|\beta}f_{\beta\gamma\nu}F'_{\alpha\nu}g_\varkappa g_\nu G'_{\varkappa\nu},$$

oder da

$$\nu\mid\beta\mu+\gamma\alpha\mid\beta+\alpha\nu\mid\beta\equiv\nu\mid\mu+\gamma\mid\beta$$

ist:

$$B_1=c(-1)^{\gamma|\beta+\nu|\mu}g_\beta g_\varkappa g_\nu f_{\beta\gamma\varkappa}f_{\beta\alpha\varkappa}f_{\beta\lambda\nu}f_{\beta\gamma\nu}F'_{\alpha\nu}G'_{\varkappa\nu}.$$

Den andern Coefficienten B_2 erhalten wir aus diesem durch Vertauschung von μ und ν. Es ist also:

$$B=c(-1)^{\gamma|\beta}g_\beta g_\varkappa f_{\beta\gamma\varkappa}f_{\beta\alpha\varkappa}\underset{\mu,\nu}{S}\left\{(-1)^{\nu|\mu}g_\nu f_{\beta\gamma\nu}f_{\beta\lambda\nu}F'_{\alpha\nu}G'_{\varkappa\nu}F'_{\beta\mu}\right\}.$$

Der Ausdruck C entsteht aus B durch Vertauschung von β mit γ. Es ist daher:

$$C=c(-1)^{\beta|\gamma}g_\gamma g_\varkappa f_{\beta\gamma\varkappa}f_{\gamma\alpha\varkappa}\underset{\mu,\nu}{S}\left\{(-1)^{\nu|\mu}g_\nu f_{\beta\gamma\nu}f_{\gamma\lambda\nu}F'_{\alpha\nu}G'_{\varkappa\nu}F_{\gamma\mu}\right\}.$$

In ähnlicher Weise lässt sich D umformen. Dieser Ausdruck ist zunächst linear durch $G_{\mu\nu},G_{\nu\lambda},G_{\lambda\mu}$ dargestellt; da aber zwischen diesen drei Grössen ebenfalls eine lineare Relation besteht, so muss D auch auf diese Form gebracht werden können:

$$D=D_1G_{\lambda\nu}+D_2G_{\lambda\mu}.$$

Hier können wir D_1 wiederum dadurch bestimmen, dass wir $(x,y,z)=(a_\nu,b_\nu,c_\nu)$ setzen; dadurch geht

$$G_{\mu\nu}\text{ in }\frac{(-1)^{\nu|\mu\nu}}{g_\nu},\quad G_{\nu\lambda}\text{ in }\frac{(-1)^{\nu|\lambda\nu}}{g_\nu},\quad G_{\lambda\mu}\text{ in }0$$

über; demnach erhalten wir:

$$\frac{(-1)^{\nu|\lambda\nu}}{g_\nu}D_1=\underset{\lambda,\mu}{S}\left\{(-1)^{\lambda|\varkappa+\nu|\mu\nu}c_\lambda g_\mu G'_{\mu\nu}\right\},$$

oder, wenn wir für c_λ seinen Werth einsetzen:

$$\frac{(-1)^{\nu|\lambda\nu}}{g_\nu}D_1=cf_{\beta\gamma\nu}F'_{\alpha\nu}\underset{\lambda,\mu}{S}\left\{(-1)^{\lambda|\varkappa+\nu|\mu\nu+\mu\nu|\lambda}g_\mu f_{\mu\beta\gamma}F'_{\mu\alpha}G'_{\mu\nu}\right\}.$$

Nun ist

$$\lambda\mid\varkappa+\nu\mid\mu\nu+\mu\nu\mid\lambda\equiv1+\lambda\mu\mid\varkappa\nu+\lambda\varkappa\mid\mu;$$

daher ist:

$$D_1 = -(-1)^{\nu|\lambda\nu+\lambda\mu|\varkappa\nu} c g_\nu f_{\beta\gamma\nu} F'_{\alpha\nu} \underset{\lambda,\mu}{S} \left\{ (-1)^{\lambda\varkappa|\mu} g_\mu f_{\mu\beta\gamma} F'_{\mu\alpha} G'_{\mu\nu} \right\}.$$

Nach der Formel (f) ist aber:

$$(-1)^{\lambda\varkappa|\mu} g_\mu f_{\mu\beta\gamma} F'_{\mu\alpha} G'_{\mu\nu} + (-1)^{\mu\varkappa|\lambda} g_\lambda f_{\lambda\beta\gamma} F'_{\lambda\alpha} G'_{\lambda\nu} \\ +(-1)^{\lambda\mu|\varkappa} g_\varkappa f_{\varkappa\beta\gamma} F'_{\varkappa\alpha} G'_{\varkappa\nu} = 0;$$

daher ist

$$D_1 = (-1)^{\nu|\lambda\nu+\lambda\mu|\nu} c g_\nu f_{\beta\gamma\nu} F'_{\alpha\nu} g_\varkappa f_{\varkappa\beta\gamma} F'_{\varkappa\alpha} G'_{\varkappa\nu},$$

oder, da

$$\nu \mid \lambda\nu + \lambda\mu \mid \nu \equiv 1 + \nu \mid \mu \text{ ist:}$$

$$D_1 = -(-1)^{\nu|\mu} c g_\varkappa g_\nu f_{\beta\gamma\varkappa} f_{\beta\gamma\nu} F'_{\alpha\varkappa} F'_{\alpha\nu} G'_{\varkappa\nu}.$$

Der andere Coefficient, D_2, ergiebt sich durch Vertauschung von μ und ν. Es ist also:

$$D = -c g_\varkappa f_{\beta\gamma\varkappa} F'_{\alpha\varkappa} \underset{\mu,\nu}{S} \left\{ (-1)^{\nu|\mu} g_\nu f_{\beta\gamma\nu} F'_{\alpha\nu} G'_{\varkappa\nu} G_{\lambda\nu} \right\}.$$

Wir setzen nun

$$c = (-1)^{\gamma|\beta} \frac{H'_\varkappa}{g_\varkappa f_{\beta\gamma\varkappa}}.$$

Dann erhalten wir die drei Coefficienten unsrer Gleichung ausgedrückt durch folgende Formeln:

$$B = g_\beta f_{\beta\alpha\varkappa} \underset{\mu,\nu}{S} \left\{ (-1)^{\nu|\mu} g_\nu f_{\beta\gamma\nu} f_{\beta\lambda\nu} F'_{\alpha\nu} G'_{\varkappa\nu} H'_\varkappa F_{\beta\mu} \right\},$$

$$-C = g_\gamma f_{\gamma\alpha\varkappa} \underset{\mu,\nu}{S} \left\{ (-1)^{\nu|\mu} g_\nu f_{\beta\gamma\nu} f_{\gamma\lambda\nu} F'_{\alpha\nu} G'_{\varkappa\nu} H'_\varkappa F_{\gamma\mu} \right\},$$

$$D = (-1)^{\beta|\gamma} F'_{\alpha\varkappa} \underset{\mu,\nu}{S} \left\{ (-1)^{\nu|\mu} g_\nu f_{\beta\gamma\nu} F'_{\alpha\nu} G'_{\varkappa\nu} H'_\varkappa G_{\lambda\nu} \right\};$$

oder, wenn wir für den Augenblick

$$(-1)^{\nu|\mu} g_\nu f_{\beta\gamma\nu} F'_{\alpha\nu} G'_{\varkappa\nu} H'_\varkappa = r_1, \quad (-1)^{\mu|\nu} g_\mu f_{\beta\gamma\mu} F'_{\alpha\mu} G'_{\varkappa\mu} H'_\varkappa = r_2$$

setzen:

$$B = g_\beta f_{\beta\alpha\varkappa} (f_{\beta\lambda\nu} F_{\beta\mu} r_1 + f_{\beta\lambda\mu} F_{\beta\nu} r_2),$$

$$-C = g_\gamma f_{\gamma\alpha\varkappa} (f_{\gamma\lambda\nu} F_{\gamma\mu} r_1 + f_{\gamma\lambda\mu} F_{\gamma\nu} r_2),$$

$$D = (-1)^{\beta|\gamma} F'_{\alpha\varkappa} (G_{\lambda\nu} r_1 + G_{\lambda\mu} r_2).$$

Ans dieser Darstellung geht eine eigenthümliche Relation zwischen diesen drei Grössen hervor. Es ist nämlich, der Formel (d) zufolge:

$$g_\beta f_{\beta\alpha\varkappa} f_{\beta\lambda\nu} G_{\beta\mu} - g_\gamma f_{\gamma\alpha\varkappa} f_{\gamma\lambda\nu} G_{\gamma\mu} = (-1)^{\beta|\gamma} F_{\alpha\varkappa} F_{\lambda\nu}.$$

Wenn man nun, was nach (19) erlaubt ist:

$$G_{\beta\mu} \text{ durch } \frac{RF_{\beta\mu}}{H_\beta H_\mu}, \quad G_{\gamma\mu} \text{ durch } \frac{RF_{\gamma\mu}}{H_\gamma H_\mu},$$
$$F_{\alpha\varkappa} \text{ durch } \frac{H_\alpha H_\varkappa G_{\alpha\varkappa}}{R}, \quad F_{\lambda\nu} \text{ durch } \frac{H_\lambda H_\nu G_{\lambda\nu}}{R}$$

ersetzt, und beachtet, dass das Product aller Grössen H_α gleich R^3 ist, so erhält man folgende neue Formel:

$$g_\beta f_{\beta\alpha\varkappa} f_{\beta\lambda\nu} H_\gamma F_{\beta\mu} - g_\gamma f_{\gamma\alpha\varkappa} f_{\gamma\lambda\nu} H_\beta F_{\gamma\mu} = (-1)^{\beta|\gamma} G_{\alpha\varkappa} G_{\lambda\nu}.$$

Hieraus folgt:

$$BH_\gamma + CH_\beta = (-1)^{\beta|\gamma} G_{\alpha\varkappa}(G_{\lambda\nu} r_1 + G_{\lambda\mu} r_2);$$

mithin ist:

$$D = \frac{F'_{\alpha\varkappa}}{G_{\alpha\varkappa}}(BH_\gamma + CH_\beta).$$

Dadurch erhalten wir die Gleichung

$$B\omega_{\gamma\alpha\varkappa} + C\omega_{\alpha\beta\varkappa} = \frac{F'_{\alpha\varkappa}}{G_{\alpha\varkappa}}(BH_\gamma + CH_\beta),$$

oder:

$$B\left(\omega_{\gamma\alpha\varkappa} - \frac{H_\gamma F'_{\alpha\varkappa}}{G_{\alpha\varkappa}}\right) = -C\left(\omega_{\beta\alpha\varkappa} - \frac{H_\beta F'_{\alpha\varkappa}}{G_{\alpha\varkappa}}\right).$$

Für die beiden linearen Functionen B und $-C$, von denen die letztere aus B durch Vertauschung von β mit γ hervorgeht, wollen wir nun eine bleibende Bezeichnung einführen. Die ursprüngliche Darstellung von B war symmetrisch in Bezug auf die Indices λ, μ, ν, die neue in Bezug auf λ und γ; daher wird B durch die Vertauschung der vier Indices γ, λ, μ, ν unter einander nicht geändert. Ausserdem aber wird dieser Ausdruck auch dadurch in seinem Werthe nicht geändert, wenn man α mit $\varkappa$ vertauscht; dies zeigt die zweite Form, denn wegen der Gleichung $L' = 0$ ist

$$F'_{\alpha\nu} G'_{\varkappa\nu} H'_\varkappa = F'_{\varkappa\nu} G'_{\alpha\nu} H'_\alpha.$$

Wir können also den Ausdruck B bezeichnen durch die beiden Indices β und $\alpha\varkappa$. Setzen wir

$$B = M_{\beta,\alpha\varkappa},$$

so ist

$$-C = M_{\gamma,\alpha\varkappa};$$

daher geht unsere Gleichung über in folgende:

$$M_{\beta,\alpha\varkappa}\left(\omega_{\gamma\alpha\varkappa} - \frac{H_\gamma F'_{\alpha\varkappa}}{G_{\alpha\varkappa}}\right) = M_{\gamma,\alpha\varkappa}\left(\omega_{\beta\alpha\varkappa} - \frac{H_\beta F'_{\alpha\varkappa}}{G_{\alpha\varkappa}}\right).$$

Hieraus folgt, dass der Quotient

$$\frac{G_{\alpha\varkappa}\omega_{\beta\alpha\varkappa} \quad H_\beta F'_{\alpha\varkappa}}{G_{\alpha\varkappa}M_{\beta,\alpha\varkappa}}$$

einen vom Index β unabhängigen Werth haben muss. Diese vorläufig noch unbekannte Grösse bezeichnen wir durch $P_{\alpha\varkappa}$. Dann erhalten wir:

$$\omega_{\beta\alpha\varkappa} - \frac{H_\beta F'_{\alpha\varkappa}}{G_{\alpha\varkappa}} = P_{\alpha\varkappa}M_{\beta,\alpha\varkappa}. \tag{31}$$

Hier bedeutet $M_{\beta,\alpha\varkappa}$ eine lineare Function von x, y, z, die im Punkte β verschwindet, und die durch folgenden Ausdruck gegeben ist:

$$M_{\beta,\alpha\varkappa} = g_\beta f_{\beta\alpha\varkappa} \underset{\mu,\nu}{S}\left\{(-1)^{\nu|\mu} g_\nu f_{\beta\gamma\nu} f_{\beta\lambda\nu} F'_{\alpha\nu} G'_{\varkappa\nu} H'_\varkappa F_{\beta\mu}\right\}. \tag{32}$$

§ 13.

Um nun die Grössen $P_{\alpha\varkappa}$ zu bestimmen, vertauschen wir in der Gleichung (31) α mit β. $\omega_{\beta\alpha\varkappa}$ bleibt dann ungeändert; es ist also

$$\frac{H_\beta F'_{\alpha\varkappa}}{G_{\alpha\varkappa}} + P_{\alpha\varkappa}M_{\beta,\alpha\varkappa} = \frac{H_\alpha F'_{\beta\varkappa}}{G_{\beta\varkappa}} + P_{\beta\varkappa}M_{\alpha,\beta\varkappa};$$

oder:

$$\frac{H_u F'_{\beta\varkappa}}{G_{\beta\varkappa}} - \frac{II_\beta F'_{\alpha\varkappa}}{G_{\alpha\varkappa}} = P_{\alpha\varkappa}M_{\beta,\alpha\varkappa} - P_{\beta\varkappa}M_{\alpha,\beta\varkappa}.$$

Zunächst formen wir die linke Seite dieser Gleichung um. Diese ist gleich:

$$\frac{H_\alpha H_\varkappa G_{\alpha\varkappa}F'_{\beta\varkappa} - H_\beta H_\varkappa G_{\beta\varkappa}F'_{\alpha\varkappa}}{H_\varkappa G_{\alpha\varkappa}G_{\beta\varkappa}},$$

oder, da

$$H_\alpha H_\varkappa G_{\alpha\varkappa} = RF_{\alpha\varkappa}, \quad H_\beta H_\varkappa G_{\beta\varkappa} = RF_{\beta\varkappa}$$

ist, gleich:

$$\frac{R(F_{\alpha\varkappa}F'_{\beta\varkappa}-F_{\beta\varkappa}F'_{\alpha\varkappa})}{H_\varkappa G_{\alpha\varkappa}G_{\beta\varkappa}}.$$

Der Factor des Zählers

$$F_{\alpha\varkappa}F'_{\beta\varkappa}-F_{\beta\varkappa}F'_{\alpha\varkappa}$$

ist offenbar eine lineare Function von x, y, z, die in den beiden Punkten (x', y', z') und $(a_\varkappa, b_\varkappa, c_\varkappa)$ verschwindet. Wenn wir also die Determinante

(33)
$$\begin{vmatrix} x & y & z \\ x' & y' & z' \\ a_\varkappa & b_\varkappa & c_\varkappa \end{vmatrix}$$

mit $F_\varkappa$ bezeichnen, so muss

$$F_{\alpha\varkappa}F'_{\beta\varkappa}-F_{\beta\varkappa}F'_{\alpha\varkappa}=cF_\varkappa$$

sein, wo c eine Constante bedeutet. Um diese zu bestimmen, setzen wir $(x, y, z) = (a_\beta, b_\beta, c_\beta)$; dann geht

$$F_{\alpha\varkappa} \text{ in } (-1)^{\beta|\alpha\varkappa} f_{\alpha\beta\varkappa}, \quad F_\varkappa \text{ in } (-1)^{\varkappa|\beta} F'_{\beta\varkappa}, \quad F_{\beta\varkappa} \text{ in } 0$$

über; dadurch finden wir

$$c = (-1)^{\alpha|\beta} f_{\alpha\beta\varkappa}.$$

Es ist also

(34)
$$F_{\alpha\varkappa}F'_{\beta\varkappa}-F_{\beta\varkappa}F'_{\alpha\varkappa} = (-1)^{\alpha|\beta} f_{\alpha\beta\varkappa}F_\varkappa.$$

Durch diese Umformung erhalten wir folgende Gleichung:

$$P_{\alpha\varkappa}M_{\beta,\alpha\varkappa}-P_{\beta\varkappa}M_{\alpha,\beta\varkappa} = \frac{(-1)^{\alpha|\beta} f_{\alpha\beta\varkappa}F_\varkappa R}{H_\varkappa G_{\alpha\varkappa}G_{\beta\varkappa}}.$$

Wenn man in dieser α und β mit einem dritten Index γ vertauscht, so muss man zu einem System dreier Gleichungen mit den Unbekannten $P_{\alpha\varkappa}$, $P_{\beta\varkappa}$, $P_{\gamma\varkappa}$ gelangen. Vorher wollen wir die Gleichung noch dadurch reduciren, dass wir von dem Ausdruck $M_{\beta,\alpha\varkappa}$ den constanten Factor $g_\beta f_{\beta\alpha\varkappa}$ absondern:

(35)
$$M_{\beta,\alpha\varkappa} = g_\beta f_{\beta\alpha\varkappa}\overline{M}_{\beta,\alpha\varkappa}.$$

Ferner setzen wir zur Abkürzung:

$$\frac{F_\varkappa R}{H_\varkappa G_{\alpha\varkappa}G_{\beta\varkappa}G_{\gamma\varkappa}} = Q, \quad (-1)^{\alpha\beta|\gamma+\alpha|\beta} = \varepsilon.$$

Da ε ein alternirendes Zeichen ist, so ist gleichzeitig:

$$(-1)^{\alpha|\beta} = (-1)^{\alpha\beta|\gamma}\varepsilon, \quad (-1)^{\beta|\gamma} = (-1)^{\beta\gamma|\alpha}\varepsilon, \quad (-1)^{\gamma|\alpha} = (-1)^{\gamma\alpha|\beta}\varepsilon.$$

Demnach können wir folgende drei Gleichungen aufstellen:

$$(36) \qquad \begin{cases} g_\gamma P_{\beta\varkappa}\overline{M}_{\gamma,\beta\varkappa} - g_\beta P_{\gamma\varkappa}\overline{M}_{\beta,\gamma\varkappa} = (-1)^{\beta\gamma|\alpha}\varepsilon G_{\alpha\varkappa}Q, \\ g_\alpha P_{\gamma\varkappa}\overline{M}_{\alpha,\gamma\varkappa} - g_\gamma P_{\alpha\varkappa}\overline{M}_{\gamma,\alpha\varkappa} = (-1)^{\gamma\alpha|\beta}\varepsilon G_{\beta\varkappa}Q, \\ g_\beta P_{\alpha\varkappa}\overline{M}_{\beta,\alpha\varkappa} - g_\alpha P_{\beta\varkappa}\overline{M}_{\alpha,\beta\varkappa} = (-1)^{\alpha\beta|\gamma}\varepsilon G_{\gamma\varkappa}Q. \end{cases}$$

Wenn wir diese der Reihe nach mit

$$g_\alpha f_{\alpha\lambda\mu}F_{\alpha\nu}, \quad g_\beta f_{\beta\lambda\mu}F_{\beta\nu}, \quad g_\gamma f_{\gamma\lambda\mu}F_{\gamma\nu}$$

multipliciren und dann addiren, so ergiebt sich, der Formel (f) des § 5 zufolge, auf der rechten Seite Null; auf der linken ein Ausdruck von der Form:

$$AP_{\alpha\varkappa} + BP_{\beta\varkappa} + CP_{\gamma\varkappa}.$$

Hier ist

$$A = g_\beta g_\gamma(f_{\gamma\lambda\mu}F_{\gamma\nu}\overline{M}_{\beta,\alpha\varkappa} - f_{\beta\lambda\mu}F_{\beta\nu}\overline{M}_{\gamma,\alpha\varkappa});$$

die beiden andern Coefficienten entstehen aus diesem durch cyklische Vertauschung der Indices α, β, γ. Nun ist, wenn wir zur Abkürzung wieder die beiden Grössen r_1 und r_2 des vorigen § einführen:

$$\begin{aligned} \overline{M}_{\beta,\alpha\varkappa} &= f_{\beta\lambda\nu}F_{\beta\mu}r_1 + f_{\beta\lambda\mu}F_{\beta\nu}r_2, \\ \overline{M}_{\gamma,\alpha\varkappa} &= f_{\gamma\lambda\nu}F_{\gamma\mu}r_1 + f_{\gamma\lambda\mu}F_{\gamma\nu}r_2. \end{aligned}$$

Daher erhalten wir:

$$A = g_\beta g_\gamma r_1(f_{\lambda\gamma\mu}f_{\lambda\beta\nu}F_{\beta\mu}F_{\gamma\nu} - f_{\lambda\beta\mu}f_{\lambda\gamma\nu}F_{\gamma\mu}F_{\beta\nu}).$$

Der in die Klammer eingeschlossene Ausdruck ist, nach Formel (c), gleich $(-1)^{\beta|\gamma+\mu|\nu}g_\alpha g_\varkappa G_{\alpha\varkappa}$; ferner ist

$$r_1 = (-1)^{\nu|\mu}g_\nu f_{\beta\gamma\nu}F'_{\alpha\nu}G'_{\varkappa\nu}H'_\varkappa;$$

mithin ergiebt sich:

$$A = -(-1)^{\beta|\gamma}g_\alpha g_\beta g_\gamma g_\varkappa g_\nu G'_{\varkappa\nu}H'_\varkappa f_{\beta\gamma\nu}F'_{\alpha\nu}G_{\alpha\varkappa}.$$

Das Zeichen $(-1)^{\beta|\gamma}$ können wir wieder ersetzen durch $(-1)^{\beta\gamma|\alpha}\varepsilon$, und die Gleichung

$$AP_{\alpha\varkappa}+BP_{\beta\varkappa}+CP_{\gamma\varkappa}=0$$

dividiren durch den allen Coefficienten gemeinsamen Factor

$$-\varepsilon g_\alpha g_\beta g_\gamma g_\varkappa g_\nu G'_{\varkappa\nu}H'_\varkappa.$$

Dann erhalten wir:

$$\underset{\alpha,\beta,\gamma}{S}\left\{(-1)^{\beta\gamma|\alpha}f_{\beta\gamma\nu}F'_{\alpha\nu}G_{\alpha\varkappa}P_{\alpha\varkappa}\right\}=0.$$

Setzen wir nun für den Augenblick

$$P_{\alpha\varkappa}G_{\alpha\varkappa}=X,\quad P_{\beta\varkappa}G_{\beta\varkappa}=Y,\quad P_{\gamma\varkappa}G_{\gamma\varkappa}=Z,$$

so besteht zwischen diesen Grössen eine Gleichung

$$c_1X+c_2Y+c_3Z=0,$$

deren Coefficienten nach Formel (a) der Bedingung genügen:

$$c_1+c_2+c_3=0.$$

Es ist also

$$c_1(X-Z)+c_2(Y-Z)=0.$$

Wenn wir hier den Index ν mit μ vertauschen, so erhalten wir eine zweite Relation:

$$c'_1(X-Z)+c'_2(Y-Z)=0,$$

und da die Determinante der Coefficienten $c_1c'_2-c_2c'_1$ offenbar von Null verschieden ist, so folgt:

$$X=Y=Z.$$

Es zeigt sich also, dass das Product $P_{\alpha\varkappa}G_{\alpha\varkappa}$ einen von den Indices α, $\varkappa$ unabhängigen Werth hat. Wir können demnach setzen:

$$P_{\varkappa\lambda}=\frac{P}{G_{\varkappa\lambda}}. \tag{37}$$

Die Bestimmung der 21 Grössen $P_{\varkappa\lambda}$ ist dadurch zurückgeführt auf die einer einzigen, von den Indices unabhängigen Grösse P. Diese wird nun sehr leicht dadurch bestimmt, dass wir in irgend einer der Gleichungen (36), z. B. der letzten, $P_{\alpha\varkappa}$ und $P_{\beta\varkappa}$ durch $\frac{P}{G_{\alpha\varkappa}}$, $\frac{P}{G_{\beta\varkappa}}$ ersetzen. So ergiebt sich

$$g_\beta\frac{P}{G_{\alpha\varkappa}}\overline{M}_{\beta,\alpha\varkappa}-g_\alpha\frac{P}{G_{\beta\varkappa}}\overline{M}_{\alpha,\beta\varkappa}=(-1)^{\alpha|\beta}\frac{F_\varkappa R}{G_{\alpha\varkappa}G_{\beta\varkappa}H_\varkappa},$$

oder:

$$(38) \qquad (-1)^{\alpha|\beta}(g_\beta G_{\beta\varkappa}\overline{M}_{\beta,\alpha\varkappa} - g_\alpha G_{\alpha,\varkappa}\overline{M}_{\alpha,\beta\varkappa}) = \frac{F_\varkappa R}{PH_\varkappa}.$$

Die linke Seite dieses Ausdrucks können wir in der abgekürzten Form schreiben:

$$\underset{\alpha,\beta}{S}\left\{(-1)^{\beta|\alpha} g_\alpha G_{\alpha\varkappa}\overline{M}_{\alpha,\beta\varkappa}\right\},$$

und da $\overline{M}_{\alpha,\beta\varkappa}$ nach (32) und (35) gegeben ist durch den Ausdruck:

$$\overline{M}_{\alpha,\beta\varkappa} = \underset{\mu,\nu}{S}\left\{(-1)^{\nu|\mu} g_\nu f_{\alpha\gamma\nu} f_{\alpha\lambda\nu} F'_{\beta\nu} G'_{\varkappa\nu} H'_\varkappa F_{\alpha\mu}\right\},$$

so erhalten wir folgende Gleichung:

$$(39) \qquad \underset{\alpha,\beta}{S}\ \underset{\mu,\nu}{S}\left\{(-1)^{\beta|\alpha+\nu|\mu} g_\alpha g_\nu f_{\alpha\nu\gamma} f_{\alpha\nu\lambda} F'_{\beta\nu} G'_{\varkappa\nu} F_{\alpha\mu} G_{\varkappa\alpha}\right\} = \frac{F_\varkappa R}{PH_\varkappa H'_\varkappa}.$$

Hierdurch ist der Factor P bestimmt.

Auf der linken Seite steht hier eine ganze Function von x, y, z und x', y', z', die, wie die Gleichung zeigt – und wie auch leicht aus ihrer Zusammensetzung zu erkennen ist – von dem Index $\varkappa$ allein abhängt. Diese bezeichnen wir durch $\Omega_\varkappa$. Es ist also die Function $\Omega_\varkappa$ definirt durch folgende Gleichungen:

$$(40) \qquad \begin{cases} H'_\varkappa \Omega_\varkappa = (-1)^{\alpha|\beta}(g_\beta G_{\beta\varkappa}\overline{M}_{\beta,\alpha\varkappa} - g_\alpha G_{\alpha\varkappa}\overline{M}_{\alpha,\beta\varkappa}), \\ \Omega_\varkappa = \underset{\alpha,\beta}{S}\ \underset{\mu,\nu}{S}\left\{(-1)^{\beta|\alpha+\nu|\mu} g_\alpha g_\nu f_{\alpha\nu\gamma} f_{\alpha\nu\lambda} F'_{\beta\nu} G'_{\varkappa\nu} F_{\alpha\mu} G_{\varkappa\alpha}\right\}, \end{cases}$$

von denen die zweite mit der ersten gleichbedeutend ist. Ferner führen wir nicht den Factor P als neue Function ein, sondern den Quotienten $\frac{R}{P}$, welchen wir mit J bezeichnen. Diese Function ist dann, der Formel (39) zufolge, definirt durch die Formel:

$$(41) \qquad J = \frac{H_\varkappa H'_\varkappa \Omega_\varkappa}{F_\varkappa},$$

und es beruhen darauf, dass der Werth dieses Quotienten unabhängig von dem Index $\varkappa$ ist, wesentliche Eigenschaften der sieben kubischen Functionen $\Omega_1, \Omega_2 \cdots \Omega_7$. – Endlich ist der gesuchte Factor $P_{\alpha\varkappa}$ gegeben durch die Gleichung:

$$(42) \qquad P_{\alpha\varkappa} = \frac{R}{JG_{\alpha\varkappa}}.$$

§ 14.

Setzen wir diesen für $P_{\alpha\varkappa}$ gefundenen Ausdruck in die Formel (31) ein, so erhalten wir zunächst:

$$\omega_{\alpha\beta\varkappa} = \frac{JH_\beta F'_{\alpha\varkappa} + RM_{\beta,\alpha\varkappa}}{JG_{\alpha\varkappa}}.$$

Hier multipliciren wir Zähler und Nenner mit $F_\varkappa$, und ersetzen $JF_\varkappa$ durch $H_\varkappa H'_\varkappa \Omega_\varkappa$. Dann wird

$$\omega_{\alpha\beta\varkappa} = \frac{H_\beta H_\varkappa H'_\varkappa \Omega_\varkappa F'_{\alpha\varkappa} + RF_\varkappa M_{\beta,\alpha\varkappa}}{G_{\alpha\varkappa}\Omega_\varkappa H_\varkappa H'_\varkappa}.$$

Ferner entwickeln wir den Zähler dieses Ausdrucks dadurch, dass wir für $H'_\varkappa \Omega_\varkappa$ den in der ersten von den Gleichungen (40) angegebenen Werth setzen, und $g_\beta f_{\beta\alpha\varkappa}\overline{M}_{\beta,\alpha\varkappa}$ für $M_{\beta,\alpha\varkappa}$ einführen. Dann erhalten wir für die Zähler folgende Darstellung:

$$(-1)^{\alpha|\beta} H_\beta H_\varkappa F'_{\alpha\varkappa}(g_\beta G_{\beta\varkappa}\overline{M}_{\beta,\alpha\varkappa} - g_\alpha G_{\alpha\varkappa}\overline{M}_{\alpha,\beta\varkappa}) + g_\beta f_{\beta\alpha\varkappa} RF_\varkappa \overline{M}_{\beta,\alpha\varkappa},$$

oder:

$$(Rf_{\beta\alpha\varkappa}F_\varkappa + (-1)^{\alpha|\beta} H_\beta H_\varkappa G_{\beta\varkappa}F'_{\alpha\varkappa}) g_\beta \overline{M}_{\beta,\alpha\varkappa} - (-1)^{\alpha|\beta} H_\beta H_\varkappa G_{\alpha\varkappa} F'_{\alpha\varkappa} g_\alpha \overline{M}_{\alpha,\beta\varkappa}.$$

Nun ist nach Formel (34):

$$f_{\beta\alpha\varkappa}F_\varkappa + (-1)^{\alpha|\beta} F_{\beta\varkappa}F'_{\alpha\varkappa} = (-1)^{\alpha|\beta} F_{\alpha\varkappa}F'_{\beta\varkappa}.$$

Multipliciren wir diese mit R, und setzen

$$H_\beta H_\varkappa G_{\beta\varkappa} \text{ für } RF_{\beta\varkappa}, \quad H_\alpha H_\varkappa G_{\alpha\varkappa} \text{ für } RF_{\alpha\varkappa},$$

so folgt:

$$Rf_{\alpha\beta\varkappa}F_\varkappa + (-1)^{\alpha|\beta} H_\beta H_\varkappa G_{\beta\varkappa}F'_{\alpha\varkappa} = (-1)^{\alpha|\beta} H_\alpha H_\varkappa G_{\alpha\varkappa}F'_{\beta\varkappa}.$$

Dadurch geht der für den Zähler aufgestellte Ausdruck in folgenden über:

$$(-1)^{\alpha|\beta} H_\varkappa G_{\alpha\varkappa}(g_\beta H_\alpha F'_{\beta\varkappa}\overline{M}_{\beta,\alpha\varkappa} - g_\alpha H_\beta F'_{\alpha\varkappa}\overline{M}_{\alpha,\beta\varkappa}).$$

Dieser Ausdruck ist durch $H_\varkappa$, $G_{\alpha\varkappa}$ und – da die Grössen $\overline{M}_{\beta,\alpha\varkappa}$ und $\overline{M}_{\alpha,\beta\varkappa}$ den Factor $H'_\varkappa$ enthalten – durch $H'_\varkappa$ theilbar. Wir erhalten also $\omega_{\alpha\beta\varkappa}$ dargestellt in dieser Form:

$$\omega_{\alpha\beta\varkappa} = \frac{\Omega_{\varkappa,\alpha\beta}}{\Omega_\varkappa}, \tag{43}$$

wo $\Omega_{\varkappa,\alpha\beta}$ eine biquadratische Function ist, die durch die beiden gleichbedeutenden Formeln definirt ist:

$$(44)\qquad \begin{cases} H'_{\varkappa}\Omega_{\varkappa,\alpha\beta} = (-1)^{\alpha|\beta}(g_\beta H_\alpha F'_{\beta\varkappa}\overline{M}_{\beta,\alpha\varkappa} - g_\alpha H_\beta F'_{\alpha\varkappa}\overline{M}_{\alpha,\beta\varkappa}), \\ \Omega_{\varkappa,\alpha\beta} = \underset{\alpha,\beta}{S}\underset{\mu,\nu}{S}\left\{(-1)^{\beta|\alpha+\nu|\mu} g_\alpha g_\nu f_{\alpha\gamma\nu} f_{\alpha\lambda\nu} F'_{\alpha\varkappa} F'_{\beta\nu} G'_{\varkappa\nu} H_\beta F_{\alpha\mu}\right\}, \end{cases}$$

Die Definition des Nenners ist durch die entsprechenden Formeln (40) gegeben.

Wir müssen jetzt, nach diesen formalen Entwicklungen, auf die Eigenschaften der zur Darstellung der Grössen $\omega_{\varkappa\lambda\mu} = \dfrac{\sigma_\varkappa\sigma_\lambda\sigma_\mu\sigma_{\varkappa\lambda\mu}}{\sigma_0}$ verwandten Functionen Ω genauer eingehen.

$\Omega_\varkappa$ ist eine symmetrische Function der beiden Werthsysteme (x, y, z) und (x', y', z'). Dies geht so hervor. Wenn man in dem viergliedrigen Ausdruck (40) die beiden Indices α, β mit μ, ν vertauscht, so erhält man genau dasselbe, wie dann, wenn man die beiden veränderlichen Werthsysteme vertauscht. Nun ist aber $\Omega_\varkappa$ von dem Index $\varkappa$ allein abhängig, behält also seinen Werth, wenn die übrigen Indices beliebig untereinander vertauscht werden. Daraus geht hervor, dass $\Omega_\varkappa$ auch dann seinen Werth nicht ändert, wenn (x, y, z) mit (x', y', z') vertauscht wird.

Nun ist $\omega_{\alpha\beta\varkappa}$ selbst eine symmetrische Function der beiden Systeme von Variabeln. Denn da man in der Gleichung (30) die Indices λ, μ, ν vertauschen kann, so hat man ein System von drei Gleichungen, mit Hülfe dessen man $\omega_{\alpha\beta\varkappa}$ rational durch die Grössen L, welche symmetrische Functionen sind, darstellen kann *). Folglich muss auch $\Omega_{\varkappa,\alpha\beta}$ eine symmetrische Function sein. – Die Grösse J dagegen muss alternirend sein, da $F_\varkappa$ eine alternirende Function ist.

Betrachten wir nun diese Functionen als abhängig von (x, y, z) allein, so ist offenbar $\Omega_\varkappa$ dargestellt durch eine homogene kubische Form, die an allen Stellen $1, 2 \cdots 7$, mit Ausnahme der Stelle $\varkappa$ verschwindet, $\Omega_{\varkappa,\alpha\beta}$ dagegen durch eine biquadratische Form, die an allen sieben Stellen ohne Ausnahme verschwindet, und zwar an den Stellen α, β von der zweiten, an den übrigen von der ersten Ordnung.

Die Curve $L = 0$ wird nun von der Curve $\Omega_\varkappa = 0$, ausser in den sechs von $\varkappa$ verschiedenen Doppelpunkten, noch in $18 - 2 \cdot 6 = 6$ andern Punkten geschnitten. Aus der Gleichung (41) folgt:

$$\frac{H_\varkappa H'_\varkappa \Omega_\varkappa}{F_\varkappa} = \frac{H_\lambda H'_\lambda \Omega_\lambda}{F_\lambda},$$

oder:

$$H_\varkappa H'_\varkappa \Omega_\varkappa F_\lambda = H_\lambda H'_\lambda \Omega_\lambda F_\varkappa.$$

*) Durch diese Elimination kommt man genau zu derselben Darstellungsform der Grössen ω. Aber für die weiterhin wichtige Formel (41) wüsste ich auf diesem Wege keinen Beweis anzugeben.

$F_\varkappa = 0$ ist die Gleichung einer Graden, welche durch den Doppelpunkt $\varkappa$ und den willkürlichen Punkt x', y', z' gelegt ist. Diese schneidet die Curve sechster Ordnung noch in drei andern Punkten, die wir mit $\varkappa_1$, $\varkappa_2$, $\varkappa_3$ bezeichnen wollen. Ist nun $F_\varkappa = 0$, so muss auch die linke Seite dieser Gleichung verschwinden, und da offenbar weder die Linie $H_\varkappa = 0$, noch $F_\lambda = 0$ durch die drei Punkte $\varkappa_1$, $\varkappa_2$, $\varkappa_3$ hindurchgeht, so muss in denselben $\Omega_\varkappa = 0$ werden.

Es muss aber $\Omega_\varkappa$ noch in drei andern Punkten verschwinden. Der aufgestellten Gleichung zufolge muss alsdann mit $\Omega_\varkappa$ zugleich einer der Factoren der rechten Seite H_λ, Ω_λ, $F_\varkappa$ verschwinden. Nun verschwindet die Function H_λ nur in den Doppelpunkten, $F_\varkappa$ nur im Doppelpunkte $\varkappa$, dem Punkte x', y', z' (in welchem $\Omega_\varkappa$ offenbar einen von Null verschiedenen Werth hat) und den schon erwähnten drei Punkten $\varkappa_1$, $\varkappa_2$, $\varkappa_3$. Folglich muss in den neuen drei Punkten Ω_λ verschwinden. Hieraus geht hervor, dass diese drei Punkte, die wir durch (I), (II), (III) bezeichnen wollen, allen sieben Curven $\Omega_\varkappa = 0$ gemeinschaftlich sind. Die wesentlichen Eigenschaften der Functionen $\Omega_\varkappa$ sind also in folgendem geometrischen Satze ausgesprochen:

Nimmt man auf der Curve sechster Ordnung $L = 0$ einen Punkt willkürlich an, und legt durch diesen und einen Doppelpunkt $\varkappa$ eine grade Linie $F_\varkappa = 0$, so schneidet diese die Curve $L = 0$ in drei ferneren Punkten $\varkappa_1$, $\varkappa_2$, $\varkappa_3$. Legt man nun durch diese drei Punkte und die von $\varkappa$ verschiedenen Doppelpunkte eine Curve dritter Ordnung $\Omega_\varkappa = 0$, so trifft diese die Curve $L = 0$ wiederum in drei ferneren Punkten. Diese sind unabhängig davon, welchen der sieben Doppelpunkte $\varkappa$ man gewählt hat, also allen sieben Curven $\Omega_\varkappa = 0$, die man construiren kann, nachdem der willkürliche Punkt fixirt ist, gemeinsam.

Die Nullpunkte der Function $\Omega_\varkappa$ sind also folgende: Erstens die sechs von $\varkappa$ verschiedenen Doppelpunkte; zweitens die Punkte $\varkappa_1$, $\varkappa_2$, $\varkappa_3$, in denen $F_\varkappa$ verschwindet; drittens die von dem Index $\varkappa$ unabhängigen Punkte (I), (II), (III). Es lässt sich nun zeigen, dass in den drei Punkten $\varkappa_1$, $\varkappa_2$, $\varkappa_3$ nicht nur der Nenner, sondern auch der Zähler des für $\omega_{\varkappa\alpha\beta}$ aufgestellten Ausdrucks verschwindet. In diesen Punkten ist nämlich

$$\Omega_\varkappa = 0, \quad F_\varkappa = 0.$$

Die letztere Bedingung lässt sich, der Formel (34) zufolge, so schreiben:

$$F_{\alpha\varkappa}F'_{\beta\varkappa} - F_{\beta\varkappa}F'_{\alpha\varkappa} = 0,$$

oder:

$$F'_{\alpha\varkappa} = pF_{\alpha\varkappa}, \quad F'_{\beta\varkappa} = pF_{\beta\varkappa}.$$

Setzt man dies in die erste der Gleichungen (44) ein, so erhält man:

$$H'_\varkappa\Omega_{\varkappa,\alpha\beta} = (-1)^{\alpha|\beta} p(g_\beta H_\alpha F_{\beta\varkappa}\overline{M}_{\beta,\alpha\varkappa} - g_\alpha H_\beta F_{\alpha\varkappa}\overline{M}_{\alpha,\beta\varkappa}),$$

oder, wenn man diese Gleichung mit R multiplicirt und $RF_{\beta\varkappa}$ durch $H_\beta H_\varkappa G_{\beta\varkappa}$, $RF_{\alpha\varkappa}$ durch $H_\alpha H_\varkappa G_{\alpha\varkappa}$ ersetzt:

$$RH'_\varkappa \Omega_{\varkappa,\alpha\beta} = (-1)^{\alpha|\beta} pH_\alpha H_\beta H_\varkappa (g_\beta G_{\beta\varkappa} \overline{M}_{\beta,\alpha\varkappa} - g_\alpha G_{\alpha\varkappa} \overline{M}_{\alpha,\beta\varkappa}).$$

Dies ist aber zufolge (40) gleich

$$pH_\alpha H_\beta H_\varkappa H'_\varkappa \Omega_\varkappa.$$

Da nun $\Omega_\varkappa = 0$ ist, so muss auch $\Omega_{\varkappa,\alpha\beta} = 0$ sein. Die Function vierter Ordnung $\Omega_{\varkappa,\alpha\beta}$ hat im Ganzen $4 \cdot 6 = 24$ Nullpunkte, und zwar verschwindet sie an fünf Doppelpunkten von der ersten, an den beiden übrigen von der zweiten Ordnung. Danach bleiben noch sechs Nullpunkte übrig; von diesen sind drei bekannt, nämlich $\varkappa_1$, $\varkappa_2$, $\varkappa_3$; ausserdem müssen noch drei existiren.

Bilden wir jetzt den Quotienten der beiden Grössen

$$\omega_{\alpha\beta\varkappa} = \frac{\sigma_\alpha \sigma_\beta \sigma_\varkappa \sigma_{\alpha\beta\varkappa}}{\sigma_0},$$
$$\varphi_{\alpha\beta} = \sigma_\alpha \sigma_\beta \sigma_{\alpha\beta},$$

so erhalten wir:

$$\frac{\sigma_\varkappa \sigma_{\alpha\beta\varkappa}}{\sigma_{\alpha\beta}\sigma_0} = \frac{\Omega_{\varkappa,\alpha\beta}}{\Omega_\varkappa F_{\alpha\beta} F'_{\alpha\beta}}.$$

Dies ist der Quotient zweier homogenen Functionen vierter Ordnung von x, y, z, also eine rationale Function der Verhältnisse dieser Grössen. Der Nenner verschwindet hier in den Punkten α, β, γ, λ, μ, ν, und zwar in den Punkten α, β von der zweiten Ordnung; ferner in dem Punktepaare $(\alpha\beta)$ und den sechs Punkten $\varkappa_1$, $\varkappa_2$, $\varkappa_3$; I, II, III. Der Zähler dagegen verschwindet in den Doppelpunkten α, β, γ, λ, μ, ν, $\varkappa$, und zwar ebenfalls in den Punkten α, β von der zweiten Ordnung; ausserdem in den drei Punkten $\varkappa_1$, $\varkappa_2$, $\varkappa_3$ und in drei ferneren Punkten. Der Quotient wird daher nur in fünf Punkten unendlich, und zwar nur von der ersten Ordnung; nämlich in den Punkten I, II, III und dem Punktepaare $\alpha\beta$; und er verschwindet in dem Doppelpunkte $\varkappa$ und drei andern Punkten.

Nun hat der Quotient $\dfrac{\sigma_\varkappa}{\sigma_{\alpha\beta}}$ für sich die Eigenschaft, dass er nur unendlich wird in dem Punktepaare $(\alpha\beta)$ und nur verschwindet in dem Doppelpunkte $\varkappa$; wenn wir also die Formel durch diesen Quotienten dividiren, so erkennen wir, dass der Quotient $\dfrac{\sigma_{\varkappa\alpha\beta}}{\sigma_0}$ folgende Eigenschaften hat:

Erstens. Er ist eine irrationale Function der Verhältnisse von x, y, z, die sich aber an jeder Stelle verhält wie eine rationale, und nur an drei Stellen, nämlich den Punkten I, II, III, von der ersten Ordnung unendlich wird, und an eben so vielen verschwindet.

Zweitens. Das Product dieses Quotienten mit

$$\frac{\sigma_{\varkappa}}{\sigma_{\alpha\beta}} = \frac{\sqrt{H_{\varkappa}}}{\sqrt{H_{\alpha\beta}}} \frac{\sqrt{H'_{\varkappa}}}{\sqrt{H'_{\alpha\beta}}}$$

ist eine rationale Function.

Durch diese beiden Bedingungen ist der Quotient $\frac{\sigma_{\varkappa\alpha\beta}}{\sigma_0}$ bis auf einen von (x, y, z) unabhängigen Factor, oder, wenn wir hinzunehmen, dass der Ausdruck in Bezug auf beide Werthsysteme symmetrisch gebildet sein muss, bis auf einen constanten Factor bestimmt. Wir wollen, um die Art der Irrationalität der σ-Quotienten kurz bezeichnen zu können, einen besonderen Begriff einführen. Es sei m irgend ein von 0 verschiedener Index, und $m = ab$ irgend eine der sechs Zerlegungen desselben in zwei ungrade Indices. Wir nennen dann den Quotienten $\frac{\sqrt{H_a}}{\sqrt{H_b}}$ einen zum Index m gehörigen irrationalen Factor, und bezeichnen einen solchen allgemein durch η_m. Ferner sagen wir: eine Function der Verhältnisse von x, y, z sei mit dem irrationalen Factor η_m behaftet, wenn sie sich darstellen lässt als das Product von η_m in eine rationale Function. Bei dieser Fassung des Begriffs der behafteten Functionen ist es offenbar gleichgültig, welchen von den verschiedenen Quotienten $\frac{\sqrt{H_a}}{\sqrt{H_b}}$, bei denen $ab = m$ ist, man für η_m nimmt, da nach § 9 das Product und der Quotient zweier verschiedener dieser Grössen eine rationale Function ist. Ferner gilt für diese Functionen offenbar der Satz:

Das Product zweier Functionen, von denen die eine mit dem Factor η_m, die andere mit dem Factor η_n behaftet ist, ist eine mit dem Factor η_{mn} behaftete Function. Hierbei ist unter dem Factor η_0 1 zu verstehen, also unter einer mit dem Factor η_0 behafteten eine rationale Function.

Wir können jetzt sagen: Der Quotient $\frac{\sigma_{\varkappa\lambda\mu}}{\sigma_0}$ ist eine mit dem Factor $\eta_{\varkappa\lambda\mu}$ behaftete Function von x, y, z, die nur an den Stellen I, II, III, und zwar von der ersten Ordnung verschwindet. Diese drei Stellen sind definirt als die gemeinsamen Nullpunkte der sieben Functionen $\Omega_{\varkappa}$.

§ 15.

Es bleibt jetzt noch der Quotient einer graden und einer ungraden σ-Function zu bestimmen, und zwar genügt es nach dem Vorhergegangenen, einen einzigen dieser Quotienten, z. B. $\frac{\sigma_1}{\sigma_0}$, zu kennen. Wir wissen, dass eine lineare Gleichung besteht zwischen den Producten:

$$\sigma_{\alpha\lambda}\sigma_{\alpha\mu}, \quad \sigma_{\beta\lambda}\sigma_{\beta\mu}, \quad \sigma_{\gamma\lambda}\sigma_{\gamma\mu}, \quad \sigma_{\varkappa\lambda}\sigma_{\varkappa\mu}.$$

Vermehrt man in dieser Gleichung die Argumente um dasjenige halbe Periodensystem, welches zu dem Index $\varkappa$ gehört, so erhält man eine lineare Gleichung zwischen

$$\sigma_{\alpha\varkappa\lambda}\sigma_{\alpha\varkappa\mu}, \quad \sigma_{\beta\varkappa\lambda}\sigma_{\beta\varkappa\mu}, \quad \sigma_{\gamma\varkappa\lambda}\sigma_{\gamma\varkappa\mu} \text{ und } \sigma_\lambda\sigma_\mu.$$

Dividirt man diese durch σ_0^2, so ist $\frac{\sigma_{\alpha\varkappa\lambda}}{\sigma_0}$ eine mit dem Factor $\eta_{\alpha\varkappa\lambda}$, $\frac{\sigma_{\alpha\varkappa\mu}}{\sigma_0}$ eine mit dem Factor $\eta_{\alpha\varkappa\mu}$ behaftete Function; beide werden nur unendlich an den Stellen I, II, III, und zwar von der ersten Ordnung. Das Product beider ist also eine mit dem Factor $\eta_{\lambda\mu}$ behaftete Function, welche nur an diesen drei Stellen, und zwar von der zweiten Ordnung unendlich wird. Dasselbe gilt von den beiden folgenden Gliedern. Nun wird durch die aufgestellte Gleichung $\frac{\sigma_\lambda\sigma_\mu}{\sigma_0^2}$ dargestellt durch ein lineares Aggregat dieser drei Grössen; also erhalten wir $\frac{\sigma_\lambda\sigma_\mu}{\sigma_0^2}$ dargestellt durch eine mit dem Factor $\eta_{\lambda\mu}$ behaftete Function $Q_{\lambda\mu}$, die nur an den Stellen I, II, III, und zwar von der zweiten Ordnung unendlich wird.

Da die Function $Q_{\lambda\mu}$ mit dem Factor $\eta_{\lambda\mu}$ behaftet ist, so muss das Product

$$\frac{\sigma_\lambda}{\sigma_\mu}Q_{\lambda\mu} = \frac{\sqrt{H_\lambda}}{\sqrt{H_\mu}}\frac{\sqrt{H'_\lambda}}{\sqrt{H'_\mu}}Q_{\lambda\mu}$$

eine rationale Function sein. Diese könnte, ausser an den Stellen I, II, III, nur im Doppelpunkte μ unendlich werden. Da aber $Q_{\lambda\mu} = \frac{\sigma_\lambda\sigma_\mu}{\sigma_0^2}$, $\frac{\sigma_\lambda}{\sigma_\mu}Q_{\lambda\mu}$ also gleich $\frac{\sigma_\lambda^2}{\sigma_0^2}$ und mithin von dem Index μ unabhängig ist, so kann dieser Ausdruck im Punkte μ nicht unendlich werden. Daraus folgt, dass in diesem Doppelpunkte die Function $Q_{\lambda\mu}$ verschwinden muss. Ebenso folgt, dass im Doppelpunkte λ der Werth von $Q_{\lambda\mu}$ gleich Null ist. – Da nun die Function $\frac{\sigma_\lambda\sigma_\mu}{\sigma_0^2} = Q_{\lambda\mu}$ eine mit dem Factor $\eta_{\lambda\mu}$ behaftete Function ist, welche in den Doppelpunkten λ, μ verschwindet und nur an den Stellen I, II, III unendlich wird, so muss das Product $\frac{\sigma_\lambda}{\sigma_\mu}Q_{\lambda\mu} = \frac{\sigma_\lambda^2}{\sigma_0^2}$ eine rationale Function sein, die an den Stellen I, II, III von der zweiten Ordnung unendlich wird, und im Doppelpunkte λ von der zweiten Ordnung verschwindet. Hierdurch ist dieser Quotient bis auf einen von x, y, z unabhängigen Factor bestimmt; denn wenn zwei Ausdrücke existirten, welche diese Eigenschaften besitzen, so wäre ihr Quotient eine rationale Function von nicht höherem als dem zweiten Grade, und man weiss, dass eine solche Function nicht existiren kann.

Es ist nun leicht, eine Function zu bilden, welche diese Eigenschaften wirklich besitzt. Bilden wir nämlich zunächst den Quotienten

$$\frac{F_\lambda G_{\alpha\lambda}}{\Omega_\lambda},$$

welcher im Zähler und Nenner von der dritten Dimension ist, so werden Zähler und Nenner gleichzeitig Null an den fünf von α und λ verschiedenen Doppelpunkten, und an den Punkten λ_1, λ_2, λ_3, in welchen F_λ und Ω_λ verschwinden. Der Quotient ist daher eine rationale Function fünften Grades, welche unendlich wird an den Stellen I, II, III und dem Doppelpunkte α, und welche verschwindet im Punkte x', y', z' und im Doppelpunkte λ (wo $F_\lambda = 0$ ist), und ausserdem in dem Punktepaare $\alpha\lambda$ (wo $G_{\alpha\lambda} = 0$ ist). Multipliciren wir diese Function jetzt mit dem irrationalen Factor $\eta_\lambda = \dfrac{\sqrt{H_\alpha}}{\sqrt{H_{\alpha\lambda}}}$, so fallen von den Nullpunkten des Nenners der Doppelpunkt α, von denen des Zählers das Punktepaar $\alpha\lambda$ fort, und wir erhalten eine mit dem Factor η_λ behaftete Function

$$\frac{F_\lambda G_{\alpha\lambda}\sqrt{H_\alpha}}{\Omega_\lambda\sqrt{H_{\alpha\lambda}}},$$

welche nur in den Punkten I, II, III, und zwar von der ersten Ordnung, unendlich wird, und welche verschwindet in dem Doppelpunkte λ und dem Punkte x', y', z'. Das Quadrat dieser Function muss nun bis auf einen von x, y, z unabhängigen Factor mit $\dfrac{\sigma_\lambda^2}{\sigma_0^2}$, sie selbst also mit $\dfrac{\sigma_\lambda}{\sigma_0}$ übereinstimmen. Wir erhalten demnach

$$\frac{\sigma_\lambda}{\sigma_0} = c\frac{F_\lambda G_{\alpha\lambda}\sqrt{H_\alpha}}{\Omega_\lambda\sqrt{H_{\alpha\lambda}}},$$

wo c einen von xyz unabhängigen Factor bedeutet. Offenbar muss der Ausdruck von $\dfrac{\sigma_\lambda}{\sigma_0}$ in Bezug auf (x', y', z') in derselben Weise gebildet sein; wir können deshalb setzen:

$$\frac{\sigma_\lambda}{\sigma_0} = \frac{1}{k}\frac{F_\lambda}{\Omega_\lambda}\frac{G_{\alpha\lambda}G'_{\alpha\lambda}\sqrt{H_\alpha}\sqrt{H'_\alpha}}{\sqrt{H_{\alpha\lambda}}\sqrt{H'_{\alpha\lambda}}},$$

wo jetzt k eine von x, y, z und x', y', z' unabhängige Constante bedeutet. Nun ist

$$G_{\alpha\lambda}G'_{\alpha\lambda} = \chi_{\alpha\lambda}, \quad \frac{\sqrt{H_\alpha}\sqrt{H'_\alpha}}{\sqrt{H_{\alpha\lambda}}\sqrt{H'_{\alpha\lambda}}} = \frac{\sigma_\alpha}{\sigma_{\alpha\lambda}};$$

mithin:

$$\frac{\sigma_\lambda}{\sigma_0} = \frac{1}{k}\frac{F_\lambda}{\Omega_\lambda}\frac{\chi_{\alpha\lambda}\sigma_\alpha}{\sigma_{\alpha\lambda}}.$$

Ferner ist

$$\chi_{\alpha\lambda} = \frac{\widetilde{\omega}\sigma_{\alpha\lambda}}{\sigma_\alpha\sigma_\lambda}, \qquad \text{daher } \frac{\chi_{\alpha\lambda}\sigma_\alpha}{\sigma_{\alpha\lambda}} = \frac{\widetilde{\omega}}{\sigma_\lambda};$$

daher:

$$\frac{\sigma_\lambda}{\sigma_0} = \frac{1}{k} \frac{F_\lambda}{\Omega_\lambda} \frac{\widetilde{\omega}}{\sigma_\lambda},$$

oder:

$$\sigma_0 = \frac{k\sigma_\lambda^2}{\widetilde{\omega}} \frac{\Omega_\lambda}{F_\lambda}.$$

Es ist aber:

$$\widetilde{\omega}\sigma_\lambda^2 = H_\lambda H'_\lambda, \quad H_\lambda H'_\lambda \Omega_\lambda = JF_\lambda;$$

folglich:

$$\sigma_0 = \frac{kJ}{\widetilde{\omega}^2}. \tag{45}$$

Aus dieser Formel geht hervor, dass die Constante k auch von den Indices unabhängig ist.

Wir wollen der Gleichung, welche $\frac{\sigma_\lambda}{\sigma_0}$ bestimmt, noch eine andere Form geben. Aus (25) geht nämlich hervor, dass

$$\frac{G_{\alpha\lambda}\sqrt{H_\alpha}}{\sqrt{H_{\alpha\lambda}}} = \frac{\sqrt{R}}{\sqrt{H_\lambda}}, \quad \frac{G'_{\alpha\lambda}\sqrt{H'_\alpha}}{\sqrt{H'_{\alpha\lambda}}} = \frac{\sqrt{R'}}{\sqrt{H'_\lambda}}$$

ist. Mithin erhalten wir:

$$\frac{\sigma_\lambda}{\sigma_0} = \frac{1}{k} \frac{F_\lambda}{\Omega_\lambda} \frac{\sqrt{R}\sqrt{R'}}{\sqrt{H_\lambda}\sqrt{H'_\lambda}}. \tag{46}$$

§ 16.

Wir haben im Vorhergehenden gesehen, dass die blosse Kenntniss von der Existenz einer bestimmten Art von σ-Gleichungen genügt, um den Quotienten einer graden und einer ungraden σ-Function bis auf einen constanten Factor k zu bestimmen. Soll aber der Werth dieses Factors angegeben werden, so muss diese, oder eine äquivalente Gleichung, wirklich aufgestellt, und mit ihr die nothwendigen Reductionen vorgenommen werden. Es ist von vornherein einzusehen, dass auf diese Weise nicht k selbst, sondern nur das Quadrat dieser Grösse bestimmt werden kann, so dass das Vorzeichen von k unbestimmt bleibt. Diese Unbestimmtheit liegt in der Natur der Sache; denn da F_λ eine alternirende, Ω_λ dagegen eine symmetrische Function der beiden Werthsysteme (x, y, z) und (x', y', z') ist, so zeigt die Formel (46), dass auch $\frac{\sigma_\lambda}{\sigma_0}$ eine alternirende Function dieser beiden Werthsysteme (und der zu ihnen gehörigen Wurzelgrössen) ist. Deshalb wird, je nachdem wir das eine oder das andere Werthsystem bevorzugen, auch das Vorzeichen von k den einen oder den anderen

Werth erhalten. Wir wollen die zur Bestimmung von k^2 nothwendige Rechnung nur in ihren Grundzügen angeben, da diese Untersuchung für das weiterhin Folgende ohne Einfluss ist.

Wir erhalten aus der Fundamental-Gleichung (1), dadurch, dass wir $k = \varkappa\delta$, $l = \lambda\mu\delta$, $m = \mu\delta$ setzen, folgende Theta-Relation:

$$\underset{\alpha,\beta,\gamma}{S}\left\{(-1)^{\beta\gamma|\alpha\delta} c_{\beta\gamma\mu} c_{\alpha\delta\mu}\, \Theta_{\beta\gamma\varkappa} \Theta_{\alpha\delta\varkappa}\right\} = (-1)^{\mu|\varkappa} c_0 c_{\varkappa\lambda\mu}\, \Theta_{\varkappa\mu}\, \Theta_{\lambda}.$$

Daraus folgt, wenn wir die Grössen σ einführen und die Coefficienten umformen:

$$\underset{\alpha,\beta,\gamma}{S}\left\{(-1)^{\beta\gamma|\alpha\delta} f_{\beta\gamma\lambda} f_{\alpha\delta\lambda}\, \sigma_{\beta\gamma\varkappa} \sigma_{\alpha\delta\varkappa}\right\} = (-1)^{\mu|\varkappa} k_0^2 g_\varkappa g_\mu \sigma_\lambda \sigma_{\varkappa\mu},$$

wo der Kürze wegen:

$$\text{(A)} \qquad k_0 \text{ für } \frac{lr^2}{c_0}\frac{g}{f}$$

gesetzt ist. Hieraus folgt:

$$\underset{\alpha,\beta,\gamma}{S}\left\{(-1)^{\beta\gamma|\alpha\delta} f_{\beta\gamma\lambda} f_{\alpha\delta\lambda}\, \omega_{\beta\gamma\varkappa} \omega_{\alpha\delta\varkappa}\right\} = (-1)^{\mu|\varkappa} k_0^2 g_\varkappa g_\mu \frac{\sigma_\varkappa^2}{\sigma_0^2} \chi_{\varkappa\mu}.$$

Wenn wir diese Formel mit $\Omega_\varkappa^2$ multipliciren, so erhalten wir:

$$\text{(B)} \qquad \begin{aligned} &\underset{\alpha,\beta,\gamma}{S}\left\{(-1)^{\beta\gamma|\alpha\delta} f_{\beta\gamma\lambda} f_{\alpha\delta\lambda}\, \Omega_{\varkappa,\beta\gamma} \Omega_{\varkappa,\alpha\delta}\right\} \\ &\qquad = (-1)^{\mu|\varkappa} \frac{k_0^2}{k^2} g_\varkappa g_\mu \frac{RR' F_\varkappa^2}{H_\varkappa H_\varkappa'} \chi_{\varkappa\mu}. \end{aligned}$$

Wir haben nun in dem Ausdruck auf der linken Seite, den wir mit Q bezeichnen wollen, für die Grössen Ω ihre Werthe nach Formel (44):

$$\begin{aligned} H_\varkappa{}' \Omega_{\varkappa,\beta\gamma} &= (-1)^{\gamma|\beta} (g_\beta H_\gamma F'_{\beta\varkappa} \overline{M}_{\beta,\gamma\varkappa}) - g_\gamma H_\beta F'_{\gamma\varkappa} \overline{M}_{\gamma,\beta\varkappa}, \\ H_\varkappa{}' \Omega_{\varkappa,\alpha\delta} &= (-1)^{\delta|\alpha} (g_\alpha H_\delta F'_{\alpha\varkappa} \overline{M}_{\alpha,\delta\varkappa}) - g_\delta H_\alpha F'_{\delta\varkappa} \overline{M}_{\delta,\alpha\varkappa} \end{aligned}$$

einzusetzen. Da die Grössen $\overline{M}$ lineare Functionen von x, y, z sind, so nimmt hierdurch die Summe folgende Form an:

$$\begin{aligned} Q = Q_{\alpha\beta} H_\alpha H_\beta + Q_{\alpha\gamma} H_\alpha H_\gamma + Q_{\alpha\delta} H_\alpha H_\delta + Q_{\beta\gamma} H_\beta H_\gamma \\ + Q_{\beta\delta} H_\beta H_\delta + Q_{\gamma\delta} H_\gamma H_\delta, \end{aligned}$$

oder kürzer:

(C) $$Q = \underset{\alpha,\beta,\gamma,\delta}{S}\{Q_{\alpha\beta}H_\alpha H_\beta\},$$

wo die Coefficienten $Q_{\alpha\beta}$ quadratische Functionen von x, y, z sind, die zunächst durch folgende Gleichung definirt werden:

$$\begin{aligned}(H_\varkappa{}')^2 Q_{\alpha\beta} = (-1)^{\beta\gamma|\alpha\delta+\gamma|\beta+\delta|\alpha} g_\gamma g_\delta f_{\beta\gamma\lambda} f_{\alpha\delta\lambda} F'_{\gamma\varkappa} F'_{\delta\varkappa} \overline{M}_{\gamma,\beta\varkappa} \overline{M}_{\delta,\alpha\varkappa} \\ + (-1)^{\alpha\gamma|\beta\delta+\gamma|\alpha+\delta|\beta} g_\gamma g_\delta f_{\alpha\gamma\lambda} f_{\beta\delta\lambda} F'_{\gamma\varkappa} F'_{\delta\varkappa} \overline{M}_{\gamma,\alpha\varkappa} \overline{M}_{\delta,\beta\varkappa}.\end{aligned}$$

Die lineare Function $\overline{M}_{\gamma,\beta\varkappa}$ ist nach § 13 durch folgende Formel definirt:

$$\overline{M}_{\gamma,\beta\varkappa} = \underset{\alpha,\delta}{S}\left\{(-1)^{\delta|\alpha} g_\delta f_{\delta\gamma\lambda} f_{\delta\gamma\mu} F'_{\delta\beta} G'_{\delta\varkappa} H_\varkappa{}' F_{\alpha\gamma}\right\}.$$

Wir führen nun zur Abkürzung, indem wir die Indices $\varkappa$, λ, μ als fest, α, β, γ, δ dagegen als unter einander vertauschbar annehmen, folgende Bezeichnungen ein:

$$\frac{g_\beta g_\delta \Gamma_{\alpha\gamma}}{f_{\alpha\gamma\lambda} f_{\alpha\gamma\mu}} F'_{\beta\delta} G'_{\beta\varkappa} G'_{\delta\varkappa} = p_{\alpha\gamma},$$

$$f_{\alpha\beta\lambda} f_{\alpha\gamma\lambda} f_{\alpha\delta\lambda} f_{\beta\gamma\lambda} f_{\beta\delta\lambda} f_{\gamma\delta\lambda} - c.$$

Alsdann ist:

$$\overline{M}_{\gamma,\beta\varkappa} = (-1)^{\delta|\alpha} \frac{f_{\alpha\gamma\lambda} f_{\alpha\gamma\mu} f_{\delta\gamma\lambda} f_{\delta\gamma\mu} H'_\varkappa}{g_\beta G'_{\beta\varkappa}} (p_{\alpha\gamma} - p_{\delta\gamma});$$

daher:

$$\begin{aligned}Q_{\alpha\beta} = \frac{c g_\gamma g_\delta f_{\gamma\delta\lambda} f^2_{\gamma\delta\mu} F'_{\gamma\varkappa} F'_{\delta\varkappa}}{f_{\alpha\beta\lambda} g_\alpha g_\beta G'_{\alpha\varkappa} G'_{\beta\varkappa}} \Big\{ (-1)^{\beta\gamma|\alpha\delta} f_{\gamma\alpha\mu} f_{\beta\delta\mu} (p_{\gamma\alpha} - p_{\gamma\delta})(p_{\beta\delta} - p_{\gamma\delta}) \\ + (-1)^{\gamma\alpha|\beta\delta} f_{\beta\gamma\mu} f_{\alpha\delta\mu} (p_{\beta\gamma} - p_{\gamma\delta})(p_{\alpha\delta} - p_{\gamma\delta}) \Big\}.\end{aligned}$$

Der Ausdruck in der Klammer lässt sich mit Hülfe der Parametergleichung

$$\underset{\alpha,\beta,\gamma}{S}\left\{(-1)^{\beta\gamma|\alpha\delta} f_{\beta\gamma\mu} f_{\alpha\delta\mu}\right\} = 0$$

umformen in folgenden:

$$\begin{aligned}(-1)^{\alpha\beta|\gamma\delta} \Big[- \underset{\alpha,\beta,\gamma}{S}\left\{(-1)^{\beta\gamma|\alpha\delta} f_{\beta\gamma\mu} f_{\alpha\delta\mu} p_{\beta\gamma} p_{\alpha\delta}\right\} \\ + p_{\gamma\delta} \underset{\alpha,\beta,\gamma}{S}\left\{(-1)^{\beta\gamma|\alpha\delta} f_{\beta\gamma\mu} f_{\alpha\delta\mu} (p_{\beta\gamma} + p_{\alpha\delta})\right\} \Big].\end{aligned}$$

Nun ist, wenn wir für die Grössen p ihre Werthe wieder einführen,

$$
\begin{aligned}
& c \mathop{S}_{\alpha,\beta,\gamma} \left\{ (-1)^{\beta\gamma|\alpha\delta} f_{\beta\gamma\mu} f_{\alpha\delta\mu} p_{\beta\gamma} p_{\alpha\delta} \right\} \\
= {} & g_\alpha g_\beta g_\gamma g_\delta G'_{\alpha\varkappa} G'_{\beta\varkappa} G'_{\gamma\varkappa} G'_{\delta\varkappa} \mathop{S}_{\alpha,\beta,\gamma} \left\{ (-1)^{\beta\gamma|\alpha\delta} f_{\gamma\alpha\lambda} f_{\beta\delta\lambda} f_{\alpha\beta\lambda} f_{\gamma\delta\lambda} F_{\beta\gamma} F_{\alpha\delta} F'_{\beta\gamma} F'_{\alpha\delta} \right\}.
\end{aligned}
$$

Dies ist aber, der Formel (7, B) des § 4 zufolge:

$$
= g_\alpha g_\beta g_\gamma g_\delta G'_{\alpha\varkappa} G'_{\beta\varkappa} G'_{\gamma\varkappa} G'_{\delta\varkappa} g_\varkappa^2 g_\mu^2 \chi_{\varkappa\mu}.
$$

Ferner ist:

$$
\begin{aligned}
& c \mathop{S}_{\alpha,\beta,\gamma} \left\{ (-1)^{\beta\gamma|\alpha\delta} f_{\beta\gamma\mu} f_{\alpha\delta\mu} (p_{\beta\gamma} + p_{\alpha\delta}) \right\} \\
= {} & c \mathop{S}_{\alpha,\beta,\gamma,\delta} \left\{ (-1)^{\beta\gamma|\alpha\delta} f_{\beta\gamma\mu} f_{\alpha\delta\mu} p_{\beta\gamma} \right\} \\
= {} & c \mathop{S}_{\alpha,\beta,\gamma,\delta} \left\{ (-1)^{\beta\gamma|\alpha\delta} \frac{F_{\beta\gamma}}{f_{\beta\gamma\lambda}} g_\alpha g_\delta G'_{\alpha\varkappa} G'_{\delta\varkappa} f_{\alpha\delta\mu} F'_{\alpha\delta} \right\}.
\end{aligned}
$$

Diese lineare Function von x, y, z, welche in Bezug auf die Indices α, β, γ, δ symmetrisch ist, bezeichnen wir durch $F(x, y, z)$. Endlich ist, da wir

$$
F_{\gamma\delta} \text{ durch } \frac{H_\gamma H_\delta G_{\gamma\delta}}{R}
$$

ersetzen können:

$$
p_{\gamma\delta} = \frac{g_\alpha g_\beta H_\gamma H_\delta G_{\gamma\delta}}{f_{\gamma\delta\lambda} f_{\gamma\delta\mu} R} F'_{\alpha\beta} G'_{\alpha\varkappa} G'_{\beta\varkappa}.
$$

Dadurch erhalten wir $Q_{\alpha\beta}$ in folgender Form dargestellt:

$$
\begin{aligned}
Q_{\alpha\beta} = {} & -(-1)^{\alpha\beta|\gamma\delta} \frac{g_\gamma^2 g_\delta^2 f_{\gamma\delta\lambda} f_{\gamma\delta\mu}^2}{f_{\alpha\beta\lambda}} H'_{\gamma\varkappa} H'_{\delta\varkappa} g_\varkappa^2 g_\mu^2 \chi_{\varkappa\mu} \\
& + (-1)^{\alpha\beta|\gamma\delta} g_\gamma g_\delta \frac{f_{\gamma\delta\mu}}{f_{\alpha\beta\lambda}} F'_{\alpha\beta} F'_{\gamma\varkappa} F'_{\delta\varkappa} G_{\gamma\delta} \frac{H_\gamma H_\delta}{R} F(x, y, z).
\end{aligned}
$$

Bilden wir jetzt die Summe $Q = \Sigma(Q_{\alpha\beta} H_\alpha H_\beta)$, so ergiebt sich:

$$
Q = -g_\varkappa^2 g_\mu^2 \chi_{\varkappa\mu} H(x, y, z) + \frac{H_\alpha H_\beta H_\gamma H_\delta}{R} F(x, y, z) G(x, y, z),
$$

wo:

$$F(x,y,z) = c \underset{\alpha,\beta,\gamma,\delta}{S} \left\{ (-1)^{\beta\gamma|\alpha\delta} \frac{F_{\beta\gamma}}{f_{\beta\gamma\lambda}} g_\alpha g_\delta G'_{\alpha\varkappa} G'_{\delta\varkappa} f_{\alpha\delta\mu} F'_{\alpha\delta} \right\},$$

$$G(x,y,z) = \underset{\alpha,\beta,\gamma,\delta}{S} \left\{ (-1)^{\alpha\beta|\gamma\delta} g_\gamma g_\delta F'_{\gamma\varkappa} F'_{\delta\varkappa} f_{\gamma\delta\mu} G_{\gamma\delta} \frac{F'_{\alpha\beta}}{f_{\alpha\beta\lambda}} \right\},$$

$$H(x,y,z) = \underset{\alpha,\beta,\gamma,\delta}{S} \left\{ (-1)^{\alpha\beta|\gamma\delta} \frac{g_\gamma^2 g_\delta^2 f_{\gamma\delta\lambda} f_{\gamma\delta\mu}^2 H'_{\gamma\varkappa} H'_{\delta\varkappa} H_\alpha H_\beta}{f_{\alpha\beta\lambda}} \right\}$$

ist. Alle drei Ausdrücke sind sechsgliedrige Summen, und zwar aus einem Gliede symmetrisch gebildet durch Vertauschung der Indices α, β, γ, δ. Die beiden ersten lassen sich auf bekannte Functionen zurückführen, nämlich

$$F(x,y,z) \text{ auf } \frac{g_\varkappa g_\mu G'_{\varkappa\mu}}{H'_\varkappa} \overline{M}_{\lambda,\varkappa\mu},$$

$$G(x,y,z) \text{ auf } \frac{g_\varkappa g_\mu F_{\varkappa\mu}}{cH'_\mu} \overline{M}_{\lambda,\varkappa\mu}.$$

Die Richtigkeit dieser Umformungen wird am einfachsten dadurch erkannt, dass man die Identität für eine genügende Anzahl specieller Werthsysteme nachweist. – Dies angenommen, wird der Ausdruck von Q folgender:

$$Q = -g_\varkappa^2 g_\mu^2 \chi_{\varkappa\mu} H(x,y,z) + \frac{g_\varkappa^2 g_\mu^2 F_{\varkappa\mu} G'_{\varkappa\mu}}{cH'_\varkappa H'_\mu} \frac{H_\alpha H_\beta H_\gamma H_\delta}{R} (\overline{M}_{\lambda,\varkappa\mu})^2.$$

Nun können wir

$$F_{\varkappa\mu} \text{ durch } \frac{H_\varkappa H_\mu G_{\varkappa\mu}}{R},$$

$$\frac{H_\varkappa H_\mu H_\alpha H_\beta H_\gamma H_\delta}{R^2} \text{ durch } \frac{R}{H_\lambda},$$

$$G_{\varkappa\mu} G'_{\varkappa\mu} \text{ durch } \chi_{\varkappa\mu}$$

ersetzen. Dann ergiebt sich:

$$Q = g_\varkappa^2 g_\mu^2 \chi_{\varkappa\mu} \left(-H(x,y,z) + \frac{R(\overline{M}_{\lambda,\varkappa\mu})^2}{cH_\lambda H'_\varkappa H'_\mu} \right).$$

Es ist jetzt das Quadrat der linearen Function

$$\overline{M}_{\lambda,\varkappa\mu} = \underset{\alpha,\beta}{S} \left\{ (-1)^{\beta|\alpha} g_\beta f_{\beta\gamma\lambda} f_{\beta\delta\lambda} F'_{\beta\mu} G'_{\beta\varkappa} H'_\varkappa F_{\alpha\lambda} \right\}$$

zu bilden. Haben wir irgend eine im Punkte λ verschwindende lineare Function von x, y, z, welche auf die Form $aF_{\alpha\lambda}+bF_{\beta\lambda}$ gebracht ist, so lässt sich ihr Quadrat in der Form $AF_{\alpha\lambda}^2+BF_{\beta\lambda}^2+CF_{\gamma\lambda}^2$ darstellen. Da

$$\underset{\alpha,\beta,\gamma}{S}\left\{(-1)^{\beta\gamma|\alpha}f_{\beta\gamma\lambda}F_{\alpha\lambda}\right\}=0$$

ist, so ist

$$f_{\alpha\beta\lambda}^2F_{\gamma\lambda}^2=f_{\beta\gamma\lambda}^2F_{\alpha\lambda}^2+f_{\gamma\alpha\lambda}^2F_{\beta\lambda}^2-2(-1)^{\alpha\beta|\gamma}f_{\beta\gamma\lambda}f_{\gamma\alpha\lambda}F_{\alpha\lambda}F_{\beta\lambda};$$

daher muss

$$2ab=-2(-1)^{\alpha\beta|\gamma}\frac{f_{\alpha\gamma\lambda}f_{\beta\gamma\lambda}}{f_{\alpha\beta\lambda}^2}C$$

sein. Demgemäss muss, wenn wir den Ausdruck $(\overline{M}_{\lambda,\varkappa\mu})^2$ auf die Form $AF_{\alpha\lambda}^2+BF_{\beta\lambda}^2+CF_{\gamma\lambda}^2$ bringen, der Coefficient von $F_{\gamma\lambda}^2$

$$C=(-1)^{\alpha\beta|\gamma}g_\alpha g_\beta f_{\alpha\beta\lambda}^2f_{\alpha\delta\lambda}f_{\beta\delta\lambda}F'_{\alpha\mu}F'_{\beta\mu}G'_{\alpha\varkappa}G'_{\beta\varkappa}(H'_\varkappa)^2$$

sein. Demnach erhalten wir

$$\frac{1}{c}(\overline{M}_{\lambda,\varkappa\mu})^2=\underset{\alpha,\beta,\gamma}{S}\left\{(-1)^{\alpha\beta|\gamma}\frac{g_\alpha g_\beta f_{\alpha\beta\lambda}F'_{\alpha\mu}F'_{\beta\mu}G'_{\alpha\varkappa}G'_{\beta\varkappa}(H'_\varkappa)^2(F_{\gamma\lambda})^2}{f_{\gamma\alpha\lambda}f_{\gamma\beta\lambda}f_{\gamma\delta\lambda}}\right\}.$$

Nun ist $F_{\gamma\lambda}^2=\dfrac{H_\gamma H_\lambda H_{\gamma\lambda}}{R}$. Setzen wir dies ein, so erhalten wir den Quotienten

$$\frac{R(\overline{M}_{\lambda,\varkappa\mu})^2}{cH_\lambda H'_\varkappa H'_\mu}=H'(x,y,z)$$

dargestellt in der Form einer Function zweiter Ordnung der Grössen H, $\overline{H}$, $\overline{\overline{H}}$:

$$H'(x,y,z)=\underset{\alpha,\beta,\gamma}{S}\left\{(-1)^{\alpha\beta|\gamma}\frac{g_\alpha g_\beta f_{\alpha\beta\lambda}F'_{\alpha\mu}F'_{\beta\mu}G'_{\alpha\varkappa}G'_{\beta\varkappa}H'_\varkappa}{f_{\gamma\alpha\lambda}f_{\gamma\beta\lambda}f_{\gamma\delta\lambda}H'_\mu}H_\gamma H_{\gamma\lambda}\right\}.$$

Um die Form dieser Function mit der von $H(x,y,z)$ in Uebereinstimmung zu bringen, drücken wir $H_{\gamma\lambda}$ als lineare Function von H_δ, H_α, H_β, $H_{\alpha\lambda}$ als Function von H_δ, H_β, H_γ, $H_{\beta\lambda}$ durch H_δ, H_γ, H_α aus. Dann nimmt $H'(x,y,z)$ diese Form an:

$$H'(x,y,z)=\underset{\alpha,\beta,\gamma,\delta}{S}(h_{\alpha\beta}H_\alpha H_\beta),$$

wo der sechsgliedrige Summen-Ausdruck auf der rechten Seite nothwendig in Bezug auf die Indices α, β, γ, δ symmetrisch gebildet sein muss. Nun kann das Glied $h_{\gamma\delta}H_\gamma H_\delta$ nur aus $H_\gamma H_{\gamma\lambda}$ hervorgehen; und zwar muss der Coefficient $h_{\gamma\delta}$ gleich dem Producte des Coefficienten von $H_\gamma H_{\gamma\lambda}$ in $H'(x, y, z)$ mit dem Coefficienten c_1 in der linearen Function $H_{\gamma\lambda} = c_1 H_\delta + c_2 H_\alpha + c_3 H_\beta$ sein. Es ist aber nach (21) dieser Coefficient

$$c_1 = (-1)^{\alpha\beta|\delta} g_\alpha g_\beta f_{\alpha\gamma\lambda} f_{\beta\gamma\lambda} f_{\alpha\beta\varkappa} f_{\alpha\beta\mu};$$

daher ist

$$h_{\gamma\delta} = (-1)^{\alpha\beta|\gamma\delta} \frac{g_\alpha^2 g_\beta^2 f_{\alpha\beta\lambda} f_{\alpha\beta\varkappa} f_{\alpha\beta\mu} F'_{\alpha\mu} F'_{\beta\mu} G'_{\alpha\varkappa} G'_{\beta\varkappa} H'_\varkappa}{f_{\gamma\delta\lambda} H'_\mu}.$$

Mithin erhalten wir:

$$\begin{gathered} Q = g_\varkappa^2 g_\mu^2 \chi_{\varkappa\mu} (H'(x, y, z) - H(x, y, z)), \\ H'(x, y, z) \\ = \underset{\alpha,\beta,\gamma,\delta}{S} \left\{ (-1)^{\alpha\beta|\gamma\delta} \frac{g_\gamma^2 g_\delta^2 f_{\gamma\delta\varkappa} f_{\gamma\delta\lambda} f_{\gamma\delta\mu} F'_{\gamma\mu} F'_{\delta\mu} G'_{\gamma\varkappa} G'_{\delta\varkappa} H'_\varkappa H_\alpha H_\beta}{f_{\alpha\beta\lambda} H'_\mu} \right\}, \\ H(x, y, z) = \underset{\alpha,\beta,\gamma,\delta}{S} \left\{ (-1)^{\alpha\beta|\gamma\delta} \frac{g_\gamma^2 g_\delta^2 f_{\gamma\delta\lambda} f_{\gamma\delta\mu}^2 F'_{\gamma\varkappa} F'_{\delta\varkappa} G'_{\gamma\varkappa} G'_{\delta\varkappa} H_\alpha H_\beta}{f_{\alpha\beta\lambda}} \right\}. \end{gathered}$$

Wenn wir nun die Differenz bilden, so ist

$$\frac{f_{\gamma\delta\varkappa} F'_{\gamma\mu} F'_{\delta\mu} H'_\varkappa}{H'_\mu} - f_{\gamma\delta\mu} F'_{\gamma\varkappa} F'_{\delta\varkappa} = \frac{H'_\gamma H'_\varkappa}{R'} (f_{\gamma\delta\varkappa} F'_{\delta\mu} G'_{\gamma\mu} - f_{\gamma\delta\mu} F'_{\delta\varkappa} G'_{\gamma\varkappa}),$$

da $R' F'_{\gamma\mu} = H'_\gamma H'_\mu G'_{\gamma\mu}$, $R' F'_{\gamma\varkappa} = H'_\gamma H'_\varkappa G'_{\gamma\varkappa}$ ist. Nach Formel (9) des § 5 ist aber

$$\frac{H'_\gamma H'_\varkappa}{R'} (f_{\gamma\delta\varkappa} F'_{\delta\mu} G'_{\gamma\mu} - f_{\gamma\delta\mu} F'_{\delta\varkappa} G'_{\gamma\varkappa}) = (-1)^{\varkappa|\mu} g_\alpha g_\beta g_\gamma f_{\alpha\beta\lambda} \frac{H'_\gamma H'_\delta H'_\varkappa}{R'}.$$

Folglich erhalten wir:

$$\begin{gathered} H'(x, y, z) - H(x, y, z) \\ - \frac{(-1)^{\varkappa|\mu}}{R'} \underset{\alpha,\beta,\gamma,\delta}{S} \left\{ (-1)^{\alpha\beta|\gamma\delta} g_\alpha g_\beta g_\gamma^2 g_\delta^2 g_\lambda f_{\gamma\delta\lambda} f_{\gamma\delta\mu} G'_{\gamma\varkappa} G'_{\delta\varkappa} H'_\gamma H'_\delta H'_\varkappa H_\alpha H_\beta \right\}, \end{gathered}$$

oder, wenn wir

$$G'_{\gamma\varkappa} G'_{\delta\varkappa} \text{ durch } \frac{R'^2 F'_{\gamma\varkappa} F'_{\delta\varkappa}}{H'_\gamma H'_\delta H'^2_\varkappa}$$

ersetzen:

$$H'(x,y,z)-H(x,y,z)$$
$$=(-1)^{\varkappa|\mu}\frac{gR'}{g_\varkappa g_\mu H'_\varkappa}\mathop{S}_{\alpha,\beta,\gamma,\delta}\left\{(-1)^{\alpha\beta|\gamma\delta}g_\gamma g_\delta f_{\gamma\delta\lambda}f_{\gamma\delta\mu}F'_{\gamma\varkappa}F'_{\delta\varkappa}H_\alpha H_\beta\right\}.$$

Den Summen-Ausdruck, welcher hier als Factor der rechten Seite der Gleichung auftritt, betrachten wir als abhängig von x', y', z' und bezeichnen ihn durch $\varphi(x',y',z')$. Diese Grösse ist dann eine quadratische Function, die im Punkte $\varkappa$ von der zweiten Ordnung verschwindet. Setzen wir $(x',y',z')=(a_\alpha,b_\alpha,c_\alpha)$, so reducirt sich die Summe auf folgende:

$$\varphi(a_\alpha,b_\alpha,c_\alpha)=H_\alpha\mathop{S}_{\beta,\gamma,\delta}\left\{(-1)^{\beta|\gamma\delta}g_\gamma g_\delta f_{\gamma\delta\lambda}f_{\gamma\delta\mu}f_{\gamma\varkappa\alpha}f_{\delta\varkappa\alpha}H_\beta\right\}.$$

Dies ist aber, der Gleichung (21) zufolge, nichts anderes als $H_\alpha H_{\alpha\varkappa}$ und da

$$H_\alpha H_{\alpha\varkappa}=\frac{RF^2_{\alpha\varkappa}}{H_\varkappa}$$

ist, so ergiebt sich:

$$\varphi(a_\alpha,b_\alpha,c_\alpha)=\frac{RF^2_{\alpha\varkappa}}{H_\varkappa}.$$

Nun ist

$$(-1)^{\alpha|\varkappa}F_{\alpha\varkappa}=\begin{vmatrix}x&y&z\\a_\alpha&b_\alpha&c_\alpha\\a_\varkappa&b_\varkappa&c_\varkappa\end{vmatrix},\qquad F_\varkappa=\begin{vmatrix}x&y&z\\x'&y'&z'\\a_\varkappa&b_\varkappa&c_\varkappa\end{vmatrix};$$

es ist also $(-1)^{\alpha|\varkappa}F_{\alpha\varkappa}$ der Werth, den die Function $F_\varkappa$ annimmt, wenn $(x',y',z')=(a_\alpha,$ $b_\alpha,c_\alpha)$ gesetzt wird. Daraus folgt, dass im Punkte α

$$\varphi(x',y',z')=\frac{RF^2_\varkappa}{H_\varkappa}$$

ist. Diese Gleichung muss nun identisch, für alle Werthe von (x',y',z') gelten. Denn da sie besteht für den Punkt α, so muss sie, der Symmetrie wegen, auch für die Punkte β, γ, δ gelten; ferner wird sowohl $\varphi(x',y',z')$ als auch $F^2_\varkappa$ im Punkte $\varkappa$ von der zweiten Ordnung Null; und da beide Seiten dieser Gleichung homogene quadratische Functionen von x', y', z' sind, so muss sie eine Identität sein. Wir erhalten also:

$$H'(x,y,z)-H(x,y,z)=(-1)^{\varkappa|\mu}\frac{gRR'F^2_\varkappa}{g_\varkappa g_\mu H_\varkappa H'_\varkappa},$$

und somit:

$$Q=(-1)^{\varkappa|\mu}gg_\varkappa g_\mu\chi_{\varkappa\mu}\frac{RR'F^2_\varkappa}{H_\varkappa H'_\varkappa}.$$

Hiermit ist die Reduction der linken Seite der Gleichung (B) vollendet, und es ergiebt sich der Werth des Verhältnisses:

$$\frac{k_0^2}{k^2} = -g.$$

Daraus folgt, nach (A):

$$k^2 = -\frac{l^2 r^4}{c_0^2}\,\frac{g}{f^2}. \tag{47}$$

§ 17.

Es bleibt nun noch übrig, die Argumente u, u', u'' selbst als Functionen der beiden Werthsysteme (x, y, z) und (x', y', z') darzustellen. Dadurch wird dann auch, mittelbar, die Beziehung festgestellt, in welche die Argumente zu einander durch die im § 5 willkürlich angenommene Gleichung zwischen den Grössen L gesetzt sind. Wir gehen von einer Differentialgleichung aus, die wir aus dem Additionstheorem ableiten.

Wir setzen in dem allgemeinen Additionstheorem (Gleichung (39) des ersten Theils) die Grössen v und w einander gleich, und führen das Doppelte dieser Grössen ein, also

$$v = w = \tfrac{1}{2}a, \quad v' = w' = \tfrac{1}{2}a', \quad v'' = w'' = \tfrac{1}{2}a'';$$

ferner ersetzen wir

$$u \text{ durch } u + \tfrac{1}{2}a, \quad u' \text{ durch } u' + \tfrac{1}{2}a', \quad u'' \text{ durch } u'' + \tfrac{1}{2}a''.$$

Dann geht diese Gleichung über in folgende:

$$\begin{aligned} &c_0\,\Theta(a\cdots)_{kl}\,\Theta(u+a\cdots)_{km}\,\Theta(u\cdots)_{lm} \\ = &\sum_{\alpha=0}^{7}\left[(-1)^{(k\alpha,l\alpha,m\alpha)}c_{m\alpha}\,\Theta(a\cdots)_{klm\alpha}\,\Theta(u+a\cdots)_{k\alpha}\,\Theta(u\cdots)_{l\alpha}\right]. \end{aligned}$$

Jetzt geben wir den Indices k, l, m bestimmte Werthe, nämlich k den Werth 0, l den Werth $\varkappa$ und m den Werth $\varkappa\lambda\mu$. Dann folgt:

$$\begin{aligned} &c_0\,\Theta(a\cdots)_{\varkappa}\,\Theta(u+a\cdots)_{\varkappa\lambda\mu}\,\Theta(u\cdots)_{\lambda\mu} \\ = &\sum_{\alpha=0}^{7}\left[(-1)^{(\alpha,\varkappa\alpha,\varkappa\lambda\mu\alpha)}c_{\alpha\varkappa\lambda\mu}\,\Theta(a\cdots)_{\alpha\lambda\mu}\,\Theta(u+a\cdots)_{\alpha}\,\Theta(u\cdots)_{\alpha\varkappa}\right]. \end{aligned}$$

In dieser Summe verschwinden diejenigen Glieder, die den Indices $\alpha = \varkappa, \lambda, \mu$ entsprechen. Für $\alpha = 0$ wird

$$(\alpha,\ \varkappa\alpha,\ \varkappa\lambda\mu\alpha) = (0,\ \varkappa,\ \varkappa\lambda\mu) \equiv 0 \bmod 2.$$

Verstehen wir dagegen unter α, β, γ, δ die vier von $\varkappa$, λ, μ verschiedenen primitiven Indices, so ist

$$\begin{aligned}(\alpha, \varkappa\alpha, \varkappa\lambda\mu\alpha) &= (\varkappa\lambda\mu\beta\gamma\delta, \varkappa\alpha, \varkappa\lambda\mu\alpha)\\ &\equiv \varkappa\alpha \mid \alpha + \alpha \mid \varkappa\alpha + \alpha \mid \varkappa\lambda\mu\alpha;\end{aligned}$$

und dies ist $\equiv \alpha \mid \varkappa\lambda\mu$, oder, was dasselbe ist, $\equiv \beta\gamma\delta \mid \alpha$. Demnach ergiebt sich:

$$\begin{aligned}&c_0\,\Theta(a\cdots)_\varkappa\,\Theta(u+a\cdots)_{\varkappa\lambda\mu}\,\Theta(u\cdots)_{\lambda\mu} - c_{\varkappa\lambda\mu}\,\Theta(a\cdots)_{\lambda\mu}\,\Theta(u+a\cdots)_0\,\Theta(u\cdots)_\varkappa\\ &\quad= \underset{\alpha,\beta,\gamma,\delta}{S}\left\{(-1)^{\beta\gamma\delta|\alpha}c_{\beta\gamma\delta}\,\Theta(a\cdots)_{\alpha\lambda\mu}\,\Theta(u+a\cdots)_\alpha\,\Theta(u\cdots)_{\alpha\varkappa}\right\}.\end{aligned}$$

Wenn wir in diese Gleichung für die Grössen a, a', a'' die Differentiale der Argumente: du, du', du'' einsetzen, so erhalten wir folgende Differentialgleichung:

$$\begin{aligned}&c_0\,\Theta_{\lambda\mu}\,\Theta_{\varkappa\lambda\mu}du_\varkappa - c_{\varkappa\lambda\mu}\,\Theta_\varkappa\,\Theta_0 du_{\lambda\mu}\\ &= \underset{\alpha,\beta,\gamma,\delta}{S}\left\{(-1)^{\beta\gamma\delta|\alpha}c_{\beta\gamma\delta}c_{\alpha\lambda\mu}\,\Theta_{\alpha\varkappa}d\,\Theta_\alpha\right\}.\end{aligned}$$

In dieser Formel wollen wir die Theta-Functionen durch die entsprechenden σ, und ebenso die Anfangsglieder $u_{\lambda\mu}$ und $u_\varkappa$ der Functionen $\Theta_{\lambda\mu}$ und $\Theta_\varkappa$ ersetzen durch $l_{\lambda\mu}v_{\lambda\mu}$ und $l_\varkappa v_\varkappa$, wo $v_{\lambda\mu}$ und $v_\varkappa$ die im ersten Theil eingeführten Anfangsglieder der entsprechenden σ-Functionen sind. Dadurch nimmt die aufgestellte Gleichung folgende Form an:

$$\sigma_{\lambda\mu}\sigma_{\varkappa\lambda\mu}dv_\varkappa - \sigma_\varkappa\sigma_0 dv_{\lambda\mu} = \underset{\alpha,\beta,\gamma,\delta}{S}\left\{(-1)^{\beta\gamma\delta|\alpha}\frac{e_{\beta\gamma\delta}e_{\alpha\lambda\mu}l_{\alpha\varkappa}l_\alpha}{e_{\varkappa\lambda\mu}l_{\lambda\mu}l_\varkappa}\sigma_{\alpha\varkappa}d\sigma_\alpha\right\}.$$

Der Nenner des Ausdrucks

$$\frac{e_{\beta\gamma\delta}e_{\alpha\lambda\mu}l_{\alpha\varkappa}l_\alpha}{e_{\varkappa\lambda\mu}l_{\lambda\mu}l_\varkappa}$$

ist, da nach Gleichung (68) und (79) des ersten Theils

$$\begin{aligned}e_{\varkappa\lambda\mu} &= \frac{ee_{\varkappa\lambda}e_{\varkappa\mu}e_{\lambda\mu}}{re_\varkappa e_\lambda e_\mu l_\varkappa l_\lambda l_\mu f_{\varkappa\lambda\mu}},\\ l_{\lambda\mu} &= \frac{fg_\lambda g_\mu}{rg^2 l_\lambda l_\mu e_{\lambda\mu}}\end{aligned}$$

ist, gleich:

$$\frac{efg_\lambda g_\mu e_{\varkappa\lambda}e_{\varkappa\mu}}{r^2g^2e_\varkappa e_\lambda l_\lambda^2 e_\mu l_\mu^2 f_{\varkappa\lambda\mu}},$$

und dies ist, der Gleichung (69) zufolge:

$$= \frac{efe_{\varkappa\lambda}e_{\varkappa\mu}}{r^{10}l^4g^2e_{\varkappa}f_{\varkappa\lambda\mu}}.$$

Der Zähler dagegen ist schon in § 2 umgestaltet und hat dort folgende Form erhalten:

$$\frac{e^2g^7g_{\varkappa}e_{\varkappa\lambda}e_{\varkappa\mu}}{r^3lf^6e_{\varkappa}g_{\lambda}g_{\mu}}f_{\gamma\delta\varkappa}f_{\delta\beta\varkappa}f_{\beta\gamma\varkappa}.$$

Wenn wir also den Quotienten bilden, so erhalten wir folgendes:

$$\frac{eg^9r^7l^3g_{\varkappa}f_{\gamma\delta\varkappa}f_{\delta\beta\varkappa}f_{\beta\gamma\varkappa}f_{\varkappa\lambda\mu}}{f^7g_{\lambda}g_{\mu}}.$$

Nun ist nach (71) und (72):

$$e = -\frac{f^4}{g^5}, \qquad l^3r^7 = \frac{f^3}{g^4};$$

daher:

$$\frac{eg^9r^7l^3}{f^7} = -1.$$

Demnach erhalten wir:

$$\sigma_{\lambda\mu}\sigma_{\varkappa\lambda\mu}dv_{\varkappa} - \sigma_{\varkappa}\sigma_0 dv_{\lambda\mu} = -\frac{g_{\varkappa}f_{\varkappa\lambda\mu}}{g_{\lambda}g_{\mu}} \mathop{S}_{\alpha,\beta,\gamma,\delta}\left\{(-1)^{\beta\gamma\delta|\alpha}f_{\gamma\delta\varkappa}f_{\delta\beta\varkappa}f_{\beta\gamma\varkappa}\sigma_{\alpha\varkappa}d\sigma_{\alpha}\right\}.$$

Multipliciren wir diese Gleichung mit $\sigma_{\varkappa}$, so wird

$$\sigma_{\varkappa}\sigma_{\lambda\mu}\sigma_{\varkappa\lambda\mu} = \frac{\sigma_0\sigma_{\lambda\mu}}{\sigma_{\lambda}\sigma_{\mu}}\omega_{\varkappa\lambda\mu} = \frac{\sigma_0}{\widetilde{\omega}}\chi_{\lambda\mu}\omega_{\varkappa\lambda\mu},$$

$$\sigma_{\varkappa}^2\sigma_0 = \frac{\sigma_0}{\widetilde{\omega}}\psi_{\varkappa},$$

$$\sigma_{\varkappa}\sigma_{\alpha\varkappa}d\sigma_{\alpha} = \varphi_{\alpha\varkappa}d\log\sigma_{\alpha}.$$

Nun ist aber, da $\omega\sigma_{\alpha}^2 = \psi_{\alpha}$ ist,

$$2d\log\sigma_{\alpha} + d\log\widetilde{\omega} = d\log\psi_{\alpha};$$

folglich

$$\sigma_{\varkappa}\sigma_{\alpha\varkappa}d\sigma_{\alpha} = \tfrac{1}{2}\psi_{\alpha\varkappa}d\log\psi_{\alpha} - \tfrac{1}{2}\varphi_{\alpha\varkappa}d\log\widetilde{\omega}.$$

Setzen wir dies in die Gleichung ein, so fällt der mit $d\log\widetilde{\omega}$ multiplicirte Ausdruck fort, da nach § 2:

$$S\left\{(-1)^{\beta\gamma\delta|\alpha}f_{\gamma\delta\varkappa}f_{\delta\beta\varkappa}f_{\beta\gamma\varkappa}\varphi_{\alpha\varkappa}\right\} = 0$$

ist, und wir erhalten:

(48)
$$\frac{\sigma_0}{\tilde{\omega}}(\chi_{\lambda\mu}\omega_{\varkappa\lambda\mu}\,dv_\varkappa - \psi_\varkappa dv_{\lambda\mu})$$
$$= -\frac{g_\varkappa f_{\varkappa\lambda\mu}}{2g_\lambda g_\mu}\underset{\alpha,\beta,\gamma,\delta}{S}\left\{(-1)^{\beta\gamma\delta|\alpha}f_{\gamma\delta\varkappa}f_{\delta\beta\varkappa}f_{\beta\gamma\varkappa}\varphi_{\alpha\varkappa}\,d\log\psi_\alpha\right\}.$$

Diese Formel wird zur Darstellung der Differentiale $dv_\varkappa$ und $dv_{\lambda\mu}$ führen. Wir denken uns für die Grössen $\varphi, \chi, \psi, \omega$ ihre Ausdrücke durch (x, y, z) und (x', y', z') eingesetzt. Unter dieser Voraussetzung transformiren wir zunächst die Summe

$$S = \underset{\alpha,\beta,\gamma,\delta}{S}\left\{(-1)^{\beta\gamma\delta|\alpha}f_{\gamma\delta\varkappa}f_{\delta\beta\varkappa}f_{\beta\gamma\varkappa}\varphi_{\alpha\varkappa}\,d\log\psi_\alpha\right\}.$$

Da $\psi_\alpha = H_\alpha H'_\alpha$, mithin

$$d\log\psi_\alpha = d\log H_\alpha + d\log H'_\alpha$$

ist, so zerfällt die Summe S in zwei Theile

$$S = S_1 + S_2,$$

von denen

$$S_1 = \underset{\alpha,\beta,\gamma,\delta}{S}\left\{(-1)^{\beta\gamma\delta|\alpha}f_{\gamma\delta\varkappa}f_{\delta\beta\varkappa}f_{\beta\gamma\varkappa}F_{\alpha\varkappa}F'_{\alpha\varkappa}\,d\log H'_\alpha\right\}$$

ist, während S_2 aus S_1 durch Vertauschung von (x, y, z) mit (x', y', z') hervorgeht. Der Ausdruck S_1 ist nun in Bezug auf x, y, z eine lineare Function, die im Punkte $\varkappa$ verschwindet. Es ist ferner diese lineare Function symmetrisch in Bezug auf die vier Indices α, β, γ, δ. Untersuchen wir jetzt, welchen Werth S_1 in einem dieser Punkte, z. B. in δ, annimmt. Alsdann ist $F_{\delta\varkappa} = 0$; $F_{\alpha\varkappa}$ geht über in $(-1)^{\delta|\alpha\varkappa}f_{\delta\alpha\varkappa}$, daher

$$(-1)^{\beta\gamma\delta|\alpha}F_{\alpha\varkappa} \text{ in } (-1)^{\delta|\varkappa}(-1)^{\beta\gamma|\alpha}f_{\delta\alpha\varkappa}.$$

Somit erkennen wir, dass der Werth von S_1 im Punkte δ durch folgenden Ausdruck gegeben ist:

$$(-1)^{\delta|\varkappa}f_{\delta\alpha\varkappa}f_{\delta\beta\varkappa}f_{\delta\gamma\varkappa}\underset{\alpha,\beta,\gamma}{S}\left\{(-1)^{\beta\gamma|\alpha}f_{\beta\gamma\varkappa}F'_{\alpha\varkappa}\,d\log H'_\alpha\right\}.$$

Nun lehrt aber die Formel (28), dass der hier auftretende Summenausdruck ersetzt werden kann durch folgendes Product:

$$\frac{\sqrt{H'_{\delta\lambda}}\sqrt{H'_{\delta\mu}}\sqrt{H'_{\lambda\mu}}H'_\varkappa}{g_\alpha g_\beta g_\gamma g_\varkappa(\sqrt{R'})^3}\Delta'.$$

Vergleichen wir hiermit den Werth, welchen die – im Punkte $\varkappa$ gleichfalls verschwindende – lineare Function $\overline{M}_{\varkappa,\lambda\mu}$ im Punkte δ annimmt. Diese ist, nach (32), durch folgenden Ausdruck gegeben:

$$\overline{M}_{\varkappa,\lambda\mu} = \underset{\gamma,\delta}{S}\left\{(-1)^{\delta|\gamma} g_\delta f_{\varkappa\delta\alpha} f_{\varkappa\delta\beta} F'_{\delta\lambda} G'_{\delta\mu} H_\mu{}' F_{\gamma\varkappa}\right\};$$

sie nimmt also, wenn wir $(x, y, z) = (a_\delta, b_\delta, c_\delta)$ setzen, wodurch $F_{\delta\varkappa} = 0$ wird, den Werth an:

$$(-1)^{\delta|\varkappa} f_{\delta\alpha\varkappa} f_{\delta\beta\varkappa} f_{\delta\gamma\varkappa} g_\delta F'_{\delta\lambda} G'_{\delta\mu} H'_\mu.$$

Für $F'_{\delta\lambda} G'_{\delta\mu} H'_\mu$ können wir setzen: $\sqrt{H'_\lambda}\sqrt{H'_\mu}\sqrt{H'_{\delta\lambda}}\sqrt{H'_{\delta\mu}}$. Die Werthe der beiden linearen Functionen S_1 und $\overline{M}_{\varkappa,\lambda\mu}$ im Punkte δ sind demnach folgende:

$$(-1)^{\delta|\varkappa} f_{\delta\alpha\varkappa} f_{\delta\beta\varkappa} f_{\delta\gamma\varkappa} \frac{\sqrt{H'_{\delta\lambda}}\sqrt{H'_{\delta\mu}}\sqrt{H'_{\lambda\mu}}H'_\varkappa}{g_\alpha g_\beta g_\gamma g_\varkappa (\sqrt{R'})^3}\Delta',$$

und

$$(-1)^{\delta|\varkappa} f_{\delta\alpha\varkappa} f_{\delta\beta\varkappa} f_{\delta\gamma\varkappa} g_\delta \sqrt{H'_\lambda}\sqrt{H'_\mu}\sqrt{H'_{\delta\lambda}}\sqrt{H'_{\delta\mu}}.$$

Beide Ausdrücke unterscheiden sich von einander nur durch den Factor

$$\frac{H'_\varkappa\sqrt{H'_{\lambda\mu}}\Delta'}{g_\alpha g_\beta g_\gamma g_\delta g_\varkappa \sqrt{H'_\lambda}\sqrt{H'_\mu}(\sqrt{R'})^3},$$

der auf die Form

$$\frac{g_\lambda g_\mu H'_\varkappa G'_{\lambda\mu}\Delta'}{gR'^2}$$

gebracht werden kann, und sich nicht ändert, wenn α mit β, γ oder δ vertauscht wird. Mithin gilt für alle vier Punkte α, β, γ, δ die Gleichung:

$$S_1 = \frac{g_\lambda g_\mu H'_\varkappa G'_{\lambda\mu}\Delta'}{gR'^2}\overline{M}_{\varkappa,\lambda\mu};$$

und da dies eine lineare Gleichung in (x, y, z) ist, so muss sie für alle Werthe dieser Grossen bestehen. Hiermit ist also bewiesen, dass sich die Function S_1 von $\overline{M}_{\varkappa,\lambda\mu}$ nur um einen von x, y, z unabhängigen Factor unterscheidet.

Nun steht aber die Function $\overline{M}_{\varkappa,\lambda\mu}$ (wie aus (31) und (42) hervorgeht), mit der Grösse $\omega_{\varkappa\lambda\mu}$ in folgendem Zusammenhange:

$$\omega_{\varkappa\lambda\mu} - \frac{H_\varkappa F'_{\lambda\mu}}{G_{\lambda\mu}} = g_\varkappa f_{\varkappa\lambda\mu}\frac{R}{JG_{\lambda\mu}}\overline{M}_{\varkappa,\lambda\mu};$$

es ist also:

$$g_\varkappa f_{\varkappa\lambda\mu}\overline{M}_{\varkappa,\lambda\mu} = \frac{J}{R}\left(G_{\lambda\mu}\omega_{\varkappa\lambda\mu} - H_\varkappa F'_{\lambda\mu}\right).$$

Daraus folgt:

$$g_\varkappa f_{\varkappa\lambda\mu}S_1 = \frac{g_\lambda g_\mu J\Delta'}{gRR'^2}\left(\chi_{\lambda\mu}\omega_{\varkappa\lambda\mu}H'_\varkappa - \psi_\varkappa H'_{\lambda\mu}\right).$$

S_2 erhalten wir hieraus, indem wir (x, y, z) mit (x', y', z') vertauschen. Die alternirende Function J verwandelt sich dabei in $-J$. Es ist also:

$$g_\varkappa f_{\varkappa\lambda\mu}S_2 = \frac{-g_\lambda g_\mu J\Delta}{gR'R^2}\left(\chi_{\lambda\mu}\omega_{\varkappa\lambda\mu}H_\varkappa - \psi_\varkappa H_{\lambda\mu}\right).$$

Nun ist nach der Gleichung (48):

$$\chi_{\lambda\mu}\omega_{\varkappa\lambda\mu}dv_\varkappa - \psi_\varkappa dv_{\lambda\mu} = \frac{-g_\varkappa f_{\varkappa\lambda\mu}(S_1+S_2)}{2g_\lambda g_\mu}\frac{\widetilde{\omega}}{\sigma_0}.$$

Wenn man hier für S_1 und S_2 die gefundenen Werthe einsetzt, so erhält man:

$$\begin{aligned}\chi_{\lambda\mu}\omega_{\varkappa\lambda\mu}dv_\varkappa - \psi_\varkappa dv_{\lambda\mu} = &-\frac{\frac{1}{2}J\widetilde{\omega}\Delta'}{gRR'^2\sigma_0}\left(\chi_{\lambda\mu}\omega_{\varkappa\lambda\mu}H'_\varkappa - \psi_\varkappa H'_{\lambda\mu}\right)\\ &+\frac{\frac{1}{2}J\widetilde{\omega}\Delta}{gR'R^2\sigma_0}\left(\chi_{\lambda\mu}\omega_{\varkappa\lambda\mu}H_\varkappa - \psi_\varkappa H_{\lambda\mu}\right).\end{aligned}$$

Dieser Gleichung können wir folgende Form geben:

$$\begin{aligned}&\chi_{\lambda\mu}\omega_{\varkappa\lambda\mu}\left(dv_\varkappa - \frac{\frac{1}{2}J\widetilde{\omega}H_\varkappa}{gR'R^2\sigma_0}\Delta + \frac{\frac{1}{2}J\widetilde{\omega}H'_\varkappa}{gRR'^2\sigma_0}\Delta'\right)\\ &= \psi_\varkappa\left(dv_{\lambda\mu} - \frac{\frac{1}{2}J\widetilde{\omega}H_{\lambda\mu}}{gR'R^2\sigma_0}\Delta + \frac{\frac{1}{2}J\widetilde{\omega}H'_{\lambda\mu}}{gRR'^2\sigma_0}\Delta'\right).\end{aligned}$$

Hier ist nun leicht zu sehen, dass die mit $\chi_{\lambda\mu}\omega_{\varkappa\lambda\mu}$ und $\psi_\varkappa$ multiplicirten Ausdrücke gleich Null sein müssen. Denn es ist allgemein

$$\begin{aligned}dv_m &= a_m du + b_m du' + c_m du'',\\ H_m &= a_m H + b_m\overline{H} + c_m\overline{\overline{H}},\\ H'_m &= a_m H' + b_m\overline{H}' + c_m\overline{\overline{H}}'.\end{aligned}$$

Dadurch nimmt auch der Ausdruck

$$dv_m - \frac{\frac{1}{2}J\widetilde{\omega}H_m}{gR'R^2\sigma_0}\Delta + \frac{\frac{1}{2}J\widetilde{\omega}H'_m}{gRR'^2\sigma_0}\Delta'$$

die Form

$$a_m\vartheta + b_m\vartheta' + c_m\vartheta'' = \vartheta_m$$

an, wo ϑ, ϑ', ϑ'' von dem Index m unabhängige Grössen bedeuten. Führt man für den Augenblick diese Grössen ϑ_m ein, so ergiebt die aufgestellte Gleichung:

$$\chi_{\lambda\mu}\omega_{\varkappa\lambda\mu}\vartheta_\varkappa = \psi_\varkappa\vartheta_{\lambda\mu}.$$

Diese Formel kann nur dadurch bestehen, dass allgemein $\vartheta_\varkappa$ und $\vartheta_{\lambda\mu}$ gleich Null ist. Am klarsten wird dies erkannt, wenn wir die am Anfange des vorigen Paragraphen aufgestellte Gleichung

$$\underset{\alpha,\beta,\gamma}{S}\left\{(-1)^{\beta\gamma|\alpha\delta} f_{\beta\gamma\lambda} f_{\alpha\delta\lambda}\omega_{\beta\gamma\varkappa}\omega_{\alpha\delta\varkappa}\right\} = (-1)^{\mu|\varkappa} g_\varkappa g_\mu k_0^2 \frac{\sigma_\varkappa^2}{\sigma_0^2}\chi_{\varkappa\mu}$$

zu Hülfe nehmen. Angenommen nämlich, dass die Grössen ϑ_m von Null verschieden wären, so wäre

$$\omega_{\varkappa\lambda\mu} = \frac{\psi_\varkappa}{\vartheta_\varkappa}\cdot\frac{\vartheta_{\lambda\mu}}{\chi_{\lambda\mu}},$$

also

$$\omega_{\beta\gamma\varkappa} = \frac{\psi_\beta}{\vartheta_\beta}\frac{\vartheta_{\gamma\varkappa}}{\chi_{\gamma\varkappa}}, \quad \omega_{\alpha\delta\varkappa} = \frac{\psi_\alpha}{\vartheta_\alpha}\frac{\vartheta_{\delta\varkappa}}{\chi_{\delta\varkappa}},$$

mithin

$$\omega_{\beta\gamma\varkappa}\omega_{\alpha\delta\varkappa} = \frac{\psi_\alpha\psi_\beta}{\vartheta_\alpha\vartheta_\beta}\frac{\vartheta_{\gamma\varkappa}\vartheta_{\delta\varkappa}}{\chi_{\gamma\varkappa}\chi_{\delta\varkappa}} = \omega_{\gamma\alpha\varkappa}\omega_{\beta\delta\varkappa}.$$

Die drei Producte

$$\omega_{\beta\gamma\varkappa}\omega_{\alpha\delta\varkappa}, \quad \omega_{\gamma\alpha\varkappa}\omega_{\beta\delta\varkappa}, \quad \omega_{\alpha\beta\varkappa}\omega_{\gamma\delta\varkappa}$$

wären demnach einander gleich; und da die Summe der Coefficienten des Ausdrucks auf der linken Seite gleich Null ist, so würde sich ergeben:

$$\frac{\sigma_\varkappa^2}{\sigma_0^2}\chi_{\varkappa\mu} = 0,$$

was unmöglich ist. Es zeigt sich also, dass wir allgemein $\vartheta_m = 0$ zu setzen haben. Hiermit ist die Darstellung der Differentiale gefunden, nämlich:

$$dv_m = \frac{\frac{1}{2}J\widetilde{\omega}H_m}{gR'R^2\sigma_0}\Delta - \frac{\frac{1}{2}J\widetilde{\omega}H'_m}{gRR'^2\sigma_0}\Delta'.$$

Diese Darstellung ist jetzt dadurch zu vereinfachen, dass für σ_0 derjenige Werth gesetzt wird, der sich in § 15, Gleichung (45) ergab. Es war dort $\sigma_0 = \frac{kJ}{\widetilde{\omega}^2}$. Nun folgt aus den Gleichungen:

$$\chi_{\varkappa\lambda} = \frac{\widetilde{\omega}\sigma_{\varkappa\lambda}}{\sigma_\varkappa\sigma_\lambda}, \quad \psi_\varkappa = \widetilde{\omega}\sigma_\varkappa^2, \quad \psi_\lambda = \widetilde{\omega}\sigma_\lambda^2,$$

dass

$$\psi_\varkappa\psi_\lambda\chi_{\varkappa\lambda} = \widetilde{\omega}^3\varphi_{\varkappa\lambda}$$

ist. Ersetzen wir diese Grössen durch ihre Ausdrücke in x, y, z, x', y', z', so folgt:

$$H_\varkappa H_\lambda G_{\varkappa\lambda} \cdot H'_\varkappa H'_\lambda G'_{\varkappa\lambda} = \widetilde{\omega}^3 F_{\varkappa\lambda} F'_{\varkappa\lambda};$$

und da

$$H_\varkappa H_\lambda G_{\varkappa\lambda} = RF_{\varkappa\lambda}, \quad H'_\varkappa H'_\lambda G'_{\varkappa\lambda} = R'F'_{\varkappa\lambda}$$

ist, so erhalten wir:

$$\widetilde{\omega}^3 = RR'.$$

Setzt man dies in den Ausdruck von σ_0 ein, so wird $\sigma_0 = \frac{kJ\widetilde{\omega}}{RR'}$; daher:

$$dv_m = \frac{1}{2gk}\left(H_m\frac{\Delta}{R} - H'_m\frac{\Delta'}{R'}\right).$$

Nun ist

$$\begin{aligned} H_m &= a_m H + b_m\overline{H} + c_m\overline{\overline{H}}, \\ v_m &= a_m u \; + b_m u' \; + c_m u''; \end{aligned}$$

daher erhalten wir die Differentiale der Argumente durch folgende Formeln ausgedrückt:

$$\begin{aligned} du &= \frac{1}{2kg}\left(\frac{H\Delta}{R} - \frac{H'\Delta'}{R'}\right), \\ du' &= \frac{1}{2kg}\left(\frac{\overline{H}\Delta}{R} - \frac{\overline{H}'\Delta'}{R'}\right), \\ du'' &= \frac{1}{2kg}\left(\frac{\overline{\overline{H}}\Delta}{R} - \frac{\overline{\overline{H}}'\Delta'}{R'}\right). \end{aligned}$$

Die Integrale

$$\int\frac{H\Delta}{2kgR}, \quad \int\frac{\overline{H}\Delta}{2kgR}, \quad \int\frac{\overline{\overline{H}}\Delta}{2kgR},$$

ausgedehnt auf einem bestimmten Integrationswege von einer beliebigen, aber festen unteren Grenze a, b, c bis zu dem veränderlichen Punkte x, y, z bezeichnen wir durch

$$U(x,y,z), \quad U'(x,y,z), \quad U''(x,y,z).$$

Es ist dann

$$u = \int\limits_{x',y',z'}^{x,y,z} (dU) + c, \quad u' = \int\limits_{x',y',z'}^{x,y,z} (dU') + c', \quad u'' = \int\limits_{x',y',z'}^{x,y,z} (dU'') + c'',$$

wo c, c', c'' die von x, y, z und x', y', z' unabhängigen Integrations-Constanten bedeuten; oder:

$$\begin{aligned} u &= U(x,y,z) - U(x',y',z') + c, \\ u' &= U'(x,y,z) - U'(x',y',z') + c', \\ u'' &= U''(x,y,z) - U''(x',y',z') + c''. \end{aligned}$$

Es ist offenbar, dass die Constanten c, c', c'' auf mehr als eine Art bestimmt werden können, da die Integrale, durch welche die Argumente dargestellt sind, mehrdeutige Functionen sind. Es fragt sich nun: Welche Werthe können diesen Constanten ertheilt werden? Unsere ganze Untersuchung ist begründet auf der Voraussetzung, dass die Determinante der sechs Grössen L_{11}, L_{12} etc. gleich Null gesetzt werde. Diese Determinante ist eine Function, die gleichzeitig mit den Argumenten verschwindet. Es muss daher möglich sein, diese Gleichung so aufzulösen, dass die absoluten Beträge der Argumente beliebig kleine Grössen sind.

Werden die Argumente geradezu gleich Null gesetzt, so verschwinden alle diejenigen σ-Quotienten, deren Zähler eine ungrade, und deren Nenner eine grade σ-Function ist. Nun findet aber ein gemeinsames Verschwinden aller dieser Quotienten nur statt in dem Punkte $(x,y,z) = (x',y',z')$; es müssen also $-c$, $-c'$, $-c''$ diejenigen Werthe sein, welche die Integrale

$$\int\limits_{x',y',z'}^{x,y,z} dU, \quad \int\limits_{x',y',z'}^{x,y,z} dU', \quad \int\limits_{x',y',z'}^{x,y,z} dU''$$

erhalten, wenn man die obere Grenze mit der unteren zusammenfallen lässt. Es sind also c, c', c'' im Allgemeinen ein System von Integral-Perioden; speciell sind diese Grössen gleich Null zu setzen, wenn die Integrale so definirt werden, dass sie verschwinden, wenn die obere Grenze der unteren gleichgesetzt wird.

Andrerseits verschwindet die Determinante der Grössen L auch dann, wenn für u, u', u'' ein vollständiges Periodensystem $2\widetilde{\omega}$, $2\widetilde{\omega}'$, $2\widetilde{\omega}''$ gesetzt wird. Nimmt man u, u', u'' in der Nähe eines solchen Systems an, und definirt die Integrale wieder so, dass sie verschwinden, wenn (x, y, z) mit (x', y', z') zusammenfällt, so wird $c = 2\widetilde{\omega}$, $c' = 2\widetilde{\omega}'$, $c'' = 2\widetilde{\omega}''$. Diese verschiedenen Lösungen können nicht wesentlich verschieden sein, sondern müssen durch Aenderung der Integrationswege in einander übergehen. Daraus geht hervor, dass jedes Periodensystem $2\widetilde{\omega}$, $2\widetilde{\omega}'$, $2\widetilde{\omega}''$ auch ein Periodensystem der drei Integrale U, U', U'' sein muss, und umgekehrt. Wir können daher die Grössen c, c', c'' allgemein gleich Null, also

$$(49)\qquad \begin{cases} u = \displaystyle\int_{x',y',z'}^{x,y,z} (dU), \\ u' = \displaystyle\int_{x',y',z'}^{x,y,z} (dU'), \\ u'' = \displaystyle\int_{x',y',z'}^{x,y,z} (dU'') \end{cases}$$

setzen; wird x, y, z in der Nähe von x', y', z' angenommen, so erhalten wir, je nach der Wahl des Integrationsweges, ein Werthsystem u, u', u'', das der Umgebung des Nullpunktes, oder irgend eines Periodensystems $2\widetilde{\omega}$, $2\widetilde{\omega}'$, $2\widetilde{\omega}''$ angehört.

Es ist

$$(50)\qquad U = \int \frac{H\Delta}{2kgR}, \quad U' = \int \frac{\overline{H}\Delta}{2kgR}, \quad U'' = \int \frac{\overline{\overline{H}}\Delta}{2kgR}.$$

Der Formel (29) zufolge ist das Differential Δ durch folgenden Ausdruck gegeben:

$$\Delta = x\,dH + y\,d\overline{H} + z\,d\overline{\overline{H}}.$$

Da aber nach (26) die Identität besteht:

$$xH + y\overline{H} + z\overline{\overline{H}} = 0,$$

so ist auch

$$\Delta = -(H\,dx + \overline{H}\,dy + \overline{\overline{H}}\,dz).$$

Je nachdem man die Integrale als Functionen von x, y, z, oder von H, $\overline{H}$, $\overline{\overline{H}}$ auffassen will, hat man die eine oder die andere Darstellung zu wählen.

Diese drei Integrale: $\int dU$, $\int dU'$, $\int dU''$ haben die Eigenschaft, dass sie an keiner Stelle des Gebildes unendlich werden.

Wir fassen die drei Grössen H, $\overline{H}$, $\overline{\overline{H}}$, als Integrationsvariable auf, und betrachten das Integral

$$\int \frac{H_\nu \Delta}{R}.$$

Dieses lässt sich mit Hülfe der Relation

$$\underset{\alpha,\beta,\gamma}{S}\left\{(-1)^{\beta\gamma|\alpha} f_{\beta\gamma\nu} F_{\alpha\nu} d\log H_\alpha\right\} = \frac{\sqrt{H_{\lambda\mu}}\sqrt{H_{\mu\varkappa}}\sqrt{H_{\varkappa\lambda}}}{g_\alpha g_\beta g_\gamma g_\nu \sqrt{R}} \frac{H_\nu \Delta}{R},$$

welche in § 10 aufgestellt worden ist, in zwei Theile zerlegen. Da nämlich in dem Ausdruck auf der linken Seite die Summe der mit $d\log H_\alpha$, $d\log H_\beta$, $d\log H_\gamma$ multiplicirten Grössen gleich Null ist, so können wir diesem Ausdruck folgende Form geben:

$$cF_{\alpha\nu}(d\log H_\alpha - d\log H_\gamma) + c' F_{\beta\nu}(d\log H_\beta - d\log H_\gamma).$$

Nun ist

$$d\log H_\alpha - d\log H_\gamma = 2d\log\frac{\sqrt{H_\alpha}}{\sqrt{H_\gamma}} = 2\frac{\sqrt{H_\gamma}}{\sqrt{H_\alpha}}\, d\left(\frac{\sqrt{H_\alpha}}{\sqrt{H_\gamma}}\right),$$

$$F_{\alpha\nu} = \frac{\sqrt{H_\alpha}\sqrt{H_\nu}\sqrt{H_{\alpha\nu}}}{\sqrt{R}};$$

dadurch nimmt die aufgestellte Gleichung folgende Gestalt an:

$$c_1 \frac{\sqrt{H_\gamma}\sqrt{H_\nu}\sqrt{H_{\alpha\nu}}}{\sqrt{H_{\lambda\mu}}\sqrt{H_{\mu\varkappa}}\sqrt{H_{\varkappa\lambda}}}\, d\left(\frac{\sqrt{H_\alpha}}{\sqrt{H_\gamma}}\right) + c_2 \frac{\sqrt{H_\gamma}\sqrt{H_\nu}\sqrt{H_{\beta\nu}}}{\sqrt{H_{\lambda\mu}}\sqrt{H_{\mu\varkappa}}\sqrt{H_{\varkappa\lambda}}}\, d\left(\frac{\sqrt{H_\beta}}{\sqrt{H_\gamma}}\right) = \frac{H_\nu \Delta}{R}.$$

Das Integral $\int \frac{H_\nu \Delta}{R}$ zerfällt dadurch in zwei Theile, deren jeder nur in den Berührungspunkten der Doppeltangenten $H_{\lambda\mu} = 0$, $H_{\mu\varkappa} = 0$, $H_{\varkappa\lambda} = 0$, $H_\gamma = 0$ unendlich wird. Wir können aber in dem Ausdruck dieses Integrals die sechs von ν verschiedenen Indices beliebig unter einander vertauschen. Vertauscht man $\varkappa$, λ, μ mit α, β, γ, so erhält man eine neue Form, aus der hervorgeht, dass das betrachtete Integral in den angegebenen acht Punkten nicht unendlich wird. Mithin kann das Integral

$$\int \frac{H_\nu \Delta}{R}$$

an keiner Stelle des durch die Gleichung $M = 0$ definirten Gebildes unendlich werden, sondern muss an jeder den Charakter einer ganzen rationalen Function behalten.

Da dies für alle sieben primitiven Indices gilt, so überträgt sich diese Eigenschaft unmittelbar auf die Integrale

$$\int \frac{H\Delta}{2kgR}, \quad \int \frac{\overline{H}\Delta}{2kgR}, \quad \int \frac{\overline{\overline{H}}\Delta}{2kgR},$$

die wir die Normal-Integrale erster Gattung nennen; und die Integrale müssen diese Eigenschaft auch besitzen, wenn wir sie nicht als Functionen von $H, \overline{H}, \overline{H}$, sondern von x, y, z betrachten.

§ 18.

Wir haben bis jetzt nicht die σ-Functionen selbst, sondern nur die Quotienten derselben als abhängig von x, y, z und x', y', z' aufgefasst. Es lassen sich aber Differentialgleichungen aufstellen, welche die Grössen σ_m selbst, und zwar zunächst durch ihre Logarithmen definiren. Die Reduction dieser Gleichungen auf diejenige einfachere Form, in der sie erscheinen bei der von den Integralen ausgehenden Theorie der Abel'schen Functionen, ist indess mit nicht geringen formalen Schwierigkeiten verbunden. Wir beschränken uns deshalb darauf, nur die wichtigsten Eigenschaften dieser Transcendenten anzugeben, welche ohne Rechnung erkannt werden können.

Wir wissen, dass jede der Functionen $\sigma(u, u', u'')_m$ entwickelt werden kann in eine stets convergirende Potenzreihe der Argumente u, u', u''. Diese Argumente selbst sind durch Integrale erster Gattung dargestellt worden, welche an jeder Stelle des algebraischen Gebildes (x, y, z) den Charakter ganzer rationaler Functionen haben. Daraus folgt, dass auch die Function $\sigma(u, u', u'')_m$, als abhängig von x, y, z betrachtet, an keiner Stelle des algebraischen Gebildes unendlich werden kann, sondern überall den Charakter einer ganzen rationalen Function besitzen muss. Lässt man den veränderlichen Punkt (x, y, z) eine geschlossene Linie durchlaufen, so ändern sich die Normal-Integrale erster Gattung allgemein um ein Periodensystem $2\widetilde{\omega}$, $2\widetilde{\omega}'$, $2\widetilde{\omega}''$; es geht also $\sigma(u, u', u'')_m$ über in:

$$\sigma(u+2\widetilde{\omega}\cdots)_m = e^{\eta(u,u',u'';p,q)}(-1)^{\Sigma(p\varepsilon^m - q\delta^m)}\sigma(u\cdots)_m.$$

Die Transcendente σ_m ändert sich also auf einem Periodenwege um einen Exponentialfactor, dessen Exponent eine lineare Function von u, u', u'', d. h. ein Integral erster Gattung ist.

Diese Exponentialfactoren werden an keiner Stelle Null oder unendlich. Daher hat die Frage: an welchen Punkten wird die Function σ_m gleich Null? eine bestimmte Bedeutung. Denn wenn irgend ein Zweig der Function an einer Stelle des Gebildes verschwindet, so muss auch jedes durch analytische Fortsetzung daraus abgeleitete Element an derselben Stelle den bestimmten Werth Null haben.

Wir wissen, dass jeder Quotient $\dfrac{\sigma_m}{\sigma_0}$ an drei Punkten verschwindet, und an drei von dem Index m unabhängigen Stellen unendlich wird. Nun kann der Quotient $\dfrac{\sigma_m}{\sigma_0}$, da σ_m und σ_0 nie unendlich werden, nur dadurch verschwinden, dass der Zähler verschwindet, und nur dadurch unendlich gross werden, dass der Nenner verschwindet. Es sind also für jeden Index m ($m = 0$ eingeschlossen) drei Punkte von vornherein bekannt, in denen $\sigma_m = 0$ wird. Es ist nun zu beweisen, dass σ_m nur an diesen drei Stellen verschwindet.

Das logarithmische Differential von σ_m lässt sich, wenn wir diese Function als abhängig von x, y, z betrachten, in folgender Weise darstellen:

$$d(\log\sigma_m) = \frac{\partial\log\sigma_m}{\partial u}dU + \frac{\partial\log\sigma_m}{\partial u'}dU' + \frac{\partial\log\sigma_m}{\partial u''}dU''.$$

Die Differentialquotienten sind hier so zu bilden, als ob u, u', u'' unabhängige Grössen wären, dann aber die beschränkten Werthe derselben einzusetzen. Lässt sich nun beweisen, dass die drei Grössen

$$\frac{\partial \log \sigma_m}{\partial u}, \quad \frac{\partial \log \sigma_m}{\partial u'}, \quad \frac{\partial \log \sigma_m}{\partial u''}$$

nur in den drei bekannten, zum Index m gehörigen Punkten unendlich werden, so folgt, da dU, dU', dU'' Differentiale nie unendlich werdender Functionen sind, dass auch $\log(\sigma_m)$ nur an den drei bekannten Stellen unendlich wird. Nun bilden wir in derselben Weise:

$$d\left(\frac{\partial \log \sigma_m}{\partial u}\right) = \frac{\partial^2 \log \sigma_m}{\partial u^2} dU + \frac{\partial^2 \log \sigma_m}{\partial u \partial u'} dU' + \frac{\partial^2 \log \sigma_m}{\partial u \partial u''} dU''.$$

Hier sind die drei mit dU, dU', dU'' multiplicirten Ausdrücke, wenn wir u, u', u'' als unbeschränkt veränderliche Grössen auffassen, periodischen Functionen der Argumente. Denn es ist $\log(\sigma_m)$ eine Function von u, u', u'', die sich um eine additiv hinzutretende lineare Function $2\widetilde{\eta}u + 2\widetilde{\eta}'u' + 2\widetilde{\eta}''u'' +$ Const. ändert, wenn die Argumente um ein Periodensystem vermehrt werden; die ersten Ableitungen $\dfrac{\partial \log \sigma_m}{\partial u}$ etc. ändern sich daher nur um die Constanten $2\widetilde{\eta}, 2\widetilde{\eta}', 2\widetilde{\eta}''$, die zweiten: $\dfrac{\partial^2 \log \sigma_m}{\partial u^2}$ etc. bleiben ungeändert. Ferner haben diese zweiten Ableitungen die Eigenschaft, dass das Product einer jeden mit σ_m^2 eine stets endlich bleibende Function ist; denn jedes dieser Producte lässt sich darstellen durch eine ganze Function von σ_m und ihren Ableitungen. Nun haben alle Quadrate der 64 Functionen σ_m die Eigenschaft, dass sie sich um denselben Exponentialfactor vermehren, wenn die Argumente um ein Periodensystem vermehrt werden:

$$\{\sigma(u+2\widetilde{\omega}\cdots)_m\}^2 = e^{2\eta(u\cdots;p,q)}\{\sigma(u\cdots)_m\}^2.$$

Es sind also diese 64 Functionen σ_m^2, ebenso wie die Producte

$$\sigma_m^2 \frac{\partial^2 \log \sigma_m}{\partial u^2}, \quad \sigma_m^2 \frac{\partial^2 \log \sigma_m}{\partial u \partial u'} \text{ etc.,}$$

der Definition des § 2 im ersten Theil zufolge, Theta-Functionen zweiten Grades mit einer Charakteristik, deren Elemente μ, ν sämmtlich Null sind. Da aber, wie dort gezeigt ist, nur r^ρ linear unabhängige Theta-Functionen $r$ten Grades von einer bestimmten Charakteristik existiren, so muss zwischen $\sigma_m^2 \dfrac{\partial^2 \log \sigma_m}{\partial u^2}$ und acht Quadraten von Theta-Functionen eine lineare homogene Gleichung bestehen. Wir wählen die acht Quadrate:

$$\sigma_0^2, \; \sigma_1^2, \; \sigma_2^2 \cdots \sigma_7^2.$$

Zwischen diesen acht Grössen besteht keine lineare Gleichung von der Form:

$$A\sigma_0^2 + A_1\sigma_1^2 + \cdots + A_7\sigma_7^2 = 0,$$

so lange die Argumente als unbeschränkt gedacht werden. Denn angenommen, dass eine solche Gleichung existirte, so verschwinden, wenn wir die Argumente gleich Null setzen, alle Glieder mit Ausnahme des ersten; folglich muss $A = 0$ sein. Setzen wir ferner die Argumente gleich dem halben Periodensystem ω^1, $\omega^{1'}$, $\omega^{1''}$, so verschwinden alle Glieder mit Ausnahme des zweiten; folglich muss $A_1 = 0$ sein. Auf diese Weise sieht man, dass alle Coefficienten $A, A_1 \cdots A_7$ gleich Null sein müssen. – Hieraus folgt nun, dass sich $\sigma_m^2 \dfrac{\partial^2 \log \sigma_m}{\partial u^2}$ zerlegen lassen muss in ein lineares Aggregat:

$$\sum_{\alpha=0}^{7} (A_\alpha \sigma_\alpha^2);$$

dass also $\dfrac{\partial^2 \log \sigma_m}{\partial u^2}$ sich in dieser Form darstellen lassen muss:

$$\frac{\partial^2 \log \sigma_m}{\partial u^2} = \sum_{\alpha=0}^{7} \left(A_\alpha \frac{\sigma_\alpha^2}{\sigma_m^2} \right).$$

Dasselbe gilt von den fünf übrigen zweiten Ableitungen. Setzen wir nun für die σ-Quotienten ihre Ausdrücke durch x, y, z und x', y', z', so verwandelt sich jedes Glied $A_\alpha \dfrac{\sigma_\alpha^2}{\sigma_m^2}$ in eine rationale Function von x, y, z, welche nur unendlich wird in den drei uns bekannten Punkten, die zum Index m gehören. Daraus folgt, dass alle sechs zweiten Ableitungen, als Functionen von x, y, z betrachtet, nur in denselben drei Punkten unendlich werden. Daraus aber ergiebt sich, dass auch die Integrale

$$\frac{\partial \log \sigma_m}{\partial u}, \quad \frac{\partial \log \sigma_m}{\partial u'}, \quad \frac{\partial \log \sigma_m}{\partial u''},$$

und endlich $\log \sigma_m$ selbst nur in den drei zum Index m gehörigen Punkten unendlich wird, dass also σ_m nur in diesen drei Punkten verschwindet. Ferner ist klar, dass σ_m in diesen drei Punkten auch nur von der ersten Ordnung unendlich klein werden kann; denn sonst müsste der Quotient $\dfrac{\sigma_m}{\sigma_n}$ auch von höherer als der ersten Ordnung unendlich klein werden.

§ 19.

Durch die im § 17 geführte Untersuchung ist die eigentliche Bedeutung der im § 3 festgesetzten Beschränkung der Veränderlichen u, u', u'' gezeigt worden. Wir sahen, dass wenn die Determinantengleichung zwischen den Grössen L_{11}, L_{12} etc. besteht, die Argumente u, u', u'' nicht mehr willkürlich sind, sondern durch die drei Normal-Integrale, jedes von einer bestimmten unteren Grenze (x', y', z') bis zu einer bestimmten oberen (x, y, z) ausgedehnt, dargestellt werden können. Die Ausdrücke der σ-Quotienten, welche wir gefunden haben, sind also diejenigen Werthe, welche die Functionen

$$\frac{\sigma(u, u', u'')_m}{\sigma(u, u', u'')_n}$$

annehmen, wenn für die Argumente u, u', u'' die drei Integrale

$$\int dU, \quad \int dU', \quad \int dU'',$$

genommen zwischen diesen beiden Grenzen, eingesetzt werden. Die untere Grenze (x', y', z') wollen wir als fest annehmen; dann können wir die drei Integrale durch $U(x, y, z)$, $U'(x, y, z)$, $U''(x, y, z)$ oder kürzer durch U, U', U'' bezeichnen. Wir können dann die Resultate der vorangehenden Untersuchungen so zusammenfassen:

Setzt man für die Argumente u, u', u'' der σ-Functionen die Integrale U, U', U'' ein, so verwandelt sich jede der 64 σ-Functionen in eine transcendente Function von x, y, z, die an drei Stellen des Gebildes, und zwar von der ersten Ordnung, verschwindet. Diese drei Stellen sind, für die graden Functionen σ_m, algebraisch abhängig von der unteren Grenze der Integrale, und zwar sind sie für die Function σ_0 definirt als die gemeinsamen Nullpunkte der sieben Functionen $\Omega_\varkappa$, für $\sigma_{\varkappa\lambda\mu}$ als diejenigen Nullpunkte der Function $\Omega_{\varkappa,\lambda\mu}$, die weder Doppelpunkte sind, noch der Gleichung $F_\varkappa = 0$ genügen. Für die ungraden Functionen σ_m dagegen sind sie unmittelbar gegeben; es fällt nämlich für diese einer der drei Nullpunkte immer mit der unteren Grenze (x', y', z') zusammen; die beiden andern werden gebildet durch das von (x', y', z') unabhängige Punktepaar m, in welchem H_m verschwindet.

Der Quotient zweier σ-Functionen

$$\frac{\sigma(U, U', U'')_m}{\sigma(U, U', U'')_n}$$

ist eine algebraische Function, die in der Form

$$\eta_{mn} R(x, y, z)$$

darstellbar ist; wo $R(x, y, z)$ eine rationale Function bedeutet. Die Grössen η sind Quadratwurzeln aus rationalen Functionen. Bei der Definition dieser Grössen ist eine gewisse Willkür gelassen; man kann jede von ihnen mit einer rationalen Function multipliciren, ohne dass die wesentlichen Sätze über dieselben geändert werden. Wir können deshalb, wenn wir wollen

$$\eta_0 = 1, \quad \eta_{\varkappa\lambda} = \eta_\varkappa \eta_\lambda, \quad \eta_{\varkappa\lambda\mu} = \eta_\varkappa \eta_\lambda \eta_\mu$$

setzen; endlich ist auch das Product aller sieben Grössen $\eta_\varkappa$ eine rationale Function. Wir können deshalb

$$\eta_\varkappa = \frac{\sqrt{H_{k1}}}{\sqrt{H_1}} \quad (\varkappa = 2, 3 \cdots 7),$$
$$\eta_1 = \eta_2\eta_3\eta_4\eta_5\eta_6\eta_7$$

setzen, wodurch nun alle Grössen η bestimmt sind.

Ist m ein ungrader Index, so sind von den Nullpunkten der Function $\sigma(U, U', U'')_m$ zwei von der unteren Grenze unabhängig. Aendert man daher die untere Grenze und bezeichnet mit $\overline{U}$, $\overline{U}'$, $\overline{U}''$ die Normal-Integrale, ausgedehnt von einer neuen willkürlichen Stelle x'', y'', z'' bis zu x, y, z, so ist offenbar, dass der Quotient

$$\frac{\sigma(U, U', U'')_m}{\sigma(\overline{U}, \overline{U}', \overline{U}'')_m}$$

nur an der Stelle x', y', z' verschwindet, und nur an der Stelle x'', y'', z'' unendlich wird, beides von der ersten Ordnung. Diese Function ändert sich überhaupt nur um einen constanten Factor, wenn wir den Index m durch einen andern ungraden Index n ersetzen. Dies geht aus der Gleichung $\frac{\sigma_m}{\sigma_n} = c\frac{\sqrt{H_m}}{\sqrt{H_n}}$ unmittelbar hervor.

§ 20.

Zur Darstellung der allgemeinen σ-Functionen führt jetzt folgender Satz.

Es seien

$$U = \int_{a,b,c}^{x,y,z} dU, \quad U' = \int_{a,b,c}^{x,y,z} dU', \quad U'' = \int_{a,b,c}^{x,y,z} dU''$$

die drei Normal-Integrale erster Gattung, genommen von einer festen unteren Grenze (a, b, c) bis zum willkürlichen Punkte (x, y, z); es seien ferner

$$\begin{array}{ll} v_0, v'_0, v''_0; & v_1, v'_1, v''_1 \cdots v_{r-1}, v'_{r-1}, v''_{r-1}, \\ w_0, w'_0, w''_0; & w_1, w'_1, w''_1 \cdots w_{r-1}, w'_{r-1}, w''_{r-1} \end{array}$$

$2r$ Systeme von je drei Constanten, die den drei Bedingungen

$$\sum_{\alpha=0}^{r-1}(v_\alpha - w_\alpha) = 0, \quad \sum_{\alpha=0}^{r-1}(v'_\alpha - w'_\alpha) = 0, \quad \sum_{\alpha=0}^{r-1}(v''_\alpha - w''_\alpha) = 0$$

genügen, im Uebrigen willkürlich sind; es seien endlich

$$k_0, k_1, k_2 \cdots k_{r-1}; \quad l_0, l_1, \cdots l_{r-1}$$

$2r$ beliebige Indices, und m derjenige Index, der durch Zusammensetzung aller entsteht; dann ist das Product

$$Q=\prod_{\alpha=0}^{r-1}\left\{\frac{\sigma(U+v_\alpha\cdots)_{k\alpha}}{\sigma(U+w_\alpha\cdots)_{l\alpha}}\right\}$$

darstellbar durch eine algebraische Function von x, y, z, die durch Multiplication mit dem Factor η_m in eine rationale übergeht.

Wir beweisen diesen Satz schrittweise durch das Additionstheorem; zunächst für den Fall, dass das Product aus einem einzigen Quotienten besteht; dann für den Fall $r=2$; daraus folgt schliesslich das Allgemeine.

Wir setzen in dem Additionstheorem, das in der Gleichung (39) des ersten Theils enthalten ist, den Index $m=0$. Dann erhalten wir:

$$\text{(51)}\qquad c_0\,\Theta(2v\cdots)_{kl}\,\Theta(u+w\cdots)_k\,\Theta(u-w\cdots)_l$$

$$=\sum_{\alpha=0}^{7}\left[\pm\Theta(v+w\cdots)_{kl\alpha}\,\Theta(v-w\cdots)_\alpha\,\Theta(u+v\cdots)_{k\alpha}\,\Theta(u-v\cdots)_{l\alpha}\right].$$

Hier machen wir ferner die Voraussetzung, dass die beiden Indices k, l so beschaffen sind, dass der aus beiden zusammengesetzte kl grade ist. Dann setzen wir v, v', v'' gleich Null und drücken die Theta-Functionen aus durch die σ. Dann erhält das Theorem folgende Gestalt:

$$\sigma(u+w\cdots)_k\,\sigma(u-w\cdots)_l=\sum_{\alpha=0}^{7}\left[A_\alpha\sigma(u\cdots)_{k\alpha}\,\sigma(u\cdots)_{l\alpha}\right],$$

wo $A_0, A_1\cdots A_7$ von u, u', u'' unabhängige Factoren bedeuten. Nun setzen wir $u=U$, $u'=U'$, $u''=U''$, und dividiren die Gleichung durch $\{\sigma(U\cdots)_0\}^2$. Alsdann wird jedes Glied des Ausdrucks auf der rechten Seite eine mit dem Factor η_{kl} behaftete Function; es ist also der Quotient

$$\frac{\sigma(U+w\cdots)_k\,\sigma(U-w\cdots)_l}{\{\sigma(U\cdots)_0\}^2}$$

dargestellt in der Form:

$$\eta_{kl}R(x,y,z),$$

wo $R(x,y,z)$ eine rationale Function bedeutet. Dies beruht auf der Annahme, dass der Index kl grade ist, weil sonst c_{kl} verschwindet und dadurch die Gleichung illusorisch wird.

Es seien nun k,m zwei beliebige Indices. Jedenfalls lässt sich zu diesen ein dritter, l, bestimmen, von der Beschaffenheit, dass sowohl kl als ml grade ist. Ist km grade, so brauchen wir nur $l=k$ zu setzen; dann ist $kl=0$, $ml=km$, also beide Indices, wie verlangt, grade. Ist aber km ungrade, also entweder von der Form $\varkappa$ oder $\varkappa\lambda$, so setzen wir $l=\lambda\alpha\beta k$ ($\varkappa$, λ, α, β sollen irgend vier verschiedene der sieben primitiven Indices bedeuten). Es ist dann im ersten Falle

$$kl=\lambda\alpha\beta,\quad ml=\varkappa\lambda\alpha\beta;$$

im zweiten:

$$kl = \lambda\alpha\beta, \quad ml = \varkappa\alpha\beta;$$

also in beiden Fällen kl und ml grade. – Es ist nun bewiesen, dass sich

$$\frac{\sigma(U+w\cdots)_k\,\sigma(U-w\cdots)_l}{\{\sigma(U\cdots)_0\}^2}$$

durch eine mit dem Factor η_{kl},

$$\frac{\sigma(U+w\cdots)_m\,\sigma(U-w\cdots)_l}{\{\sigma(U\cdots)_0\}^2}$$

durch eine mit dem Factor η_{ml} behaftete algebraische Function von x, y, z ausdrücken lässt. Der Quotient beider Grössen

$$\frac{\sigma(U+w\cdots)_k}{\sigma(U+w\cdots)_m}$$

ist also eine Function von x, y, z, die durch Multiplication mit dem Factor η_{km} in eine rationale übergeht; und zwar sind hier die Indices k, m keinerlei Beschränkung unterworfen. Damit ist der ausgesprochene Satz für den Fall, dass sich das Product auf einen einzigen Factor reducirt, bewiesen.

Wir vermehren jetzt in der Gleichung (51) die Veränderlichen u um die Grössen v, und setzen $v+w=v_1, v-w=v_2$. Dann erhalten wir:

$$\begin{aligned} &c_0\,\Theta(v_1+v_2\cdots)_{kl}\,\Theta(u+v_1\cdots)_k\,\Theta(u+v_2\cdots)_l \\ =&\sum_{\alpha=0}^{7}[\pm\Theta(v_1\cdots)_{kl\alpha}\,\Theta(v_2\cdots)_\alpha\,\Theta(u+v_1+v_2\cdots)_{k\alpha}\,\Theta(u\cdots)_{l\alpha}]. \end{aligned}$$

Hier setzen wir wieder die Integrale U, U', U'' für die Argumente u, u', u'' ein, und ersetzen die Θ durch die mit Constanten behafteten σ. Dann erhalten wir eine Gleichung von folgender Form:

$$\sigma(U+v_1\cdots)_k\,\sigma(U+v_2\cdots)_l = \sum_{\alpha=0}^{7}[B_\alpha\sigma(U+v_1+v_2\cdots)_{k\alpha}\,\sigma(U\cdots)_{l\alpha}].$$

Hier bedeuten $B_0, B_1\cdots B_7$ von x, y, z unabhängige Factoren. Dividirt man diese Gleichung durch

$$\sigma(U+v_1+v_2\cdots)_0\,\sigma(U\cdots)_0,$$

so wird, wie bereits bewiesen ist,

$$\frac{\sigma(U+v_1+v_2\cdots)_{k\alpha}}{\sigma(U+v_1+v_2\cdots)_0}$$

eine mit dem Factor $\eta_{k\alpha}$,

$$\frac{\sigma(U\cdots)_{l\alpha}}{\sigma(U\cdots)_0}$$

eine mit dem Factor $\eta_{l\alpha}$ behaftete, also das Product beider Quotienten eine mit dem Factor η_{kl} behaftete algebraische Function von x, y, z. Dies gilt von jedem Gliede, also auch von der Summe; es ist daher

$$\frac{\sigma(U+v_1\cdots)_k\,\sigma(U+v_2\cdots)_l}{\sigma(U+v_1+v_2\cdots)_0\,\sigma(U\cdots)_0}=\eta_{kl}R(x,y,z).$$

Wir bilden in derselben Weise den Quotienten:

$$\frac{\sigma(U+w_1\cdots)_m\,\sigma(U+w_2\cdots)_n}{\sigma(U+w_1+w_2\cdots)_0\,\sigma(U\cdots)_0}.$$

Dieser muss sich darstellen lassen durch eine mit dem Factor η_{mn} behaftete algebraische Function von x, y, z. Wenn wir nun zwischen den vier Systemen von je drei Constanten:

$$v_1, v_1', v_1''; \quad v_2, v_2', v_2''; \quad w_1, w_1', w_1''; \quad w_2, w_2', w_2''$$

die drei Relationen annehmen:

$$\begin{aligned} v_1+v_2&=w_1+w_2,\\ v_1'+v_2'&=w_1'+w_2',\\ v_1''+v_2''&=w_1''+w_2'', \end{aligned}$$

so werden die Nenner beider Quotienten einander gleich; wir erhalten daher:

$$\frac{\sigma(U+v_1\cdots)_k\,\sigma(U+v_2\cdots)_l}{\sigma(U+w_1\cdots)_m\,\sigma(U+w_2\cdots)_n}=\eta_{klmn}R(x,y,z).$$

Damit ist der anfangs ausgesprochene Satz für $r=2$ bewiesen.

Um nun zum Beweise des allgemeinen Theorems zu gelangen, nehmen wir an, dasselbe sei bewiesen für den Fall, dass das Product aus $r-1$ Factoren besteht. Wir sondern vom Zähler von Q einen, vom Nenner zwei Factoren ab:

$$Q=\frac{\sigma(U+v_0\cdots)_{k_0}\prod_{\alpha=1}^{r-1}\{\sigma(U+v_\alpha\cdots)_{k\alpha}\}}{\sigma(U+w_0\cdots)_{l_0}\sigma(U+w_1\cdots)_{l_1}\prod_{\alpha=2}^{r-1}\{\sigma(U+w_\alpha\cdots)_{l\alpha}\}}.$$

Demnach können wir, indem wir im Zähler und Nenner einen Factor

$$\sigma(U+w_0+w_1-v_0\cdots)_0$$

hinzufügen, den Ausdruck Q in die beiden Factoren zerlegen:

$$Q_1 = \frac{\sigma(U+v_0\cdots)_{k_0}\,\sigma(U+w_0+w_1-v_0\cdots)_0}{\sigma(U+w_0\cdots)_{l_0}\,\sigma(U+w_1\cdots)_{l_1}},$$

$$Q_2 = \frac{\sigma(U+v_1\cdots)_{k_1}}{\sigma(U+w_0+w_1-v_0\cdots)_0}\prod_{\alpha=2}^{r-1}\left\{\frac{\sigma(U+v_\alpha\cdots)_{k\alpha}}{\sigma(U+w_\alpha\cdots)_{l\alpha}}\right\}.$$

Setzen wir nun

$$k_0 l_0 l_1 = m_1; \quad k_1 k_2 \cdots k_{r-1} l_2 l_3 \cdots l_{r-1} = m_2,$$

so sind zunächst für den ersten Ausdruck Q_1 die drei Voraussetzungen des Satzes erfüllt; und da wir denselben für $r = 2$ bewiesen haben, so ist Q_1 eine mit dem Factor η_{m_1} behaftete algebraische Function von x, y, z. Aber auch für den zweiten Factor sind die Voraussetzungen erfüllt; denn da

$$\sum_{\alpha=0}^{r-1}(v_\alpha - w_\alpha) = 0$$

angenommen ist, so ist

$$v_1 - w_0 - w_1 + v_0 + \sum_{\alpha=2}^{r-1}(v_\alpha - w_\alpha) = 0.$$

Nehmen wir also an, dass der Satz für Producte von $r-1$ Factoren bewiesen sei, so folgt, dass Q_2 eine mit dem Factor η_{m_2} behaftete algebraische Function ist. Nun ist $m_1 m_2 = m$; es ist also $\eta_{m_1}\eta_{m_2}$ eine mit η_m behaftete Function von (x, y, z). Daraus erkennt man, dass das Product Q durch Multiplication mit dem Factor η_m in eine rationale Function von x, y, z übergeht. Wenn also der Satz gilt für Producte von $r-1$ Factoren, so ist er auch richtig für Producte von r Factoren. Da er nun für $r = 1$ und $r = 2$ bewiesen ist, so gilt er allgemein.

§ 21.

Wir gehen jetzt über zur Definition der Abel'schen Functionen dreier unabhängiger Veränderlichen u, u', u''. Wenn wir in der Function

$$\sigma(u, u', u'')_k$$

die Argumente um ein Periodensystem $2\widetilde{\omega}$, $2\widetilde{\omega}'$, $2\widetilde{\omega}''$ vermehren, so ändert sich dieselbe um den Factor:

$$(-1)^{\Sigma(p\varepsilon^k - q\delta^k)}e^{\eta(u,u',u'';pq)}.$$

Der Quotient

$$\frac{\sigma(u, u', u'')_k}{\sigma(u, u', u'')_l}$$

ändert also nur sein Zeichen; und zwar ist

$$\frac{\sigma(u+2\widetilde{\omega}\cdots)_k}{\sigma(u+2\widetilde{\omega}\cdots)_l} = (-1)^{\Sigma[p(\varepsilon^k-\varepsilon^l)-q(\delta^k-\delta^l)]}\frac{\sigma(u\cdots)_k}{\sigma(u\cdots)_l}.$$

Bilden wir nun ein Product von beliebig vielen σ-Quotienten, und stellen für jeden Factor diese Gleichung auf:

$$\frac{\sigma(u+2\widetilde{\omega}\cdots)_{k\alpha}}{\sigma(u+2\widetilde{\omega}\cdots)_{l\alpha}} = (-1)^{\Sigma[p(\varepsilon^{k\alpha}-\varepsilon^{l\alpha})-q(\delta^{k\alpha}-\delta^{l\alpha})]}\frac{\sigma(u\cdots)_{k\alpha}}{\sigma(u\cdots)_{l\alpha}}$$
$$(\alpha=0, \quad 1\cdots r-1),$$

so fügen sich, wenn wir den aus sämmtlichen Indices k_α, l_α zusammengesetzten Index mit m bezeichnen, die r Summen

$$\sum\left[p(\varepsilon^{k\alpha}-\varepsilon^{l\alpha})-q(\delta^{k\alpha}-\delta^{l\alpha})\right]$$

zu einer einzigen zusammen:

$$\sum[p\varepsilon^m-q\delta^m];$$

es ist also, wenn wir das Product

$$\prod_{\alpha=0}^{r-1}\left\{\frac{\sigma_{k\alpha}}{\sigma_{l\alpha}}\right\}$$

mit $Q(u, u', u'')$ bezeichnen:

$$Q(u+2\widetilde{\omega}, u'+2\widetilde{\omega}', u''+2\widetilde{\omega}'') = (-1)^{\Sigma[p\varepsilon^m-q\delta^m]}Q(u, u', u'').$$

Dieselben Gleichungen bestehen, wenn wir unter $Q(u, u', u'')$ die allgemeinere Function

$$\prod_{\alpha=0}^{r-1}\left\{\frac{\sigma(u+v_\alpha\cdots)_{k\alpha}}{\sigma(u+w_\alpha\cdots)_{l\alpha}}\right\}$$

verstehen, wenn nur zwischen den Constanten v und w die Gleichungen bestehen:

$$\sum_{\alpha=0}^{r-1}(v_\alpha-w_\alpha)=0,$$
$$\sum_{\alpha=0}^{r-1}(v'_\alpha-w'_\alpha)=0,$$
$$\sum_{\alpha=0}^{r-1}(v''_\alpha-w''_\alpha)=0.$$

Dies ist eben so leicht zu beweisen.

Wir denken uns nun die $2r$ Indices k_α, l_α so gewählt, dass durch Zusammensetzung aller der Index Null hervorgeht; dann sind die sechs Grössen ε^m und δ^m sämmtlich Null; daraus geht hervor, dass unter dieser Voraussetzung die Function Q eine periodische ist.

Jede so gebildete periodische Function und jede rational aus solchen Quotienten gebildete nennen wir eine Abel'sche Function der Argumente.

Aus dieser Definition folgt unmittelbar folgender Satz:

Ist $\varphi(u, u', u'')$ eine beliebige Abel'sche Function und sind w, w', w'' drei willkürliche Constanten, so ist $\varphi(u+w, u'+w', u''+w'')$ ebenfalls eine Abel'sche Function.

Der im vorigen Paragraphen bewiesene Satz führt nun unmittelbar zu der algebraischen Darstellung der Abel'schen Functionen durch eine Anzahl von Grössensystemen (x_0, y_0, z_0), (x_1, y_1, z_1) etc., die der Gleichung $L = 0$ genügen. Aus diesem Satze geht nämlich Folgendes hervor:

Setzt man in dem Ausdrucke irgend einer Abel'schen Function $\varphi(u, u', u'')$ für die Argumente die Integrale erster Gattung $\int dU$, $\int dU'$, $\int dU''$, ausgedehnt von einer als fest gedachten unteren Grenze (a, b, c) bis zu einer willkürlichen oberen (x, y, z), so verwandelt sich die Abel'sche Function in eine rationale Function von (x, y, z).

Setzt man nun für jedes der Argumente nicht ein Integral, sondern eine Summe von Integralen, die alle aus derselben Differentialfunction entspringen:

$$u = \sum_\alpha \int_{(a_\alpha, b_\alpha, c_\alpha)}^{(x_\alpha, y_\alpha, z_\alpha)} (dU),$$

$$u' = \sum_\alpha \int_{(a_\alpha, b_\alpha, c_\alpha)}^{(x_\alpha, y_\alpha, z_\alpha)} (dU'),$$

$$u'' = \sum_\alpha \int_{(a_\alpha, b_\alpha, c_\alpha)}^{(x_\alpha, y_\alpha, z_\alpha)} (dU''),$$

so wird die Abel'sche Function eine rationale Function sämmtlicher oberen Grenzen $(x_\alpha, y_\alpha, z_\alpha)$. Denn sondern wir von den aufgestellten Summen diejenigen Integrale ab, deren obere Grenze der Punkt $(x_\alpha, y_\alpha, z_\alpha)$ ist, so erhalten wir:

$$u = \int_{(x_\alpha, y_\alpha, z_\alpha)}^{(a_\alpha, b_\alpha, c_\alpha)} (dU) + w,$$

$$u' = \int_{(x_\alpha,y_\alpha,z_\alpha)}^{(a_\alpha,b_\alpha,c_\alpha)} (dU') + w',$$

$$u'' = \int_{(x_\alpha,y_\alpha,z_\alpha)}^{(a_\alpha,b_\alpha,c_\alpha)} (dU'') + w''.$$

Nehmen wir nun x_α, y_α, z_α allein als veränderlich, die übrigen Werthsysteme als constant an, so sind auch w, w', w'' drei constante Grössen und $\varphi(\overline{u}+w, \overline{u}'+w', \overline{u}''+w'')$ jedenfalls eine Abel'sche Function von $\overline{u}$, $\overline{u}'$, $\overline{u}''$. Setzt man hier für $\overline{u}$, $\overline{u}'$, $\overline{u}''$ die von $(a_\alpha, b_\alpha, c_\alpha)$ bis $(x_\alpha, y_\alpha, z_\alpha)$ ausgedehnten Integrale ein, so verwandelt sich, dem ausgesprochenen Satz zufolge $\varphi(\overline{u}+w\cdots)$ in eine rationale Function von $(x_\alpha, y_\alpha, z_\alpha)$. Es ist aber dann $\overline{u}+w = u$, $\overline{u}'+w' = u'$, $\overline{u}''+w'' = u''$; folglich erkennen wir, dass durch die Substitution der Integralsummen für die Argumente die Abel'sche Function $\varphi(u, u', u'')$ in eine rationale Function von $(x_\alpha, y_\alpha, z_\alpha)$ übergeht.

Wir können nun die Formeln für die Darstellung der Argumente in folgender Weise schreiben:

$$u = \sum_\alpha \left\{ U(x_\alpha, y_\alpha, z_\alpha) - U(a_\alpha, b_\alpha, c_\alpha) \right\},$$

$$u' = \sum_\alpha \left\{ U'(x_\alpha, y_\alpha, z_\alpha) - U'(a_\alpha, b_\alpha, c_\alpha) \right\},$$

$$u'' = \sum_\alpha \left\{ U''(x_\alpha, y_\alpha, z_\alpha) - U''(a_\alpha, b_\alpha, c_\alpha) \right\},$$

wenn wir unter $U(x, y, z)$, $U'(x, y, z)$, $U''(x, y, z)$ die drei Integrale verstehen:

$$\int \frac{H\Delta}{2kgR}, \qquad \int \frac{\overline{H}\Delta}{2kgR}, \qquad \int \frac{\overline{\overline{H}}\Delta}{2kgR}.$$

Daraus geht hervor – wenn wir auf die volle Vieldeutigkeit der Integrale Rücksicht nehmen – dass die Argumente u, u', u'' sich nur um ein Periodensystem ändern, wenn zwei der Werthsysteme $(x_\alpha, y_\alpha, z_\alpha)$ mit einander vertauscht werden. Die Abel'schen Functionen bleiben mithin vollständig ungeändert, wenn die Werthsysteme $(x_\alpha, y_\alpha, z_\alpha)$ beliebig unter einander vertauscht werden. Demnach ergiebt sich folgender Satz:

Setzt man für die Argumente u, u', u'' irgend einer Abel'schen Function $\varphi(u, u', u'')$ die Integral-Summen:

$$u = \sum \left\{ \int_{(a_\alpha,b_\alpha,c_\alpha)}^{(x_\alpha,y_\alpha,z_\alpha)} (dU) \right\} = \sum \left\{ U(x_\alpha, y_\alpha, z_\alpha) - U(a_\alpha, b_\alpha, c_\alpha) \right\} \text{ etc.}$$

ein, so verwandelt sich dieselbe in eine rationale und symmetrische Function sämmtlicher Werthsysteme $(x_\alpha, y_\alpha, z_\alpha)$. Es sind also jetzt die Abel'schen Functionen nicht nur allgemein definirt, sondern es ist auch die Grundlage gegeben zu ihrer Darstellung durch symmetrische Functionen einer Anzahl der Gleichung $L = 0$ genügender Werthsysteme.

§ 22.

Es ist klar, dass je nach der Anzahl der Integrale, die man zur Darstellung der Argumente verwendet, und nach der Wahl ihrer unteren Grenzen, die Darstellung der Abel'schen Functionen verschieden ausfallen muss. Die volle Veränderlichkeit ist gewahrt, wenn man die Argumente durch Summen von je drei Integralen ausdrückt mit beliebigen, aber fest gewählten unteren Grenzen. Nimmt man eine der unteren Grenzen, oder beide, noch als willkürlich veränderlich an, so würden sogar zwei Integrale ausreichen. Die Methode zur Darstellung der σ-Functionen, welche im Folgenden benutzt wird, ist anwendbar unter allen diesen besonderen Annahmen. Wir machen diejenige Annahme, welche zur Darstellung der σ-Quotienten in der Weber'schen Form führt, weil wir bei dieser Annahme keinerlei algebraischen Schwierigkeiten begegnen. Es seien

$$(x_0, y_0, z_0), \quad (x_1, y_1, z_1), \quad (x_2, y_2, z_2), \quad (x_3, y_3, z_3);$$
$$(a_0, b_0, c_0), \quad (a_1, b_1, c_1), \quad (a_2, b_2, c_2), \quad (a_3, b_3, c_3)$$

acht Werthsysteme, die der Gleichung $L = 0$ genügen; die vier oberen sehen wir als veränderlich, die übrigen als feste Punkte des Gebildes an. Wir setzen dann:

$$(52) \qquad \begin{cases} u = \sum_{h=0}^{3} \left\{ U(x_h, y_h, z_h) - U(a_h, b_h, c_h) \right\}, \\ u' = \sum_{h=0}^{3} \left\{ U'(x_h, y_h, z_h) - U'(a_h, b_h, c_h) \right\}, \\ u'' = \sum_{h=0}^{3} \left\{ U''(x_h, y_h, z_h) - U''(a_h, b_h, c_h) \right\}. \end{cases}$$

Es wäre erlaubt – wovon wir indess keinen Gebrauch machen — ohne die Veränderlichkeit der Argumente zu beschränken, eins der vier Werthsysteme (x_h, y_h, z_h) als constant anzunehmen. Ueber die vier unteren Grenzen haben wir freie Verfügung. Wir beschränken dieselben durch die Bedingung, dass es eine homogene Function dritter Ordnung H geben soll, die an diesen vier Punkten verschwindet und ausserdem an den sämmtlichen Doppelpunkten. Diese Function muss die Form haben:

$$(53) \qquad \mathsf{H} = AH + BH' + CH'';$$

denken wir uns also die andere Gleichung $M = 0$ zu Grunde gelegt, so sind die unteren Grenzen der Integrale angenommen als die vier Schnittpunkte der Curve $M = 0$ mit einer gegebenen Graden $\mathsf{H} = 0$.

Wir setzen nun zur Abkürzung:

$$U(x_h, y_h, z_h) = U_h; \quad U(a_h, b_h, c_h) = V_h \quad (h = 0, 1, 2, 3);$$

ebenso

$$U'(x_h, y_h, z_h) = U'_h, \quad U'(a_h, b_h, c_h) = V'_h,$$
$$U''(x_h, y_h, z_h) = U''_h, \quad U''(a_h, b_h, c_h) = V''_h.$$

Als untere Grenze wird in allen Integralen derselbe feste Punkt angenommen. Dann ist:

$$(54) \qquad u = \sum_{h=0}^{3}(U_h - V_h), \quad u' = \sum_h (U'_h - V'_h), \quad u'' = \sum_h (U''_h - V''_h).$$

Diese Ausdrücke denken wir uns in irgend eine der 64 Functionen $\sigma(u, u', u'')_m$ eingesetzt. Nehmen wir die drei letzten Werthsysteme (x_h, y_h, z_h) als constant an, so ist $\sigma(u, u', u'')_m$ eine Function von (x_0, y_0, z_0) allein; und zwar kann diese Function so dargestellt werden:

$$\sigma(u, u', u'')_m = \sigma(U_0 + w, U'_0 + w', U''_0 + w'')_m,$$

wo

$$U_0 = U(x_0, y_0, z_0), \quad U'_0 = U'(x_0, y_0, z_0), \quad U''_0 = U''(x_0, y_0, z_0)$$

ist, und w, w', w'' drei Constanten bedeuten, definirt durch die Gleichungen:

$$U_1 + U_2 + U_3 - (V_0 + V_1 + V_2 + V_3) = w,$$
$$U'_1 + U'_2 + U'_3 - (V'_0 + V'_1 + V'_2 + V'_3) = w',$$
$$U''_1 + U''_2 + U''_3 - (V''_0 + V''_1 + V''_2 + V''_3) = w''.$$

Wir verstehen nun unter n einen beliebigen der 28 ungraden Indices, und bilden den Quotienten:

$$(55) \qquad Q = \frac{\sigma(U_0 + w \cdots)_m \, \sigma(U_0 - U_1 \cdots)_n \, \sigma(U_0 - U_2 \cdots)_n \, \sigma(U_0 - U_3 \cdots)_n}{\sigma(U_0 - V_0 \cdots)_n \, \sigma(U_0 - V_1 \cdots)_n \, \sigma(U_0 - V_2 \cdots)_n \, \sigma(U_0 - V_3 \cdots)_n}.$$

Dieser muss sich, da die Gleichungen

$$w - U_1 - U_2 - U_3 + V_0 + V_1 + V_2 + V_3 = 0, \text{ etc.}$$

erfüllt sind, dem in § 20 bewiesenen Satze zufolge darstellen lassen durch eine algebraische Function von (x_0, y_0, z_0), die durch Multiplication mit dem Factor η^0_{mn} in eine rationale übergeht. (Unter η^0_{mn} verstehen wir dieselbe Function von (x_0, y_0, z_0), die η_{mn} von (x, y, z) ist.)

Wir wollen (x, y, z) anstatt des veränderlichen Werthsystems (x_0, y_0, z_0), und entsprechend U, U', U'' für U_0, U'_0, U''_0 schreiben. Untersuchen wir jetzt, an welchen Stellen der Quotient Q verschwindet und unendlich wird. Bis auf den Factor $\sigma(U+w\cdots)_m$, der nirgends unendlich wird, sind alle Grössen, die in dem Ausdruck Q vorkommen, specielle σ-Functionen von der früher betrachteten Art, die in dem Punktepaare (n), und ausserdem jede nur noch an einer Stelle verschwinden; nämlich $\sigma(U-U_1\cdots)_n$ im Punkte (x_1, y_1, z_1), $\sigma(U-U_2\cdots)_n$ im Punkte (x_2, y_2, z_2), $\sigma(U-V_0\cdots)_n$ im Punkte (a_0, b_0, c_0) etc. Der Nenner von Q verschwindet also in den vier von den Doppelpunkten verschiedenen Nullpunkten der Function H von der ersten Ordnung, und in dem Punktepaare (n) von der vierten Ordnung; der Zähler verschwindet in dem Punktepaare (n) von der dritten Ordnung, und in den drei Punkten (x_h, y_h, z_h) $(h = 1, 2, 3)$ von der ersten Ordnung. Der Quotient ist eine algebraische Function, die überall den Charakter einer rationalen hat; die Anzahl ihrer Nullpunkte muss daher gleich der Anzahl der Stellen sein, in denen sie unendlich wird; daraus folgt, dass die Function $\sigma(u, u', u'')_m$, als abhängig von einem der Werthsysteme (x_h, y_h, z_h) aufgefasst, an drei Punkten verschwindet.

Demnach ist der Quotient Q als Function von (x, y, z) definirt durch folgende Bedingungen:

Erstens. Durch Multiplication mit dem Factor η_{mn} geht Q in eine rationale Function von (x, y, z) über.

Zweitens. Q wird unendlich, und zwar von der ersten Ordnung, nur in sechs Punkten, nämlich den vier von den Doppelpunkten verschiedenen Punkten, in denen $\mathsf{H} = 0$ ist, und dem Punktepaare (n).

Drittens. Q verschwindet in den drei willkürlich gegebenen Stellen (x_h, y_h, z_h) $(h = 1, 2, 3)$.

Durch diese Bedingungen ist die Function Q bestimmt bis auf einen von (x, y, z) unabhängigen Factor. Dies wird so bewiesen:

Angenommen, dass die Function Q durch die aufgestellten Bedingungen noch nicht bestimmt wäre, so müsste es, wie auch die Punkte (x_h, y_h, z_h) gewählt sind, zwei Functionen Q und Q' von nicht constantem Verhältniss geben, die den Bedingungen genügen. Wir bestimmen zuerst eine solche Function Q. Diese verschwindet an sechs Stellen; also ausser den Stellen (x_h, y_h, z_h) in drei ferneren (x'_h, y'_h, z'_h) $(h = 1, 2, 3)$. Setzen wir nun in den gegebenen Bedingungen diese neuen drei Stellen an Stelle der Punkte (x_h, y_h, z_h), so ist zunächst Q eine Function der verlangten Art. Dann aber müsste eine zweite Function Q' existiren, die ebenfalls den Bedingungen genügt, und deren Verhältniss zu Q nicht constant ist. Der Quotient $\dfrac{Q'}{Q}$ wäre dann eine rationale Function, die nur an den drei willkürlich gewählten Stellen, und zwar von der ersten Ordnung, unendlich wird. Eine solche Function existirt aber nicht.

Die Aufgabe, die Function Q darzustellen, wird nun dadurch gelöst, dass man vier specielle Functionen

$$P_m, \quad Q_m, \quad R_m, \quad S_m$$

aufstellt, zwischen denen keine lineare Gleichung besteht, und die den ersten beiden Bedingungen Genüge leisten. Dies ist sehr leicht, wenn wir den von Herrn Weber in die Theorie eingeführten Begriff der Wurzelfunctionen anwenden. Wir sehen hierbei nicht x, y, z, sondern $H, \overline{H}, \overline{\overline{H}}$ als ursprüngliche Veränderliche an.

Es sei r eine gegebene positive ganze Zahl. Dann können wir den Index m auf verschiedene Arten in ein Product von r ungraden Indices zerlegen:

$$m = abc \cdots e, \quad m = a'b'c' \cdots e' \text{ etc.}$$

Diesen Zerlegungen entsprechend kann man die Producte:

$$P = \sqrt{H_a}\sqrt{H_b}\sqrt{H_c} \cdots \sqrt{H_e}, \quad P' = \sqrt{H_{a'}}\sqrt{H_{b'}} \cdots \sqrt{H_{e'}}, \text{ etc.}$$

bilden. Jedes dieser Producte und jedes lineare Aggregat derselben $cP + c'P' +$ etc. nennt Herr Weber eine Wurzelfunction $r$ter Ordnung mit dem Index m.

Für $r = 1$ giebt es nur dann Wurzelfunctionen, wenn der Index m ungrade ist, und zwar auch dann nur die Grösse $\sqrt{H_m}$ oder $c\sqrt{H_m}$ selbst. Für $r = 2$ sind, wenn $m = 0$ ist, die Wurzelfunctionen identisch mit den aus H, $\overline{H}$, $\overline{\overline{H}}$ linear gebildeten Ausdrücken; es giebt also für $m = 0$, $r = 2$ drei linear unabhängige Wurzelfunctionen. Ist dagegen $r = 2$, und m von 0 verschieden, so wissen wir aus § 9, dass sich sechs Producte

$$\sqrt{H_a}\sqrt{H_b}, \quad \sqrt{H_{a'}}\sqrt{H_{b'}} \text{ etc.}$$

bilden lassen, von der Beschaffenheit, dass $ab = a'b'$ etc. $= m$ ist, dass aber zwischen je dreien derselben eine lineare Gleichung besteht. Die Anzahl der linear unabhängigen Wurzelfunctionen zweiter Ordnung mit dem Index m ist also gleich 3, wenn $m = 0$ ist, $= 2$, wenn m von 0 verschieden ist.

Ueber die Wurzelfunctionen gelten nun folgende allgemeine Sätze:

I. Der Quotient zweier Wurzelfunctionen gleicher Ordnung, deren eine zum Index m, die andre zum Index n gehört, ist eine mit dem Factor η_{mn} behaftete algebraische Function; also eine rationale, wenn $m = n$ ist.

Dies ist unmittelbar einleuchtend, da der Quotient je zweier Glieder des Zählers und Nenners eine mit dem Factor η_{mn} behaftete Function ist. Dividirt man ferner eine Wurzelfunction $r$ter Ordnung durch eins ihrer Glieder:

$$\sqrt{H_a}\sqrt{H_b} \cdots \sqrt{H_e},$$

so verschwindet der Nenner genau in $2r$ Punkten, nämlich den Berührungspunkten der r Doppeltangenten $H_a = 0, H_b = 0 \cdots H_e = 0$; da der Quotient eine rationale Function ist, so muss auch der Zähler in eben so vielen Punkten verschwinden. Es gilt also der Satz:

II. Jede Wurzelfunction $r$ter Ordnung verschwindet in $2r$ Punkten.

Daraus wiederum geht, für $r > 2$, hervor:

III. Die Anzahl der linear unabhängigen Wurzelfunctionen $r$ter Ordnung mit dem Index m ist nicht grösser als $2r-2$. Oder: Zwischen je $2r-1$ Functionen dieser Art besteht eine lineare homogene Gleichung.

Denn wenn wirklich $2r-2$ linear unabhängige Functionen dieser Art existiren, so lässt sich eine Wurzelfunction $r$ter Ordnung mit dem Index m bestimmen, die an $2r-3$ willkürlich gewählten Punkten $p_1, p_2, \cdots p_{2r-3}$ verschwindet. Diese verschwindet ausserdem nur noch in drei Punkten $p_{2r-2}, p_{2r-1}, p_{2r}$. Wir nennen diese Function W und bilden nun eine zweite Function W' derselben Art, die an den $2r-3$ Stellen: $p_{2r}, p_{2r-1}, p_{2r-2}, p_{2r-3}, \cdots p_4$ verschwindet. Angenommen nun, dass der obige Satz nicht richtig wäre, so würden wir W' so bestimmen können, dass das Verhältniss $\frac{W'}{W}$ keine Constante ist; dieses Verhältniss ist aber jedenfalls eine rationale Function, nach dem ersten Satze; wir hätten also eine rationale Function, die nur an den drei willkürlichen Stellen p_1, p_2, p_3, und zwar von der ersten Ordnung, unendlich wird. Dies ist unmöglich.

Aus dem letzten Satze geht, für $r=3$, hervor, dass es nicht mehr als vier linear unabhängige Wurzelfunctionen dritter Ordnung mit dem Index m giebt. Diese können wir auf folgende Weise bilden.

Wir wählen irgend einen Index p von der Beschaffenheit, dass pm grade ist, und zerlegen p in zwei ungrade Indices k, l. km und lm sind dann von 0 verschieden, denn wäre z. B. $km=0$, so wäre $klm=l$, was nicht möglich ist, da klm als grade, l als ungrade vorausgesetzt ist. Es giebt deshalb genau zwei linear unabhängige Wurzelfunctionen zweiter Ordnung mit dem Index km, und zwei mit dem Index lm. Wir bezeichnen von diesen vier Functionen (die im Uebrigen beliebig gewählt sein können) die beiden ersteren durch A_{km}, B_{km}, die letzteren durch A_{lm}, B_{lm}. Es sind dann

$$(56) \qquad p_m = A_{km}\sqrt{H_k}, \quad q_m = B_{km}\sqrt{H_k}, \quad r_m = A_{lm}\sqrt{H_l}, \quad s_m = B_{lm}\sqrt{H_l}$$

vier Wurzelfunctionen dritter Ordnung, von denen wir behaupten, dass sie von einander linear unabhängig sind.

Denn angenommen, es bestehe zwischen ihnen eine lineare Gleichung, so würde also eine Gleichung existiren von der Form:

$$W_{km}\sqrt{H_k} + W_{lm}\sqrt{H_l} = 0,$$

wo W_{km} eine Wurzelfunction zweiter Ordnung mit dem Index km, W_{lm} mit dem Index lm bedeutet. Aus dieser Gleichung geht hervor, dass W_{km} in den beiden Berührungspunkten der Tangente $H_l=0$ verschwinden müsste. Zerlegen wir jetzt den Index km in zwei ungrade Indices a, b und bilden das Product

$$W_{km}\sqrt{H_a}\sqrt{H_b},$$

so lässt sich dieses, einem in § 9 bewiesenen Satze zufolge (S. 71) darstellen durch eine homogene quadratische Function der Grössen H, $\overline{H}$, $\overline{\overline{H}}$. Es müsste also eine homogene quadratische Function G dieser Grössen existiren, die in den sechs Berührungspunkten der Tangenten H_a, H_b, H_l verschwindet. Es sei d ein neuer ungrader Index. Bilden wir dann den Quotienten:

$$\frac{G^2}{H_a H_b H_l H_d},$$

so hätten wir in diesem eine rationale Function der Verhältnisse $H : \overline{H} : \overline{\overline{H}}$, die nur in Berührungspunkten der Tangente $H_d = 0$ unendlich wird, und zwar von der zweiten Ordnung. Functionen von derselben Beschaffenheit sind

$$\frac{H}{H_d}, \quad \frac{\overline{H}}{H_d}, \quad \frac{\overline{\overline{H}}}{H_d}.$$

Zwischen diesen vier Grössen muss eine lineare homogene Relation stattfinden. Denn wir würden sonst ein Aggregat derselben bilden können, welches nur vom zweiten Grade ist. Es muss also

$$\frac{G^2}{H_a H_b H_l H_d} = A\frac{H}{H_d} + B\frac{\overline{H}}{H_d} + C\frac{\overline{\overline{H}}}{H_d},$$

oder:

$$G^2 = H_a H_b H_l (AH + B\overline{H} + C\overline{\overline{H}})$$

sein, wo A, B, C constante Coefficienten bedeuten. Aus dieser Gleichung geht hervor, dass die Linie $AH + B\overline{H} + C\overline{\overline{H}} = 0$ ebenfalls eine Doppeltangente sein muss. Da es aber nur die 28 Doppeltangenten giebt, so muss $AH + B\overline{H} + C\overline{\overline{H}} = H_c$ sein, wo c einen der 28 ungraden Indices bedeutet.

Wir erhalten demnach

$$G = \sqrt{H_a}\sqrt{H_b}\sqrt{H_c}\sqrt{H_l},$$

oder, da $G = \sqrt{H_a}\sqrt{H_b}A_{km}$ ist,

$$A_{km} = \sqrt{H_c}\sqrt{H_l}.$$

Nun ist

$$\frac{A_{km}}{\sqrt{H_c}\sqrt{H_l}}$$

eine mit dem Factor η_{klmc} behaftete Function. Ist diese constant, so muss $klmc = 0$, oder $klm = c$ sein. Dies aber widerspricht unsern Voraussetzungen; denn wir haben den Index klm als grade angenommen, und der Index c ist ungrade.

Dadurch ist bewiesen, dass zwischen den vier Grössen p_m, q_m, r_m, s_m, welche wir aufgestellt haben, keine lineare Gleichung besteht. Dividiren wir jetzt jede derselben durch das Product $\mathsf{H}\sqrt{H_n}$, welches eine Wurzelfunction dritter Ordnung mit dem Index n ist, so ist jeder der Quotienten

$$(56') \qquad P_m = \frac{p_m}{\mathsf{H}\sqrt{H_n}}, \quad Q_m = \frac{q_m}{\mathsf{H}\sqrt{H_n}}, \quad R_m = \frac{r_m}{\mathsf{H}\sqrt{H_n}}, \quad S_m = \frac{s_m}{\mathsf{H}\sqrt{H_n}}$$

nach dem ersten Satze eine mit dem Factor η_{mn} behaftete algebraische Function, die offenbar nur in den vier Schnittpunkten der Linie $\mathsf{H} = 0$ und den beiden Berührungspunkten der Tangente $H_n = 0$ unendlich wird, an allen sechs Punkten nur von der ersten Ordnung. Diese vier Functionen genügen also den ersten beiden Bedingungen, welche für die Function Q aufgestellt worden sind. Dasselbe gilt von jedem linearen Aggregat derselben; und da zwischen P_m, Q_m, R_m, S_m keine homogene lineare Gleichung besteht, so können die Coefficienten dieses Aggregats:

$$AP_m + BQ_m + CR_m + DS_m$$

so bestimmt werden, dass dasselbe in den Punkten $(x_h, y_h, z_h)\,(h = 1, 2, 3)$ verschwindet. Damit ist aber die Function Q bis auf einen von (x, y, z) unabhängigen Factor bestimmt.

Wir bezeichnen durch

$$p_m^{(h)}, \quad q_m^{(h)}, \quad r_m^{(h)}, \quad s_m^{(h)}$$

die Werthe, welche die Wurzelfunctionen p_m, q_m, r_m, s_m annehmen, wenn (x_h, y_h, z_h) für (x, y, z) gesetzt wird. Die Verhältnisse der Coefficienten A, B, C, D sind dann bestimmt durch die drei Gleichungen:

$$Ap_m^{(h)} + Bq_m^{(h)} + Cr_m^{(h)} + Ds_m^{(h)} = 0 \quad (h = 1, 2, 3).$$

Die Function Q nimmt also die Form an:

$$Q = \frac{Q_0}{\mathsf{H}\sqrt{H_n}} \begin{vmatrix} p_m & q_m & r_m & s_m \\ p_m^{(1)} & \cdot & \cdot & \cdot \\ p_m^{(2)} & \cdot & \cdot & \cdot \\ p_m^{(3)} & \cdot & \cdot & \cdot \end{vmatrix},$$

wo Q_0 einen von x, y, z unabhängigen Factor bedeutet. Wir führen jetzt wieder (x_0, y_0, z_0) für (x, y, z) ein, und bezeichnen die Determinante:

$$(57) \qquad \begin{vmatrix} p_m^0 & q_m^0 & r_m^0 & s_m^0 \\ p_m^1 & q_m^1 & r_m^1 & s_m^1 \\ p_m^2 & q_m^2 & r_m^2 & s_m^2 \\ p_m^3 & q_m^3 & r_m^3 & s_m^3 \end{vmatrix} \text{ mit } D_m.$$

Diese Determinante ist eine alternirende Function der vier Werthsysteme. Aufgefasst als Function von (x_0, y_0, z_0) verschwindet sie, da sie eine Wurzelfunction dritter Ordnung ist, an sechs Punkten. Von diesen sind drei bekannt, nämlich die Punkte (x_h, y_h, z_h) $(h = 1, 2, 3)$; die drei übrigen müssen die Nullpunkte der Function $\sigma(U_0 + w \cdots)_m$, oder $\sigma(u, u', u'')_m$ sein. Nun kommen in dem Determinanten-Ausdruck D_m die vier Punkte (a_h, b_h, c_h) gar nicht vor; daraus ergiebt sich:

Die drei Punkte, in denen die Function $\sigma(u, u', u'')_m$, als abhängig von (x_0, y_0, z_0) aufgefasst, verschwindet, sind unabhängig von der Lage der die Curve $M = 0$ durchschneidenden Linie $\mathsf{H} = 0$.

Wir haben also jetzt zur Darstellung der allgemeinen σ-Function folgende Gleichung:

$$\frac{\sigma(u, u', u'')_m \prod_{h=1}^{3} \{\sigma(U_0 - U_h \cdots)_n\}}{\prod_{k=0}^{3} \{\sigma(U_0 - V_k \cdots)_n\}} = \frac{Q_0 D_m}{\mathsf{H}^0 \sqrt{H_n^0}}.$$

Diese Gleichung multipliciren wir im Zähler mit

$$\sigma(U_1 - U_2 \cdots)_n \, \sigma(U_1 - U_3 \cdots)_n \, \sigma(U_2 - U_3 \cdots)_n,$$

im Nenner mit

$$\prod_{k=0}^{3} \{\sigma(U_1 - V_k \cdots)_n\} \prod_{k=0}^{3} \{\sigma(U_2 - V_k \cdots)_n\} \prod_{k=0}^{3} \{\sigma(U_3 - V_k \cdots)_n\}.$$

Alle diese Factoren sind von (x_0, y_0, z_0) unabhängig; es ändert sich also auf der rechten Seite nur der Werth des von (x_0, y_0, z_0) unabhängigen Factors Q_0. Endlich ersetzen wir H^0 (oder $\mathsf{H}(x_0, y_0, z_0)$) durch das Product

$$\prod_{k=0}^{3} \{\mathsf{H}(x_k, y_k, z_k)\} = \prod_{k=0}^{3} \{\mathsf{H}^{(k)}\},$$

und $\sqrt{H_n^0}$ durch $\prod_{k=0}^{3} \left\{ \sqrt{H_n^{(k)}} \right\}$. Dadurch tritt gleichfalls zu Q nur ein von (x_0, y_0, z_0) unabhängiger Factor hinzu. Auf diese Weise erhalten wir:

$$\sigma(u, u', u'')_m \frac{\prod_{h>k} \{\sigma(U_k - U_h \cdots)_n\}}{\prod_{k=0}^{3} \prod_{h=0}^{3} \{\sigma(U_h - V_k \cdots)_n\}} = \frac{\overline{Q}_0 D_m}{\prod_{k=0}^{3} \left\{ \mathsf{H}^{(k)} \sqrt{H_n^{(k)}} \right\}},$$

wo $\overline{Q}_0$, ebenso wie vorhin Q_0, einen von (x_0, y_0, z_0) unabhängigen Factor bedeutet, und $\mathsf{H}^{(k)}$, $\sqrt{H_n^{(k)}}$ dieselben Functionen von (x_k, y_k, z_k) sind, wie H und $\sqrt{H_n}$ von (x, y, z).

Nun ist leicht einzusehen, dass der Factor $\overline{Q}_0$ nicht nur von (x_0, y_0, z_0), sondern auch von den drei übrigen veränderlichen Werthsystemen unabhängig ist. Denn es ist

$$\sigma(U_k - U_h \cdots)_n = -\sigma(U_h - U_k \cdots)_n$$

eine alternirende Function der beiden Werthsysteme (x_k, y_k, z_k) und (x_h, y_h, z_h); also das Product

$$\prod_{h>k} \{\sigma(U_k - U_h \cdots)_n\}$$

eine alternirende Function aller vier Werthsysteme. Dieselbe Eigenschaft hat die Determinante D_m. Die übrigen Factoren dagegen

$$\sigma(u, u', u'')_m,$$

$$\prod_{k=0}^{3} \prod_{h=0}^{3} \{\sigma(U_h - V_k \cdots)_n\},$$

$$\prod_{k=0}^{3} \left\{ \mathrm{H}^{(k)} \sqrt{H_n^{(k)}} \right\}$$

sind symmetrisch in Bezug auf die vier Werthsysteme. Es muss daher der Factor $\overline{Q}_0$ ungeändert bleiben, wenn wir die vier Werthsysteme (x_h, y_h, z_h) beliebig unter einander vertauschen. Nun ist $\overline{Q}_0$ unabhängig von (x_0, y_0, z_0); daher ist er auch unabhängig von den übrigen drei Werthsystemen, d. h. eine von den Argumenten u, u', u'' unabhängige Constante. Bis auf diesen constanten Factor ist demnach die Function $\sigma(u, u', u'')_m$ vollständig bestimmt, und gegeben durch den Ausdruck:

$$\sigma(u, u', u'')_m = \frac{\overline{Q}_0 D_m}{\prod\limits_{k=0}^{3} \left\{ \mathrm{H}^{(k)} \sqrt{H_n^{(k)}} \right\}} \frac{\prod\limits_{k=0}^{3} \prod\limits_{h=0}^{3} \{\sigma(U_h - V_k \cdots)_n\}}{\prod\limits_{h>k} \{\sigma(U_k - U_h \cdots)_n\}}. \tag{58}$$

Hiermit ist die allgemeine σ-Function ausgedrückt durch die früher definirten speciellen, in denen jedes Argument durch ein Integral dargestellt wird. Das Wesentliche dieser Darstellung ist, dass in derselben zunächst ein Factor voransteht, der eine algebraische – und zwar alternirende – Function der vier Werthsysteme ist, die nur an festen Stellen unendlich wird; dann der Zähler vier transcendente Functionen

$$\varphi(x_h, y_h, z_h) = \prod_{k=0}^{3} \{\sigma(U_h - V_k \cdots)_n\} \qquad (h = 0, 1, 2, 3)$$

enthält, deren jede nur von einem Werthsystem abhängt; endlich der Nenner sechs transcendente Functionen enthält, deren jede nur von zwei Werthsystemen abhängt:

$$\varphi(x_h, y_h, z_h; x_k, y_k, z_k) = \sigma(U_h - U_k \cdots)_n,$$

und zwar so, dass sie ihr Zeichen ändert, wenn die beiden Werthsysteme vertauscht werden.

Bildet man jetzt den Quotienten zweier Functionen $\sigma(u, u', u'')_m$, so erhält man

$$\frac{\sigma_m}{\sigma_n} = C\frac{D_m}{D_n}, \tag{59}$$

wo C einen constanten Factor bedeutet. D_m und D_n sind alternirende Functionen der vier Werthsysteme, und, wenn wir sie als abhängig von einem derselben auffassen, begrifflich fixirt als diejenigen Wurzelfunctionen dritter Ordnung mit den Indices m und n, die an den drei übrigen Stellen verschwinden. Diese Functionen können daher in sehr verschiedener Form ausgedrückt werden, die sich aber alle nur durch constante Factoren unterscheiden. Wenn wir eine bestimmte Form der Darstellung gewählt haben, so kommt es darauf an, den Factor C zu bestimmen. Wir werden zeigen, auf welche Weise dies geschehen kann, werden aber die Untersuchung nicht durchführen, weil dieselbe kaum von wesentlichem Nutzen sein würde. Denn obwohl die Grössen D_m ihrem Wesen nach einfach definirt sind, so sind sie doch in ihrer Form zu unsymmetrisch und complicirt, als dass die Einführung dieser Ausdrücke für die σ-Quotienten in algebraische Probleme – wie etwa das der Verification der σ-Relationen – vortheilhaft sein könnte.

§ 23.

Einige der nun folgenden Sätze beruhen auf einer Umkehrung des in § 20 bewiesenen Theorems. Es seien wieder U, U', U'' die drei Normal-Integrale, ausgedehnt von einer festen unteren Grenze (a, b, c) bis zum Punkte (x, y, z), und wir bilden wieder ein Product von σ-Quotienten

$$Q = \prod_{\alpha=0}^{r-1}\left\{\frac{\sigma(U+v_\alpha\cdots)k_\alpha}{\sigma(U+w_\alpha\cdots)l_\alpha}\right\}.$$

Die $2r$ Systeme von je drei Constanten:

$$v_\alpha, v'_\alpha, v''_\alpha; \quad w_\alpha, w'_\alpha, w''_\alpha \quad (\alpha = 0, 1\cdots r-1)$$

mögen vorläufig ganz unbestimmt bleiben; das Product aller Indices k, l soll wieder mit m bezeichnet werden. Wir nehmen nun an, dass dieser Quotient sich in der Form

$$\Phi\,\eta_m R(x, y, z)$$

darstellen lasse, wo $\eta_m R(x, y, z)$ eine mit dem Factor η_m behaftete algebraische Function von x, y, z bedeuten soll, Φ dagegen eine Function, die an keiner Stelle Null oder unendlich wird. Es lässt sich dann beweisen, dass die Summen

$$\sum(v_\alpha - w_\alpha), \quad \sum(v'_\alpha - w'_\alpha), \quad \sum(v''_\alpha - w''_\alpha)$$

gleich einem vollständigen Periodensystem, und der Factor Φ eine Exponentialgrösse sein muss, deren Exponent ein Integral erster Gattung ist.

Um dies zu zeigen, multipliciren wir Q mit noch einem neuen σ-Quotienten:

$$\frac{\sigma(U+v\cdots)_0}{\sigma(U+w\cdots)_0},$$

die Constanten w, w', w'' nehmen wir beliebig an; v, v', v'' dagegen bestimmen wir so, dass die Gleichungen

$$v-w+\sum_{\alpha=0}^{r-1}(v_\alpha-w_\alpha)=0,$$
$$v'-w'+\sum_{\alpha=0}^{r-1}(v'_\alpha-w'_\alpha)=0,$$
$$v''-w''+\sum_{\alpha=0}^{r-1}(v''_\alpha-w''_\alpha)=0$$

befriedigt werden. Das Product

$$Q\frac{\sigma(U+v\cdots)_0}{\sigma(U+w\cdots)_0}$$

ist dann, dem bewiesenen Theorem zufolge, eine mit dem Factor η_m behaftete algebraische Function von (x, y, z). Da nun

$$Q=\Phi\eta_m R(x,y,z)$$

ist, so folgt hieraus:

$$\Phi\frac{\sigma(U+v\cdots)_0}{\sigma(U+w\cdots)_0}=R'(x,y,z),$$

wo $R'(x, y, z)$ eine rationale Function bedeutet. Setzen wir jetzt für (x, y, z) das Werthsystem (x_0, y_0, z_0), welches wir als veränderlich auffassen – wodurch U in U_0, U' in U'_0, U'' in U''_0 übergeht, dagegen

$$U_1+U_2+U_3-V_0-V_1-V_2-V_3$$

für w, und die entsprechenden Ausdrücke für w', w'', und bezeichnen die Constanten $v-w$, $v'-w'$, $v''-w''$, welche durch die drei Gleichungen

$$v-w+\sum_{\alpha=0}^{r-1}(v_\alpha-w_\alpha)=0, \text{ etc.}$$

bestimmt sind, durch h, h', h'', so erhalten wir:

$$\Phi^0\frac{\sigma(u+h\cdots)_0}{\sigma(u\cdots)_0}=R'(x_0,y_0,z_0).$$

Hier bedeutet Φ^0 eine Function von (x_0, y_0, z_0), welche nie unendlich wird; die rationale Function $R'(x_0, y_0, z_0)$ könnte also nur dann unendlich werden, wenn $\sigma(u, u', u'')_0$ verschwindet. Die drei Punkte, in denen dies geschieht, sind algebraisch bestimmt, nämlich als die von (x_1, y_1, z_1), (x_2, y_2, z_2), (x_3, y_3, z_3) verschiedenen Nullpunkte (x'_1, y'_1, z'_1) (x'_2, y'_2, z'_2) (x'_3, y'_3, z'_3) der Function D_0. Die beiden Systeme von je drei Punkten (x_h, y_h, z_h) und (x'_h, y'_h, z'_h) sind wechselseitig durch einander bestimmt; das eine System kann daher ebensogut als unabhängig aufgefasst werden. Demnach ist $R'(x_0, y_0, z_0)$ eine rationale Function, die nur an drei Punkten von willkürlicher Lage unendlich werden kann. Eine solche Function existirt nicht ausser der Constanten; daher muss

$$R'(x_0, y_0, z_0) = c$$

sein, wo c eine Constante bedeutet. Daraus geht nun hervor, dass der Quotient

$$\frac{\sigma(u+h+\cdots)_0}{\sigma(u\cdots)_0},$$

als abhängig von (x_0, y_0, z_0) aufgefasst, an keiner Stelle Null oder unendlich wird. Da dieser Quotient nun symmetrisch in Bezug auf die vier Werthsysteme (x_h, y_h, z_h) ist, so folgt, dass dieser Quotient, auch als Function von u, u', u'' aufgefasst, für alle endlichen Werthe dieser Argumente einen endlichen, von Null verschiedenen Werth hat.

Vermehrt man nun in dieser Function die Argumente um ein Periodensystem, so ändert sich dieselbe nur um einen constanten Factor. Aus beiden Eigenschaften zusammen folgt, dass dieser Quotient eine Exponentialgrösse sein muss, deren Exponent eine lineare Function von u, u', u'' ist. Hieraus aber ergiebt sich, dass das Grössensystem h, h', h'' ein Periodensystem sein muss. Wir erhalten also:

$$h = 2\widetilde{\omega}, \quad h' = 2\widetilde{\omega}', \quad h'' = 2\widetilde{\omega}'';$$
$$\frac{\sigma(u+h\cdots)_0}{\sigma(u\cdots)_0} = e^{\eta(u,u',u'';pq)};$$

daher

$$\Phi^0 = ce^{-\eta(u,u',u'';pq)},$$
$$= c'e^{-(2\tilde{\eta}U_0+2\tilde{\eta}'U'_0+2\tilde{\eta}''U''_0)}.$$

Damit ist die Umkehrung bewiesen. Man sieht hier zugleich, dass man durch Hinzufügung eines Periodensystems zu einem beliebigen der $2r$ Grössensysteme $(v_\alpha, v'_\alpha, v''_\alpha)$, $(w_\alpha, w'_\alpha, w''_\alpha)$ bewirken kann, dass gradezu

$$\sum_{\alpha=0}^{r-1}(v_\alpha - w_\alpha) = 0, \quad \sum_{\alpha=0}^{r-1}(v'_\alpha - w'_\alpha) = 0, \quad \sum_{\alpha=0}^{r-1}(v''_\alpha - w''_\alpha) = 0$$

wird; der Factor Φ wird dann eine Constante.

Aus diesem Satze folgt zunächst das Abel'sche Theorem. Bezeichnen wir durch

$$(x_\alpha, y_\alpha, z_\alpha)\ (\alpha = 0, 1 \cdots r-1)$$

die Punkte, in denen eine rationale Function $r$ten Grades von (x, y, z) verschwindet, und durch

$$(x'_\alpha, y'_\alpha, z'_\alpha)\ (\alpha = 0, 1 \cdots r-1)$$

diejenigen, in denen sie unendlich wird, und bildet man das Product:

$$Q = \prod_{\alpha=0}^{r-1} \left\{ \frac{\sigma(U(x, y, z) - U(x_\alpha, y_\alpha, z_\alpha) \cdots)_n}{\sigma(U(x, y, z) - U(x'_\alpha, y'_\alpha, z'_\alpha) \cdots)_n} \right\}$$

(unter σ_n verstehen wir irgend eine ungrade Function), so wird dieser Quotient genau an denselben Stellen und von derselben Ordnung Null und unendlich, wie die gegebene rationale Function $R(x, y, z)$ selbst. Denn wir wissen, dass, wenn in der Function $\sigma(u, u', u'')_n$ für die Argumente u, u', u'' die Differenzen

$$U(x, y, z) - U(x', y', z'), \qquad U'(x, y, z) - U'(x', y', z'),$$
$$U''(x, y, z) - U''(x', y', z')$$

eingesetzt werden, σ_n in eine Function von (x, y, z) übergeht, die nur im Punkte (x', y', z') und dem festen Punktepaare (n) verschwindet. — Demnach ist

$$Q = \Phi R(x, y, z),$$

wo Φ einen Factor bedeutet, der nirgends verschwindet, noch unendlich wird. Wenden wir nun den oben bewiesenen Satz an, so erhalten wir:

$$\text{(60)} \qquad \left\{ \begin{aligned} &\sum_{\alpha=0}^{r-1} \{U(x_\alpha, y_\alpha, z_\alpha) - U(x'_\alpha, y'_\alpha, z'_\alpha)\} = 2\tilde{\omega}, \\ &\sum_{\alpha=0}^{r-1} \{U'(x_\alpha, y_\alpha, z_\alpha) - U'(x'_\alpha, y'_\alpha, z'_\alpha)\} = 2\tilde{\omega}', \\ &\sum_{\alpha=0}^{r-1} \{U''(x_\alpha, y_\alpha, z_\alpha) - U''(x'_\alpha, y'_\alpha, z'_\alpha)\} = 2\tilde{\omega}''; \end{aligned} \right.$$

also den Abel'schen Satz über die Integrale erster Gattung. In diesem liegt der Grund, weswegen die Ausdrücke der σ-Quotienten, welche wir aufgestellt haben, unabhängig sind von der Lage der Linie $\mathsf{H} = 0$, von der doch die unteren Grenzen der Integrale abhängen, durch welche die Argumente ausgedrückt sind. Denn wenden wir den Abel'schen Satz auf die rationale Function

$$\frac{\mathsf{H}}{\mathsf{H}'} = \frac{AH + B\overline{H} + C\overline{\overline{H}}}{A'H + B'\overline{H} + C'\overline{\overline{H}}}$$

an, welche in den vier Punkten $(a_h, b_h, c_h)(h = 0, 1, 2, 3)$ gleich Null, in vier andern: (a'_h, b'_h, c'_h) unendlich gross wird, so erkennen wir, dass sich die Integral-Summen:

$$\sum_{h=0}^{3} \{U(a_h, b_h, c_h)\} = \sum_{h=0}^{3} (V_h),$$
$$\sum \{U'(a_h, b_h, c_h)\} = \sum (V'_h),$$
$$\sum \{U''(a_h, b_h, c_h)\} = \sum (V''_h)$$

entweder gar nicht, oder nur um ein Periodensystem ändern, wenn die vier von den Doppelpunkten verschiedenen Nullpunkte der Function H durch die einer andern linearen Function von $H, \overline{H}, \overline{\overline{H}}$ ersetzt werden. Daher können auch die Argumente auf diese Weise sich nur um Perioden ändern.

Lassen wir speciell die linearen Ausdrücke H, H' mit zweien der 28 Functionen H_n, H_m – also zwei Doppeltangenten im Gebilde $M = 0$ — zusammenfallen, so fallen die Punkte (a_h, b_h, c_h) paarweise zusammen, und ebenso die vier Punkte (a'_h, b'_h, c'_h). Wir bekommen also dann:

$$2\sum_{h=0}^{1} \{U(a_h, b_h, c_h) - U(a'_h, b'_h, c'_h)\} = 2\widetilde{\omega},$$

oder:

$$\sum_{h=0}^{1} \{U(a_h, b_h, c_h) - U(a'_h, b'_h, c'_h)\} = \widetilde{\omega};$$

und die entsprechenden Gleichungen gelten für die andern Normal-Integrale U' und U''.

Denken wir uns für den Augenblick die Integrale als Functionen von $H, \overline{H}, \overline{\overline{H}}$, und bezeichnen durch a_n, a'_n, a''_n die drei Normal-Integrale, ausgedehnt von einem festen Punkte bis zu einem Berührungspunkte der Doppeltangente $H_n = 0$; durch b_n, b'_n, b''_n diejenige, welche von demselben festen Punkte bis zum andern Berührungspunkte erstreckt sind; dann folgt hieraus, dass durch die Summen je zweier bestimmter Integrale

$$(a_n - a_m) + (b_n - b_m),$$
$$(a'_n - a'_m) + (b'_n - b'_m),$$
$$(a''_n - a''_m) + (b''_n - b''_m),$$

deren untere Grenzen die beiden Berührungspunkte der Tangente $H_m = 0$, und deren obere Grenzen die Berührungspunkte der Tangente $H_n = 0$ sind, ein halbes Periodensystem dargestellt wird. Dieses halbe Periodensystem können wir auf folgende Weise näher bestimmen.

Wir bilden den Quotienten:

$$Q=\frac{\sigma(U-a_m\cdots)_k\,\sigma(U-b_m\cdots)_k\,\sigma(U\cdots)_n}{\sigma(U-a_n\cdots)_k\,\sigma(U-b_n\cdots)_k\,\sigma(U\cdots)_m};$$

k soll irgend einen ungraden Index bedeuten. Von diesem Quotienten ist leicht zu sehen, dass der Zähler an denselben Stellen verschwindet, wie der Nenner. Denn es wird der erste Factor nur Null in dem einen Berührungspunkt der Tangente $H_m=0$, nur unendlich in dem einen Berührungspunkt der Doppeltangente $H_n=0$; der zweite Factor wird Null in dem andern Berührungspunkt der Tangente $H_m=0$, unendlich in dem andern Berührungspunkt der Tangente $H_n=0$. In denselben Punkten, in welchen die beiden ersten Factoren verschwinden, wird der dritte unendlich; und umgekehrt verschwindet der dritte Factor in den beiden Unendlichkeitspunkten der beiden ersten. Q ist also eine Function von x, y, z, die nirgends Null und nirgends unendlich wird. Wir können jetzt $\sigma(U\cdots)_n$ ersetzen durch das Product von $\sigma(U-\omega^{mn}\cdots)_m$ mit einem Exponentialfactor; dadurch erhält man

$$\frac{\sigma(U-a_m\cdots)_k\,\sigma(U-b_m\cdots)_k\,\sigma(U-\omega^{mn}\cdots)_m}{\sigma(U-a_n\cdots)_k\,\sigma(U-b_n\cdots)_k\,\sigma(U\cdots)_m}=\Phi,$$

wo Φ eine Function bedeutet, die weder Null, noch unendlich wird. Nach dem Satze, welchen wir vorhin bewiesen haben, muss nun:

$$(61)\qquad \begin{cases} a_n-a_m+b_n-b_m=\omega^{mn}+2\widetilde{\omega}, \\ a'_n-a'_m+b'_n-b'_m=\omega^{mn\prime}+2\widetilde{\omega}', \\ a''_n-a''_m+b''_n-b''_m=\omega^{mn\prime\prime}+2\widetilde{\omega}'' \end{cases}$$

sein. Dadurch ist jetzt der Index, der zu dem halben Periodensystem $\widetilde{\omega}$, $\widetilde{\omega}'$, $\widetilde{\omega}''$ gehört, bestimmt.

Will man jetzt in der Darstellung des Quotienten

$$(59')\qquad \frac{\sigma(u,u',u'')_m}{\sigma(u,u',u'')_n}=C\frac{D_m}{D_n}$$

auch den constanten Factor C bestimmen, so wähle man einen Index r so, dass die zusammengesetzten mr und nr grade werden – was, wie schon in § 20 gezeigt worden ist, jedenfalls möglich ist – und zerlege r in zwei ungrade Indices k, l. Man kann dann die vier Functionen p_m, q_m, r_m, s_m, die zur Bildung von D_m verwendet werden, so wählen, dass p_m und q_m den Factor $\sqrt{H_k}$, r_m und s_m den Factor $\sqrt{H_l}$ enthalten, dass also

$$p_m=A_{km}\sqrt{H_k},\qquad q_m=B_{km}\sqrt{H_k},$$
$$r_m=A_{lm}\sqrt{H_l},\qquad s_m=B_{lm}\sqrt{H_l}$$

ist, wo A_{km} und B_{km} Wurzelfunctionen zweiter Ordnung mit dem Index km, A_{lm} und B_{lm} solche mit dem Index lm sind. In der Wahl dieser vier Functionen hat man noch eine gewisse Freiheit, da jede lineare Function von A_{km} und B_{km} wieder eine Function derselben Art ist.

Ebenso können wir, da auch nkl grade ist, setzen:

$$p_n = A_{kn}\sqrt{H_k}, \qquad q_n = B_{kn}\sqrt{H_k},$$
$$r_n = A_{ln}\sqrt{H_l}, \qquad s_n = B_{ln}\sqrt{H_l}.$$

Die acht Grössen A, B denken wir uns irgendwie bestimmt, so dass jetzt $\frac{D_m}{D_n}$ ein bestimmter Ausdruck wird. Nun setzen wir in der Formel (59) für die oberen Grenzen der Integrale U_0, U_1, U_2, U_3 bestimmte Punkte des Gebildes $M = 0$; wir setzen nämlich fest, dass die Punkte (x_0, y_0, z_0) und (x_1, y_1, z_1) den beiden Berührungspunkten der Tangente $H_l = 0$, und (x_2, y_2, z_2), (x_3, y_3, z_3) den beiden Berührungspunkten der Tangente $H_k = 0$ entsprechen sollen. Dann geht $U_0 + U_1$ in $a_l + b_l$, $U_2 + U_3$ in $a_k + b_k$ über. Ausserdem ist aber nach dem Abel'schen Satze: $V_0 + V_1 + V_2 + V_3 = 2a_l + 2b_l + 2\widetilde{\omega}$. Es ist daher

$$u = \sum_{h=0}^{3} \{U_h - V_h\} = a_k - a_l + b_k - b_l - 2\widetilde{\omega}.$$

Das Entsprechende gilt für die andern Argumente u', u''. Wir erkennen daher, dass bei den Voraussetzungen, welche wir gemacht haben, die Argumente u, u', u'' in ein halbes Periodensystem mit dem Index kl übergehen:

$$u = \omega^{kl} + 2\widetilde{\omega},$$
$$u' = \omega^{kl\prime} + 2\widetilde{\omega}',$$
$$u'' = \omega^{kl\prime\prime} + 2\widetilde{\omega}''.$$

Der Quotient $\frac{\sigma_m}{\sigma_n}$ geht daher über in:

$$\pm\frac{\sigma(\omega^{kl}\cdots)_m}{\sigma(\omega^{kl}\cdots)_n},$$

eine Grösse, die leicht durch die Moduln ausgedrückt werden kann.

Auf der rechten Seite der Gleichung (59) haben wir nun

$$H_l^0 = 0, \quad H_l^1 = 0, \quad H_k^2 = 0, \quad H_k^3 = 0$$

zu setzen. Dadurch werden die Grössen r_m^0, s_m^0, r_m^1, s_m^1, p_m^2, q_m^2, p_m^3, q_m^3 gleich Null; die Determinante D_m geht demnach über in

$$\overline{D}_m = \begin{vmatrix} p_m^0 & q_m^0 & 0 & 0 \\ p_m^1 & q_m^1 & 0 & 0 \\ 0 & 0 & r_m^2 & s_m^2 \\ 0 & 0 & r_m^3 & s_m^3 \end{vmatrix} = (p_m^0 q_m^1 - q_m^0 p_m^1)(r_m^2 s_m^3 - s_m^2 r_m^3).$$

In derselben Weise zerfällt die andere Determinante D_n; indem wir den gemeinsamen Factor beider

$$\sqrt{H_k^0}\sqrt{H_k^1}\sqrt{H_l^2}\sqrt{H_l^3}$$

fortlassen, erhalten wir demnach:

$$\frac{\overline{D}_m}{\overline{D}_n} = \frac{A_{km}^0 B_{km}^1 - B_{km}^0 A_{km}^1}{A_{kn}^0 B_{kn}^1 - B_{kn}^0 A_{kn}^1} \cdot \frac{A_{lm}^2 B_{lm}^3 - B_{lm}^2 A_{lm}^3}{A_{ln}^2 B_{ln}^3 - B_{ln}^2 A_{ln}^3}.$$

In dem ersten Factor genügen die vorkommenden Grössen H^0 und H^1 den Gleichungen $H_l^0 = 0$ und $H_l^1 = 0$, in dem zweiten die Grössen H^2 und H^3 den Gleichungen $H_k^2 = 0$ und $H_k^3 = 0$. Die Ausdrücke lassen sich reduciren durch Anwendung der in § 9 aufgestellten Relationen unter den Wurzelgrössen. Auf diese Weise gelangt man schliesslich dazu, $\frac{\overline{D}_m}{\overline{D}_n}$ durch die Parameter allein darzustellen. Der Coefficient C ist dann gegeben durch die Gleichung:

$$C = \pm \frac{\sigma(\omega^{kl}\cdots)_m}{\sigma(\omega^{kl}\cdots)_n} \frac{\overline{D}_n}{\overline{D}_m}.$$

Die Unbestimmtheit des Vorzeichens rührt nur daher, dass der Quotient $\frac{\sigma_m}{\sigma_n}$ sein Zeichen wechselt, wenn die Argumente um ein Periodensystem vermehrt werden. Bei der Darstellung eines Products

$$\frac{\sigma_m}{\sigma_n}\frac{\sigma_m'}{\sigma_n'},$$

in welchen die Indices m, n, m', n' der Bedingung $mn = m'n'$ genügen, fällt diese Unbestimmtheit fort. Jede Abel'sche Function lässt sich daher auf diese Weise vollständig, auch mit Einschluss des Zeichens, bestimmen.

Genauer geht auf die Aufgabe der Constanten-Bestimmung Herr Weber in seiner Theorie der Abel'schen Functionen vom Geschlechte 3 ein, aus welcher diese Methode entlehnt ist.

§ 24.

Wir erhielten die Function σ_m dargestellt in dieser Form

$$(62) \qquad \Psi\sigma_m = C_m D_m,$$

wo Ψ ein allen 64 Functionen gemeinsamer Factor ist. Wir wissen ferner, dass die Ausdrücke der Quotienten $\dfrac{\sigma_m}{\sigma_n}$ unabhängig sind von der Lage der Linie $\mathsf{H} = 0$. Wir können deshalb – indem wir Ψ nothwendigen Falles noch mit einem constanten Factor multipliciren – annehmen, dass auch C_m von den Grössensystemen (a_0, b_0, c_0) etc. unabhängig ist.

Das Product $\Psi\sigma_m$ ist demnach als Function von (x_0, y_0, z_0) (oder der entsprechenden Grössen $(H_0, \overline{H}_0, \overline{\overline{H}}_0)$) zunächst definirt als eine Wurzelfunction dritter Ordnung mit dem Index m, welche an den drei übrigen Punkten (x_h, y_h, z_h) verschwindet.

Diese Bedingung definirt die Function bis auf einen von (x_0, y_0, z_0) unabhängigen Factor. Dieser Factor wird näher bestimmt durch die weitere Forderung, dass $\Psi\sigma_m$ eine alternirende Function der vier Werthsysteme sein soll.

Ausdrücke von ganz anderer Form erhält man, wenn man die Wurzelfunctionen dritter Ordnung durch Functionen von x, y, z ersetzt. Wir haben hier zunächst die Fälle zu unterscheiden, in denen m ungrade ist, von denen wo m grade ist; für diejenigen, in denen m ungrade ist, sind wiederum die Fälle zu sondern, wo m eingliedrig ist, $m = \varkappa$, von denen wo m zweigliedrig ist, $m = \varkappa\lambda$; endlich sind für grade Indices die beiden Fälle $m = 0$ und $m = \varkappa\lambda\mu$ zu unterscheiden.

I. Es sei $m = \varkappa$.

Dann stellen wir folgende Wurzelfunctionen auf, durch welche wir $\Psi\sigma_\varkappa$ ausdrücken können:

$$\sqrt{H_\varkappa}H, \quad \sqrt{H_\varkappa}\overline{H}, \quad \sqrt{H_\varkappa}\overline{\overline{H}}, \quad \sqrt{H_{\varkappa\lambda}}\sqrt{H_\mu}\sqrt{H_{\lambda\mu}}.$$

Dass diese linear unabhängig sind, erkennt man auf folgende Weise. Es ist

$$\sqrt{H_\lambda}\sqrt{H_\mu}\sqrt{H_{\lambda\mu}} = \sqrt{R}F_{\lambda\mu}, \quad \sqrt{R}\sqrt{H_{\varkappa\lambda}} = \sqrt{H_\varkappa}\sqrt{H_\lambda}G_{\varkappa\lambda};$$

daher:

$$\sqrt{H_{\varkappa\lambda}}\sqrt{H_\mu}\sqrt{H_{\lambda\mu}} = \sqrt{H_\varkappa}F_{\lambda\mu}G_{\varkappa\lambda}.$$

Wenn zwischen den vier aufgestellten Functionen eine lineare Gleichung bestände, so müsste demnach eine solche auch bestehen zwischen

$$H, \quad \overline{H}, \quad \overline{\overline{H}}, \quad F_{\lambda\mu}G_{\varkappa\lambda}.$$

Das ist aber unmöglich; denn $H, \overline{H}, \overline{\overline{H}}$ sind linear unabhängig, und die letzte Function hat im Punkte $\varkappa$ einen von Null verschiedenen Werth, während die drei andern in diesem Punkte verschwinden.

Nach Absonderung des Factors $\sqrt{H_\varkappa}$ geht also jede der aufgestellten vier Grössen über in eine homogene Function dritter Ordnung von x, y, z, die in allen sechs von $\varkappa$ verschiedenen Punkten der Reihe $1, 2 \cdots 7$ verschwindet. Nun muss $\Psi\sigma_\varkappa$, als Function von (x_0, y_0, z_0) aufgefasst, ausserdem der Bedingung genügen, dass sie verschwindet an den drei Stellen (x_h, y_h, z_h) $(h = 1, 2, 3)$; es ist demnach

$$\Psi\sigma_\varkappa = \sqrt{H_\varkappa^0}P(x_0, y_0, z_0),$$

wo $P(x_0, y_0, z_0)$ eine homogene Function dritter Ordnung von (x_0, y_0, z_0) bedeutet, die an den drei Stellen (x_h, y_h, z_h) und den sechs von $(a_\varkappa, b_\varkappa, c_\varkappa)$ verschiedenen Stellen $(a_\alpha, b_\alpha, c_\alpha)$ verschwindet.

Hierdurch ist $P(x_0, y_0, z_0)$ ebenfalls bis auf einen von (x_0, y_0, z_0) unabhängigen Factor definirt. Wir können nun eine Function dritter Ordnung, die diesen neun Bedingungen genügt, in der Form einer Determinante aufstellen. Die erste Horizontalreihe derselben möge gebildet sein durch die Grössen:

$$x_0^3, \quad x_0^2 y, \quad x_0^2 z, \quad x_0 y_0^2 \cdots z_0^3,$$

die darauf folgenden dadurch, dass wir x_0, y_0, z_0 der Reihe nach ersetzen durch x_1, y_1, z_1; x_2, y_2, z_2; x_3, y_3, z_3 und die sechs von $(a_\varkappa, b_\varkappa, c_\varkappa)$ verschiedenen Werthsysteme $(a_\alpha, b_\alpha, c_\alpha)$; und zwar mögen diese in der Weise auf einander folgen, wie die Indices: α, β, γ, δ, λ, μ. Diese Determinante ist eine alternirende Function aller zehn in ihr vorkommenden Grössensysteme. Um aus ihr einen in Bezug auf die von $\varkappa$ verschiedenen primitiven Indices α, β, γ, δ, λ, μ symmetrischen Ausdruck zu erhalten, multipliciren wir sie mit dem alternirenden Vorzeichen:

$$\varepsilon = (-1)^{\alpha|\beta\gamma\delta\lambda\mu + \beta|\gamma\delta\lambda\mu + \gamma|\delta\lambda\mu + \delta|\lambda\mu + \lambda|\mu}$$

und bezeichnen das Product durch $P_\varkappa$.

Wir erhalten jetzt:

$$\Psi\sigma_\varkappa = C\sqrt{H_\varkappa^0}P_\varkappa,$$

wo C einen von (x_0, y_0, z_0) unabhängigen Factor bedeutet. Wir setzen nun:

$$C = r_\varkappa \sqrt{H_\varkappa^1}\sqrt{H_\varkappa^2}\sqrt{H_\varkappa^3}.$$

Dann ist

$$\Psi\sigma_\varkappa = r_\varkappa \sqrt{H_\varkappa^0}\sqrt{H_\varkappa^1}\sqrt{H_\varkappa^2}\sqrt{H_\varkappa^3}P_\varkappa.$$

Hier muss der Factor $r_\varkappa$ nicht allein von (x_0, y_0, z_0), sondern auch, da $\Psi\sigma_\varkappa$ eine alternirende Function der vier Werthsysteme sein soll, und $P_\varkappa$ eine solche ist, von den übrigen Werthsystemen unabhängig, d. h. eine durch die Parameter ausdrückbare Constante sein.

Die Verhältnisse dieser sieben Constanten $r_\varkappa$ (auf die es allein ankommt, da wir nur die Quotienten der σ bestimmen wollen), lassen sich durch folgende Methode angeben. Es ist klar, dass sich jede homogene Function dritter Ordnung von (x_0, y_0, z_0), die an den drei Punkten (x_h, y_h, z_h) $(h - 1, 2, 3)$ verschwindet, durch ein lineares Aggregat der sieben Functionen P_α darstellen lassen muss:

$$F(x_0, y_0, z_0) = \sum_{\alpha=1}^{7} (A_\alpha P_\alpha).$$

Um die Coefficienten zu bestimmen, setzen wir $(x_0, y_0, z_0) = (a_\varkappa, b_\varkappa, c_\varkappa)$. Dann verschwinden alle sieben Functionen P_α mit Ausnahme von $P_\varkappa$; den Werth, den $P_\varkappa$ im Punkte $\varkappa$ annimmt, wollen wir durch $P_\varkappa^\varkappa$ bezeichnen. Es ist also

$$F(a_\varkappa, b_\varkappa, c_\varkappa) = A_\varkappa P_\varkappa^\varkappa.$$

Nun ist $P_\varkappa = \varepsilon D$, wo ε das vorhin gegebene Vorzeichen, und D eine Determinante bedeutet. Setzen wir in dieser Gleichung $(x_0, y_0, z_0) = (a_\varkappa, b_\varkappa, c_\varkappa)$, so erhalten wir

$$P_\varkappa^\varkappa = \varepsilon \overline{D},$$

wo $\overline{D}$ eine alternirende Function sämmtlicher zehn Werthsysteme (x_h, y_h, z_h) $(h = 1, 2, 3)$, $(a_\alpha, b_\alpha, c_\alpha)$ $(\alpha - 1, 2 \cdots 7)$ bedeutet. Vertauschen wir in dieser Gleichung $\varkappa$ mit α, so ändert die Determinante $\overline{D}$ ihr Vorzeichen; wir erhalten also

$$P_\alpha^\alpha = -\varepsilon' D,$$

wo

$$\varepsilon' = (-1)^{\varkappa|\beta\gamma\delta\lambda\mu + \beta|\gamma\delta\lambda\mu + \gamma|\delta\lambda\mu + \delta|\lambda\mu + \lambda|\mu}$$

ist. Nun ist

$$\varepsilon\varepsilon' = (-1)^{\varkappa\alpha|\beta\gamma\delta\lambda\mu} = (-1)^{\varkappa\alpha|\varkappa\alpha} = -1;$$

es ist also $-\varepsilon' = \varepsilon$, und daher:

$$P_\varkappa^\varkappa = P_\alpha^\alpha.$$

Hieraus sehen wir, dass der Werth des Ausdrucks $P_\varkappa^\varkappa = \varepsilon D$ von dem Index $\varkappa$ unabhängig ist. Wir bezeichnen diese Grösse durch P. Wir erhalten demnach die Identität:

$$PF(x_0, y_0, z_0) = \sum_{\alpha=1}^{7} \{F(a_\alpha, b_\alpha, c_\alpha) P_\alpha\}.$$

Diesen Satz wenden wir an auf eine bestimmte, in den gegebenen Punkten verschwindende Function dritter Ordnung, nämlich auf das Determinanten-Product

$$F(x_0, y_0, z_0) = \begin{vmatrix} x_0 & y_0 & z_0 \\ x_1 & y_1 & z_1 \\ a_\varkappa & b_\varkappa & c_\varkappa \end{vmatrix} \begin{vmatrix} x_0 & y_0 & z_0 \\ x_2 & y_2 & z_2 \\ a_\lambda & b_\lambda & c_\lambda \end{vmatrix} \begin{vmatrix} x_0 & y_0 & z_0 \\ x_3 & y_3 & z_3 \\ a_\mu & b_\mu & c_\mu \end{vmatrix}.$$

Hier ist

$$F(a_\varkappa, b_\varkappa, c_\varkappa) = 0, \quad F(a_\lambda, b_\lambda, c_\lambda) = 0, \quad F(a_\mu, b_\mu, c_\mu) = 0;$$

dagegen

$$F(a_\alpha, b_\alpha, c_\alpha) = (-1)^{\varkappa\lambda\mu|\alpha} F(x_1, y_1, z_1)_{\alpha\varkappa} F(x_2, y_2, z_2)_{\alpha\lambda} F(x_3, y_3, z_3)_{\alpha\mu},$$

wenn α von $\varkappa$, λ, μ verschieden ist. Wir setzen der Kürze wegen:

$$F(x_h, y_h, z_h)_{\varkappa\lambda} = F^{(h)}_{\varkappa\lambda}.$$

Dann besteht also die Identität:

$$F(x_0, y_0, z_0)P = \sum_{\alpha,\beta,\gamma,\delta} \left\{ (-1)^{\varkappa\lambda\mu|\alpha} F^{(1)}_{\alpha\varkappa} F^{(2)}_{\alpha\lambda} F^{(3)}_{\alpha\mu} P_\alpha \right\}.$$

Wir denken uns nun die drei Werthsysteme (x_h, y_h, z_h) $(h = 1, 2, 3)$ so beschränkt, dass die Gleichung

$$P = 0$$

erfüllt wird. Das Verschwinden des Ausdrucks P – oder, was dasselbe ist, der Determinante $\overline{D}$ – sagt aus, dass es möglich ist, eine Function dritter Ordnung dreier Grössen x, y, z zu bilden, die an den Stellen (x_h, y_h, z_h) $(h = 1, 2, 3)$ und den sieben Stellen $(a_\alpha, b_\alpha, c_\alpha)$ $(\alpha = 1, 2 \cdots 7)$ verschwindet. Es lassen sich nun alle Functionen dritter Ordnung, die an den Stellen $1, 2 \cdots 7$ verschwinden, linear durch $H(x, y, z)$, $\overline{H}(x, y, z)$, $\overline{\overline{H}}(x, y, z)$ ausdrücken. Die aufgestellte Bedingung ist daher gleichbedeutend mit folgender: Es muss ein linearer Ausdruck

$$\mathsf{H} = AH + B\overline{H} + C\overline{\overline{H}}$$

existiren, der an den Punkten (x_1, y_1, z_1), (x_2, y_2, z_2), (x_3, y_3, z_3) verschwindet. Werden die drei Werthsysteme in dieser Weise beschränkt, so gilt die Gleichung:

$$\sum_{\alpha,\beta,\gamma,\delta} \left\{ (-1)^{\varkappa\lambda\mu|\alpha} F^{(1)}_{\alpha\varkappa} F^{(2)}_{\alpha\lambda} F^{(3)}_{\alpha\mu} P_\alpha \right\} = 0.$$

Nun lassen wir in den Ausdrücken der Argumente

$$u = \sum_{h=0}^{3} \{U(x_h, y_h, z_h) - U(a_h, b_h, c_h)\}, \text{ etc.}$$

(x_1, y_1, z_1) mit (a_1, b_1, c_1), (x_2, y_2, z_2) mit (a_2, b_2, c_2), (x_3, y_3, z_3) mit (a_3, b_3, c_3) zusammenfallen. Dann ist die geforderte Bedingung erfüllt. Es geht aber hierdurch $\sigma(u, u', u'')_\varkappa$ über in $\sigma(U(x_0, y_0, z_0) - U(a_0, b_0, c_0) \cdots)_\varkappa$; daher wird

$$p\sigma_\varkappa = \sqrt{H(x_0, y_0, z_0)_\varkappa} \sqrt{H(a_0, b_0, c_0)_\varkappa},$$

wo p einen von den Indices unabhängigen Factor bedeutet. Da gleichzeitig

$$\Psi\sigma_\varkappa = r_\varkappa\sqrt{H(x_0,y_0,z_0)_\varkappa}\sqrt{H(a_1,b_1,c_1)_\varkappa}\sqrt{H(a_2,b_2,c_2)_\varkappa}\sqrt{H(a_3,b_3,c_3)_\varkappa}P_\varkappa$$

ist, so ergiebt sich demnach:

$$P_\varkappa = \frac{\Psi}{r_\varkappa p}\frac{\sqrt{H(a_0,b_0,c_0)_\varkappa}}{\sqrt{H(a_1,b_1,c_1)_\varkappa}\sqrt{H(a_2,b_2,c_2)_\varkappa}\sqrt{H(a_3,b_3,c_3)_\varkappa}}.$$

Wir erhalten also die Relation:

$$\sum_{\alpha,\beta,\gamma,\delta}\left\{(-1)^{\varkappa\lambda\mu|\alpha}\frac{F^{(1)}_{\alpha\varkappa}F^{(2)}_{\alpha\lambda}F^{(3)}_{\alpha\mu}\sqrt{H^0_\alpha}}{r_\alpha\sqrt{H^1_\alpha}\sqrt{H^2_\alpha}\sqrt{H^3_\alpha}}\right\} = 0,$$

welche allemal dann gilt, wenn die mit 0, 1, 2, 3 bezeichneten Punkte zusammenfallen mit den von den Doppelpunkten verschiedenen Nullpunkten einer Function $\mathsf{H} = AH + B\overline{H} + C\overline{\overline{H}}$. Wir ersetzen jetzt die lineare Function F durch Wurzelgrössen:

$$F^1_{\alpha\varkappa} = \frac{\sqrt{H^1_\alpha}\sqrt{H^1_\varkappa}\sqrt{H^1_{\alpha\varkappa}}}{\sqrt{R^1}},$$
$$F^2_{\alpha\lambda} = \frac{\sqrt{H^2_\alpha}\sqrt{H^2_\lambda}\sqrt{H^2_{\alpha\lambda}}}{\sqrt{R^2}},$$
$$F^3_{\alpha\mu} = \frac{\sqrt{H^3_\alpha}\sqrt{H^3_\mu}\sqrt{H^3_{\alpha\mu}}}{\sqrt{R^3}}.$$

Dann geht die gefundene Gleichung über in folgende:

$$\sum_{\alpha,\beta,\gamma,\delta}\left\{(-1)^{\varkappa\lambda\mu|\alpha}\frac{\sqrt{H^0_\alpha}\sqrt{H^1_{\alpha\varkappa}}\sqrt{H^2_{\alpha\lambda}}\sqrt{H^3_{\alpha\mu}}}{r_\alpha}\right\} = 0.$$

Diese muss stets dann gelten, wenn die mit 0, 1, 2, 3 bezeichneten Punkte der Curve $M = 0$ auf einer Graden liegen. Wir lassen nun die Grade, auf der diese Punkte liegen, mit einer Doppeltangente $H_d = 0$ zusammenfallen. Dann fallen auch die Punkte 0, 1, 2, 3 paarweise zusammen; und zwar mögen die Punkte 0 und 2 mit dem einen, 1 und 3 mit dem andern Berührungspunkt zusammenfallen. Dadurch ergiebt sich:

$$\sum_{\alpha,\beta,\gamma,\delta}\left\{(-1)^{\varkappa\lambda\mu|\alpha}\frac{\sqrt{H^0_\alpha}\sqrt{H^0_{\alpha\lambda}}\sqrt{H^1_{\alpha\varkappa}}\sqrt{H^1_{\alpha\mu}}}{r_\alpha}\right\} = 0.$$

Diese Gleichung gilt stets, wenn unter 0, 1 die beiden Berührungspunkte einer Doppeltangente $H_d = 0$ verstanden werden. Wir setzen jetzt $d = \delta$. Dann ist

$$H^0_\delta = 0, \quad H^1_\delta = 0;$$

die Gleichung reducirt sich demnach auf folgende:

$$\underset{\alpha,\beta,\gamma}{S}\left\{(-1)^{\varkappa\lambda\mu|\alpha}\frac{\sqrt{H_\alpha^0}\sqrt{H_{\alpha\lambda}^0}\sqrt{H_{\alpha\varkappa}^1}\sqrt{H_{\alpha\mu}^1}}{r_\alpha}\right\}=0.$$

Nun ist aber allgemein (nach der ersten Formel des in § 9 aufgestellten Systems):

$$(-1)^{\beta\delta|\alpha}f_{\beta\delta\lambda}\sqrt{H_\alpha}\sqrt{H_{\alpha\lambda}}+(-1)^{\delta\alpha|\beta}f_{\alpha\delta\lambda}\sqrt{H_\beta}\sqrt{H_{\beta\lambda}}$$
$$+(-1)^{\alpha\beta|\delta}f_{\alpha\beta\lambda}\sqrt{H_\delta}\sqrt{H_{\delta\lambda}}=0;$$

folglich, da $H_\delta^0=0$,

$$\sqrt{H_\alpha^0}\sqrt{H_{\alpha\lambda}^0}:\sqrt{H_\beta^0}\sqrt{H_{\beta\lambda}^0}=(-1)^{\delta|\alpha}f_{\alpha\delta\lambda}:(-1)^{\delta|\beta}f_{\beta\delta\lambda}.$$

Ebenso ist:

$$\sqrt{H_\alpha^0}\sqrt{H_{\alpha\lambda}^0}:\sqrt{H_\gamma^0}\sqrt{H_{\gamma\lambda}^0}=(-1)^{\delta|\alpha}f_{\alpha\delta\lambda}:(-1)^{\delta|\gamma}f_{\gamma\delta\lambda}.$$

Daher können wir die zuletzt entwickelte Gleichung folgendermassen schreiben:

$$\underset{\alpha,\beta,\gamma}{S}\left\{(-1)^{\varkappa\lambda\mu\delta|\alpha}\frac{f_{\alpha\delta\lambda}\sqrt{H_{\alpha\varkappa}^1}\sqrt{H_{\alpha\mu}^1}}{r_\alpha}\right\}=0,$$

oder:

$$\underset{\alpha,\beta,\gamma}{S}\left\{(-1)^{\beta\gamma|\alpha}\frac{f_{\alpha\delta\lambda}\sqrt{H_{\alpha\varkappa}^1}\sqrt{H_{\alpha\mu}^1}}{r_\alpha}\right\}=0;$$

und diese muss gelten, wenn der Punkt 1 irgend einen der beiden Berührungspunkte der Tangente $H_\delta=0$ bedeutet. Wir wissen aber aus dem in § 9 aufgestellten Gleichungssystem, dass zwischen den Grössen

$$\sqrt{H_{\alpha\varkappa}^1}\sqrt{H_{\alpha\mu}^1},\quad \sqrt{H_{\beta\varkappa}^1}\sqrt{H_{\beta\mu}^1},\quad \sqrt{H_{\gamma\varkappa}^1}\sqrt{H_{\gamma\mu}^1},$$

ganz unabhängig von der Lage des Punktes 1, die Relation besteht:

$$\sum\left\{(-1)^{\beta\gamma|\alpha}g_\alpha f_{\alpha\delta\lambda}\sqrt{H_{\alpha\varkappa}^1}\sqrt{H_{\alpha\mu}^1}\right\}=0.$$

Nun muss diese Relation mit der vorigen identisch sein. Denn sonst würden wir den Quotienten

$$Q=\frac{\sqrt{H_{\alpha\varkappa}^1}\sqrt{H_{\alpha\mu}^1}}{\sqrt{H_{\beta\varkappa}^1}\sqrt{H_{\beta\mu}^1}}$$

ausdrücken können durch die Coefficienten beider Gleichungen; wir würden also denselben Werth erhalten, gleichviel, ob wir die Coordinaten des einen oder des andern Berührungspunktes einsetzen. Nun ist aber

$$\frac{\sqrt{H^1_{\alpha\varkappa}}}{\sqrt{H^1_{\beta\varkappa}}} = (-1)^{\delta|\alpha\beta} \frac{f_{\alpha\delta\varkappa}}{f_{\beta\delta\varkappa}} \frac{\sqrt{H^1_\beta}}{\sqrt{H^1_\alpha}}, \quad \frac{\sqrt{H^1_{\alpha\mu}}}{\sqrt{H^1_{\beta\mu}}} = (-1)^{\delta|\alpha\beta} \frac{f_{\alpha\delta\mu}}{f_{\beta\delta\mu}} \frac{\sqrt{H^1_\beta}}{\sqrt{H^1_\alpha}};$$

daher:

$$Q = \frac{f_{\alpha\delta\varkappa} f_{\alpha\delta\mu}}{f_{\beta\delta\varkappa} f_{\beta\delta\mu}} \frac{H^1_\beta}{H^1_\alpha}$$

ist. Es würde also der Quotient $\frac{H_\beta}{H_\alpha}$ denselben Werth in dem einen, wie in dem andern Berührungspunkte haben. Dasselbe würde gelten von $\frac{H_\gamma}{H_\alpha}$. Dies aber würde heissen, dass die beiden Berührungspunkte zusammenfallen. Da dies unmöglich ist, so können die beiden Gleichungen nicht verschieden sein. Es müssen daher die Coefficienten übereinstimmen; d. h. es muss allgemein

$$\frac{r_\alpha}{r_\beta} = \frac{g_\beta}{g_\alpha}$$

sein. Wir können daher setzen:

$$r_\varkappa = \frac{1}{g_\varkappa}.$$

Somit ergiebt sich jetzt, mit vollständiger Constanten-Bestimmung:

$$\Psi\sigma_\varkappa = \prod_{k=0}^{3} \left\{ \sqrt{H^k_\varkappa} \right\} \frac{1}{g_\varkappa} P_\varkappa. \tag{63}$$

II. Es sei jetzt $m = \varkappa\lambda$.

Für diesen Fall wird die Darstellung von $\Psi\sigma_m$ eine ähnliche; nur tritt hier anstatt $P_\varkappa$ eine Function vierter Ordnung $Q_{\varkappa\lambda}$ auf. Wir stellen das System der Wurzelfunctionen dritter Ordnung mit dem Index $\varkappa\lambda$ auf:

$$\sqrt{H_{\varkappa\lambda}}\, H, \quad \sqrt{H_{\varkappa\lambda}}\, \overline{H}, \quad \sqrt{H_{\varkappa\lambda}}\, \overline{\overline{H}}, \quad \sqrt{H_{\varkappa\mu}}\sqrt{H_\lambda}\sqrt{H_\mu}.$$

Diese multipliciren wir mit $\frac{1}{\sqrt{R}}\sqrt{H_\varkappa}\sqrt{H_\lambda}$. Dann wird

$$\frac{\sqrt{H_\varkappa}\sqrt{H_\lambda}\sqrt{H_{\varkappa\lambda}}}{\sqrt{R}} = F_{\varkappa\lambda}; \quad \frac{\sqrt{H_\varkappa}\sqrt{H_\mu}\sqrt{H_{\varkappa\mu}}}{\sqrt{R}} H_\lambda = F_{\varkappa\mu} H_\lambda;$$

durch die Multiplication entsteht also folgendes System:

$$F_{\varkappa\lambda}H, \quad F_{\varkappa\lambda}\overline{H}, \quad F_{\varkappa\lambda}\overline{\overline{H}}, \quad F_{\varkappa\mu}H_\lambda.$$

Hieraus erkennt man zunächst, dass die aufgestellten vier Grössen wirklich linear unabhängig sind, also zur Darstellung von $\Psi\sigma_{\varkappa\lambda}$ verwandt werden können. Denn zwischen H, $\overline{H}, \overline{\overline{H}}$ besteht offenbar keine lineare Gleichung; wäre aber $F_{\varkappa\mu}H_\lambda$ durch die Grössen $F_{\varkappa\lambda}H$ etc. ausdrückbar, so wäre $F_{\varkappa\mu}H_\lambda = F_{\varkappa\lambda}\mathsf{H}$, wo H eine homogene Function dritter Ordnung bedeutet. Diese Gleichung müsste eine Identität sein, weil sie nur von der vierten Ordnung, die Gleichung zwischen x, y, z aber von der sechsten Ordnung ist. Es müsste also H_λ identisch durch $F_{\varkappa\lambda}$ theilbar sein; was nicht der Fall ist.

Alle vier zuletzt aufgestellten Functionen: $F_{\varkappa\lambda}H$ etc. sind nun von der vierten Ordnung und haben die Eigenschaft gemein, dass sie an allen Stellen $1, 2\cdots 7$ verschwinden, an den Stellen $\varkappa$, λ aber von der zweiten Ordnung. Dies überträgt sich sofort auf das lineare Aggregat, durch welches $\Psi\sigma_{\varkappa\lambda}$ dargestellt werden kann. Es muss

$$\Psi\sigma_{\varkappa\lambda} = \frac{\sqrt{R^0}}{\sqrt{H^0_\varkappa}\sqrt{H^0_\lambda}}\, Q(x_0, y_0, z_0)$$

sein, wo $Q(x_0, y_0, z_0)$ eine homogene Function vierter Ordnung von (x_0, y_0, z_0) bedeutet, die an den Stellen $1, 2\cdots 7$ verschwindet, und zwar an den Stellen $\varkappa$, λ von der zweiten Ordnung. Ausserdem muss diese Function verschwinden, wenn $(x_0, y_0, z_0) = (x_h, y_h, z_h)$ $(h = 1, 2, 3)$ gesetzt wird. Diesen Bedingungen können wir folgende Form geben:

$$Q(x_h, y_h, z_h) = 0 \quad (h = 1, 2, 3);$$
$$Q(a_\alpha, b_\alpha, c_\alpha) = 0 \quad (\alpha \lesseqgtr \varkappa, \lambda),$$

endlich

$$\frac{\partial}{\partial x}Q(x, y, z) = 0, \quad \frac{\partial}{\partial y}Q(x, y, z) = 0, \quad \frac{\partial}{\partial z}Q(x, y, z) = 0$$

für $x = a_\varkappa, y = b_\varkappa, z = c_\varkappa$ und für $x = a_\lambda, y = b_\lambda, z = c_\lambda$.

Dies sind 14 lineare homogene Gleichungen zwischen den 15 Coefficienten der Function $Q(x, y, z)$. Dieselbe ist daher durch diese Bedingungen bis auf einen von (x_0, y_0, z_0) unabhängigen Factor bestimmt.

Wir stellen diese Function wieder durch eine Determinante dar. Die erste Horizontalreihe sei:

$$x_0^4, \quad x_0^3y_0, \quad x_0^3z_0, \quad x_0^2y_0^2, \quad x_0^2y_0z_0\cdots z_0^4.$$

Die darauf folgenden acht Reihen sollen dadurch entstehen, dass man in der ersten (x_0, y_0, z_0) ersetzt der Reihe nach durch

$$(x_1, y_1, z_1), \quad (x_2, y_2, z_2), \quad (x_3, y_3, z_3), \quad (a_\alpha, b_\alpha, c_\alpha), \quad (a_\beta, b_\beta, c_\beta),$$
$$(a_\gamma, b_\gamma, c_\gamma), \quad (a_\delta, b_\delta, c_\delta), \quad (a_\mu, b_\mu, c_\mu);$$

die nächsten sechs dadurch, dass man die Glieder der ersten Reihe nach x_0, y_0, z_0 differenzirt, und dann (x_0, y_0, z_0) erstens durch $(a_\varkappa, b_\varkappa, c_\varkappa)$, zweitens durch $(a_\lambda, b_\lambda, c_\lambda)$ ersetzt. Die letzte Reihe ist demnach:

$$0, \quad 0, \quad a_\lambda^3, \quad 0, \quad a_\lambda^2 b_\lambda \cdots 4c_\lambda^3.$$

Diese Determinante ist eine alternirende Function der neun Werthsysteme:

$$(x_h, y_h, z_h)\ (h = 0, 1, 2, 3), \quad (a_\alpha, b_\alpha, c_\alpha)\ (\alpha \text{ von } \varkappa, \lambda \text{ verschieden}),$$

und in Bezug auf jedes derselben von der vierten Ordnung; ferner ist sie eine alternirende Function der beiden Grössensysteme $(a_\varkappa, b_\varkappa, c_\varkappa)$ und $(a_\lambda, b_\lambda, c_\lambda)$, und in Bezug auf jedes von der neunten Ordnung. Um aus ihr eine Grösse zu erhalten, welche in Bezug auf die Indices α, β, γ, δ, μ einerseits und $\varkappa$, λ andrerseits symmetrisch ist, multipliciren wir sie mit dem Vorzeichen:

$$\varepsilon = (-1)^{\alpha|\beta\gamma\delta\mu + \beta|\gamma\delta\mu + \gamma|\delta\mu + \delta|\mu + \varkappa|\lambda}.$$

Das Product können wir dann bezeichnen durch $Q_{\varkappa\lambda}$. – Nun ist $Q_{\varkappa\lambda}$ eine alternirende Function der vier Werthsysteme (x_h, y_h, z_h); $\Psi\sigma_{\varkappa\lambda}$ soll dieselbe Eigenschaft haben; daraus folgt, dass wir setzen müssen:

$$\Psi\sigma_{\varkappa\lambda} = r_{\varkappa\lambda} \prod_{k=0}^{3} \left\{ \frac{\sqrt{R^{(k)}}}{\sqrt{H_\varkappa^{(k)}}\sqrt{H_\lambda^{(k)}}} \right\} Q_{\varkappa\lambda}, \tag{64}$$

wo der Factor $r_{\varkappa\lambda}$ sowohl von (x_0, y_0, z_0), als den übrigen Veränderlichen unabhängig, also eine durch die Parameter ausdrückbare Constante sein muss.

Aus der Form, in der wir die 28 ungraden σ-Functionen dargestellt haben, geht die Existenz der zwischen ihnen bestehenden Relationen hervor. Ein Theil derselben geht sogar über in identische Determinanten-Relationen, gültig für unbeschränkte Werthe der Grössen (x_h, y_h, z_h), und von ähnlicher Natur, wie die Relationen zwischen den Determinanten-Ausdrücken $F_{\varkappa\lambda}$, $G_{\varkappa\lambda}$, $H_\varkappa$, zu denen wir durch die Betrachtung der Beziehungen zwischen den speciellen σ-Functionen gelangt sind.

Nehmen wir diejenige Relation unter den ungraden σ, von der wir am Anfang ausgegangen sind:

$$\underset{\alpha,\beta,\gamma,\delta}{S} \left\{ (-1)^{\beta\gamma\delta|\alpha} f_{\gamma\delta\varkappa} f_{\delta\beta\varkappa} f_{\beta\gamma\varkappa} \sigma_\alpha \sigma_{\alpha\varkappa} \right\} = 0,$$

so verwandelt sich diese, durch Einsetzung der gefundenen Ausdrücke für die σ, in

$$\underset{\alpha,\beta,\gamma,\delta}{S} \left\{ (-1)^{\beta\gamma\delta|\alpha} \rho_{\alpha\varkappa} f_{\gamma\delta\varkappa} f_{\delta\beta\varkappa} f_{\beta\gamma\varkappa} P_\alpha Q_{\alpha\varkappa} \right\} = 0, \tag{65}$$

wo $\rho_{\alpha\varkappa}$ für $r_\alpha r_\varkappa r_{\alpha\varkappa}$ gesetzt worden ist.

Wir behaupten nun zunächst, dass diese Gleichung eine Identität ist. Nehmen wir an, dass zwar (x_1, y_1, z_1), (x_2, y_2, z_2), (x_3, y_3, z_3) der Gleichung $L = 0$ genügen, x_0, y_0, z_0 aber unabhängige Grössen sind, und bezeichnen unter dieser Voraussetzung die linke Seite der Gleichung (65) durch $M(x_0, y_0, z_0)$, so muss

$$M(x_0, y_0, z_0) = F(x_0, y_0, z_0)L(x_0, y_0, z_0)$$

sein, weil M stets verschwindet, wenn das Werthsystem (x_0, y_0, z_0) der Gleichung $L = 0$ genügend angenommen wird. $F(x_0, y_0, z_0)$ muss eine lineare Function sein, da P_α von der dritten, $Q_{\alpha\varkappa}$ von der vierten, L aber von der sechsten Dimension ist. Nun verschwindet zwar $L(x_0, y_0, z_0)$ an den Stellen (x_1, y_1, z_1), (x_2, y_2, z_2), (x_3, y_3, z_3); aber, da dies keine Doppelpunkte der Gleichung sind, nur von der ersten Ordnung, während $M(x_0, y_0, z_0)$ an diesen Stellen von der zweiten Ordnung verschwindet. Es müsste demnach die lineare Function $F(x_0, y_0, z_0)$ ebenfalls an den drei Stellen verschwinden. Dies ist nur dadurch möglich, dass F – und somit auch M – identisch verschwindet.

Hierauf gestützt, können wir jetzt dieselbe Folgerung machen, indem wir (x_0, y_0, z_0) und (x_1, y_1, z_1) als unabhängige Grössen ansehen; und indem man dies fortsetzt, erkennt man, dass die Gleichung (65) gilt, wenn die Grössen (x_h, y_h, z_h), ebenso wie die Parameter $(a_\alpha, b_\alpha, c_\alpha)$, als unabhängige Grössen angesehen werden.

Ferner lässt sich leicht zeigen: Die Verhältnisse der Grössen $\rho_{\alpha\varkappa}$, $\rho_{\beta\varkappa}$, $\rho_{\gamma\varkappa}$, $\rho_{\delta\varkappa}$ enthalten die Parameter a_λ, b_λ, c_λ; a_μ, b_μ, c_μ nicht. Denn nehmen wir das Entgegengesetzte an, und vertauschen $(a_\lambda, b_\lambda, c_\lambda)$ der Reihe nach mit (x_0, y_0, z_0), (x_1, y_1, z_1), (x_2, y_2, z_2). Die Determinanten-Ausdrücke P_α und $Q_{\alpha\varkappa}$ vertauschen dadurch nur ihr Zeichen. Dann bekämen wir vier, und mit der ursprünglichen, fünf homogene lineare Gleichungen zwischen den Producten $P_\alpha Q_{\alpha\varkappa}$, $P_\beta Q_{\beta\varkappa}$, $P_\gamma Q_{\gamma\varkappa}$, $P_\delta Q_{\delta\varkappa}$, die offenbar unabhängig von einander sein müssten. Dies ist unmöglich. Es kann daher der Quotient $\dfrac{\rho_{\alpha\varkappa}}{\rho_{\beta\varkappa}}$ nicht die Grössen $(a_\lambda, b_\lambda, c_\lambda)$ enthalten. Dies gilt natürlich für alle vier Indices λ, die von α, β und $\varkappa$ verschieden sind. Eine nähere Untersuchung der Gleichung zeigt nun, dass dieser Quotient auch von $(a_\alpha, b_\alpha, c_\alpha)$, $(a_\beta, b_\beta, c_\beta)$, $(a_\varkappa, b_\varkappa, c_\varkappa)$ nicht abhängen kann. Denn schreiben wir die Gleichung in dieser Form:

$$(-1)^{\beta\gamma\delta|\alpha}\frac{\rho_{\alpha\varkappa}}{\rho_{\beta\varkappa}} f_{\gamma\delta\varkappa} f_{\delta\beta\varkappa} f_{\beta\gamma\varkappa} P_\alpha Q_{\alpha\varkappa}$$
$$= -\frac{1}{\rho_{\beta\varkappa}} \underset{\beta,\gamma,\delta}{S} \left\{(-1)^{\gamma\delta\alpha|\beta} \rho_{\beta\varkappa} f_{\delta\alpha\varkappa} f_{\delta\gamma\varkappa} f_{\alpha\gamma\varkappa} P_\beta Q_{\beta\varkappa}\right\},$$

so ist in Bezug auf a_α, b_α, c_α auf der rechten Seite jedes Glied eine homogene ganze Function von der Dimension 9. Es ist daher

$$\frac{\rho_{\alpha\varkappa}}{\rho_{\beta\varkappa}} P_\alpha Q_{\alpha\varkappa}$$

eine ganze homogene Function neunter Dimension von a_α, b_α, c_α. Diese muss, da die Determinanten P_α und $Q_{\alpha\varkappa}$ keine Theiler besitzen, die selbst ganze Functionen von a_α, b_α, c_α wären, durch P_α und $Q_{\alpha\varkappa}$ theilbar sein; und zwar so, dass der Quotient wieder eine ganze Function ist. Nun ist P_α von a_α, b_α, c_α unabhängig, $Q_{\alpha\varkappa}$ dagegen von der Dimension 9. Daraus folgt, dass $\frac{\rho_{\alpha\varkappa}}{\rho_{\beta\varkappa}}$ eine ganze Function 0ter Dimension von a_α, b_α, c_α ist. Das heisst: $\frac{\rho_{\alpha\varkappa}}{\rho_{\beta\varkappa}}$ enthält a_α, b_α, c_α gar nicht; ebensowenig natürlich a_β, b_β, c_β.

Es könnte hiernach $\frac{\rho_{\alpha\varkappa}}{\rho_{\beta\varkappa}}$ höchstens von $(a_\varkappa, b_\varkappa, c_\varkappa)$ abhängen. Aber auch dies ist unmöglich; denn man kann $\frac{\rho_{\alpha\varkappa}}{\rho_{\beta\varkappa}}$ zerlegen in $\frac{\rho_{\alpha\varkappa}}{\rho_{\alpha\beta}}$, und $\frac{\rho_{\beta\alpha}}{\rho_{\beta\varkappa}}$. Von beiden Factoren ist durch das Vorhergehende gezeigt, dass sie von $a_\varkappa$, $b_\varkappa$, $c_\varkappa$ unabhängig sind; folglich gilt dasselbe von $\frac{\rho_{\alpha\varkappa}}{\rho_{\beta\varkappa}}$. Nun enthält die Gleichung, durch welche dieser Quotient völlig bestimmt sein muss, ausser den Veränderlichen und den Parametern noch die alternirenden Vorzeichen. Aber auch diese fallen fort, sobald man anstatt der Grössen P_α, $Q_{\alpha\varkappa}$ etc. und der Grössen $f_{\gamma\delta\varkappa}$, $f_{\delta\beta\varkappa}$ etc. die reinen Determinanten-Ausdrücke einführt. Es muss daher $\frac{\rho_{\alpha\varkappa}}{\rho_{\beta\varkappa}}$ einen rein numerischen Werth haben. Hieraus folgt offenbar, dass $\frac{\rho_{\alpha\varkappa}}{\rho_{\beta\varkappa}} = \frac{\rho_{\beta\varkappa}}{\rho_{\alpha\varkappa}}$ sein muss. Nun kann $\frac{\rho_{\alpha\varkappa}}{\rho_{\beta\varkappa}}$ nicht gleich -1 sein; denn dann würde man erhalten: $\rho_{\alpha\varkappa} = -\rho_{\beta\varkappa}$, $\rho_{\alpha\varkappa} = -\rho_{\gamma\varkappa}$, $\rho_{\beta\varkappa} = -\rho_{\gamma\varkappa}$, und dies würde einen Widerspruch einschliessen. Daher muss $\rho_{\alpha\varkappa} = \rho_{\beta\varkappa}$ sein; d. h. es müssen alle 21 Grössen $\rho_{\varkappa\lambda}$ denselben Werth haben. Nun ist

$$\rho_{\varkappa\lambda} = r_\varkappa r_\lambda r_{\varkappa\lambda} = c; \quad r_\varkappa = \frac{1}{g_\varkappa};$$

daher erhalten wir:

$$r_{\varkappa\lambda} = \frac{c}{g_\varkappa g_\lambda},$$

$$\Psi\sigma_{\varkappa\lambda} = \frac{c\,Q_{\varkappa\lambda}}{g_\varkappa g_\lambda} \prod_{k=0}^{3} \left\{ \frac{\sqrt{R^{(k)}}}{\sqrt{H_\varkappa^{(k)}}\sqrt{H_\lambda^{(k)}}} \right\}, \tag{66}$$

wo jetzt c für alle 21 Functionen $\sigma_{\varkappa\lambda}$ denselben Factor bedeutet. Zugleich erkennen wir, dass zwischen den Determinanten-Ausdrücken P und Q die folgende identische Relation besteht:

$$\underset{\alpha,\beta,\gamma,\delta}{S} \left\{ (-1)^{\beta\gamma\delta|\alpha} f_{\gamma\delta\varkappa} f_{\delta\beta\varkappa} f_{\beta\gamma\varkappa} P_\alpha Q_{\alpha\varkappa} \right\} = 0.$$

III. Es sei $m = \varkappa\lambda\mu$.

Für die graden σ-Functionen lassen sich Ausdrücke von genau analoger Form nicht aufstellen. Es tritt hier ein ähnliches Verhalten ein, wie in der Theorie der Abel'schen Functionen von zwei Argumenten, wo die Quotienten $\frac{\sigma_{\varkappa\lambda}}{\sigma_0}$ ebenfalls in ganz anderer Form dargestellt werden, wie die Grössen $\frac{\sigma_{\varkappa}}{\sigma_0}$ (unter σ_m verstehen wir dort die Function $\Theta(u, u'; \mu^{m\varepsilon}, \nu^{m\varepsilon})$, oder eine Function, die sich von dieser nur um einen willkürlich anzunehmenden constanten Factor unterscheidet).

Für $m = \varkappa\lambda\mu$ stellen wir folgende Wurzelfunctionen auf:

$$\sqrt{H_{\varkappa}}\sqrt{H_{\varkappa\lambda}}\sqrt{H_{\varkappa\mu}},\quad \sqrt{H_{\lambda}}\sqrt{H_{\lambda\mu}}\sqrt{H_{\lambda\varkappa}},\quad \sqrt{H_{\mu}}\sqrt{H_{\mu\varkappa}}\sqrt{H_{\mu\lambda}},$$
$$\sqrt{H_{\varkappa}}\sqrt{H_{\lambda}}\sqrt{H_{\mu}}.$$

Diese multipliciren wir sämmtlich mit dem Factor:

$$\frac{\sqrt{H_{\varkappa}}\sqrt{H_{\lambda}}\sqrt{H_{\mu}}}{R}.$$

Da das Product dieses Factors mit $\sqrt{H_{\varkappa}}\sqrt{H_{\varkappa\lambda}}\sqrt{H_{\varkappa\mu}}$ gleich $F_{\varkappa\lambda}F_{\varkappa\mu}$ ist, so bekommen wir dadurch folgendes System:

$$F_{\varkappa\lambda}F_{\varkappa\mu},\quad F_{\lambda\mu}F_{\lambda\varkappa},\quad F_{\mu\varkappa}F_{\mu\lambda},\quad \frac{H_{\varkappa}H_{\lambda}H_{\mu}}{R},$$

von dem leicht einzusehen ist, dass die einzelnen Grössen unter einander linear unabhängig sind. Denn zwischen den ersten drei Gliedern, welche quadratische Functionen von x, y, z sind, die in den Punkten $\varkappa$, λ, μ verschwinden, besteht offenbar keine Relation. Der letzten aber können wir, da

$$H_{\varkappa}H_{\lambda}G_{\varkappa\lambda} = RF_{\varkappa\lambda}$$

ist, die Form geben:

$$\frac{H_{\mu}F_{\varkappa\lambda}}{G_{\varkappa\lambda}}.$$

Wäre diese durch die drei früheren ausdrückbar, so müsste eine Gleichung bestehen von der Form:

$$H_{\mu}F_{\varkappa\lambda} = G_{\varkappa\lambda}\overline{G},$$

wo $\overline{G}$ eine homogene quadratische Function bedeutet. Diese Gleichung müsste, da sie nur von der vierten Ordnung ist, eine Identität sein. Es müsste also H_{μ} durch $G_{\varkappa\lambda}$ theilbar sein, was nicht der Fall ist. Die Function $\Psi\sigma_{\varkappa\lambda\mu}$ muss deshalb darstellbar sein in dieser Form:

$$\Psi\sigma_{\varkappa\lambda\mu} = \frac{R^0}{\sqrt{H_{\varkappa}^0}\sqrt{H_{\lambda}^0}\sqrt{H_{\mu}^0}}\left\{G(x_0, y_0, z_0) + C\frac{H_{\varkappa}^0H_{\lambda}^0H_{\mu}^0}{R^0}\right\},$$

wo $G(x_0, y_0, z_0)$ eine quadratische Function bedeutet, die in den Punkten $\varkappa$, λ, μ verschwindet. Dieser Ausdruck für $\Psi\sigma_{\varkappa\lambda\mu}$ muss ferner so bestimmt werden, dass er verschwindet, wenn $(x_0, y_0, z_0) = (x_h, y_h, z_h)$ $(h = 1, 2, 3)$ gesetzt wird. Zu diesem Zweck bilden wir eine sechsgliedrige Determinante, deren erste Horizontalreihe durch die Grössen

$$x_0^2, \quad x_0 y_0, \quad x_0 z_0, \quad y_0^2, \quad y_0 z_0, \quad z_0^2$$

gebildet wird. Die darauf folgenden sollen aus dieser dadurch entstehen, dass man (x_0, y_0, z_0) der Reihe nach durch

$$(x_1, y_1, z_1), \quad (x_2, y_2, z_2), \quad (a_\varkappa, b_\varkappa, c_\varkappa), \quad (a_\lambda, b_\lambda, c_\lambda), \quad (a_\mu, b_\mu, c_\mu)$$

ersetzt. Diese Determinante multipliciren wir, um sie in Bezug auf die Indices $\varkappa$, λ, μ symmetrisch zu machen, mit dem Vorzeichen

$$\varepsilon = (-1)^{\varkappa|\lambda\mu + \lambda|\mu}$$

und bezeichnen das Product durch

$$G(0, 1, 2)_{\varkappa\lambda\mu}.$$

Unter $G(0, 1, 3)_{\varkappa\lambda\mu}$ soll dann diejenige Grösse verstanden werden, die aus $G(0, 1, 2)_{\varkappa\lambda\mu}$ durch Vertauschung des Werthsystems (x_2, y_2, z_2) mit (x_3, y_3, z_3) entsteht, u. s. f. Es ist dann offenbar:

$$G(0, 1, 2) = -G(1, 0, 2),$$
$$G(0, 0, 2) = 0, \text{ etc.}$$

Die Function $G(x_0, y_0, z_0)$ muss dann auf die Form gebracht werden können:

$$G(x_0, y_0, z_0) = aG(0, 2, 3)_{\varkappa\lambda\mu} + bG(0, 3, 1)_{\varkappa\lambda\mu} + cG(0, 1, 2)_{\varkappa\lambda\mu},$$

wo a, b, c von (x_0, y_0, z_0) unabhängige Coefficienten bedeuten. Diese Coefficienten müssen so bestimmt werden, dass der Ausdruck

$$G(x_0, y_0, z_0) + C\frac{H_\varkappa^0 H_\lambda^0 H_\mu^0}{R^0}$$

verschwindet, wenn (x_0, y_0, z_0) gleich einem der drei andern Werthsysteme gesetzt wird. Wir erhalten also:

$$G(x_1, y_1, z_1) + C\frac{H_\varkappa^1 H_\lambda^1 H_\mu^1}{R^1} = 0.$$

Andrerseits ist aber, da $G(0,3,1)_{\varkappa\lambda\mu}$ und $G(0,1,2)_{\varkappa\lambda\mu}$ verschwinden, wenn $(x_0, y_0, z_0) = (x_1, y_1, z_1)$ gesetzt wird:

$$G(x_1, y_1, z_1) = a\, G(1,2,3)_{\varkappa\lambda\mu}.$$

Wir können also setzen:

$$C = G(1,2,3)_{\varkappa\lambda\mu},$$
$$a = -\frac{H_\varkappa^1 H_\lambda^1 H_\mu^1}{R^1}.$$

In derselben Weise ergiebt sich:

$$b = -\frac{H_\varkappa^2 H_\lambda^2 H_\mu^2}{R^2},$$
$$c = -\frac{H_\varkappa^3 H_\lambda^3 H_\mu^3}{R^3}.$$

Die Function, welche wir auf diese Weise erhalten, bezeichnen wir durch $R_{\varkappa\lambda\mu}$:

$$(67)\quad \left\{\begin{aligned} R_{\varkappa\lambda\mu} &= \frac{H_\varkappa^0 H_\lambda^0 H_\mu^0}{R^0} G(1,2,3)_{\varkappa\lambda\mu} - \frac{H_\varkappa^1 H_\lambda^1 H_\mu^1}{R^1} G(2,3,0)_{\varkappa\lambda\mu} \\ &\quad + \frac{H_\varkappa^2 H_\lambda^2 H_\mu^2}{R^2} G(3,0,1)_{\varkappa\lambda\mu} - \frac{H_\varkappa^3 H_\lambda^3 H_\mu^3}{R^3} G(0,1,2)_{\varkappa\lambda\mu} \\ &= \sum \left\{ \pm \frac{H_\varkappa^0 H_\lambda^0 H_\mu^0}{R^0} G(1,2,3)_{\varkappa\lambda\mu} \right\}, \end{aligned}\right.$$

in welcher Summe jedes Glied aus dem vorhergehenden durch cyklische Vertauschung der Werthsysteme $(x_0, y_0, z_0) \cdots (x_3, y_3, z_3)$ und durch Aenderung des Zeichens hervorgeht. Die Grösse R bedeutet in dieser Formel die dritte Wurzel aus dem Product aller sieben Grössen H_α:

$$R = \sqrt[3]{H_1 H_2 H_3 H_4 H_5 H_6 H_7};$$

sie kann indess auch rational dargestellt werden.

Da $R_{\varkappa\lambda\mu}$ offenbar eine alternirende Function der vier Werthsysteme ist, so erhalten wir jetzt:

$$(68)\quad \Psi\sigma_{\varkappa\lambda\mu} = c \prod_{k=0}^{3} \left\{ \frac{R^{(k)}}{\sqrt{H_\varkappa^{(k)}}\sqrt{H_\lambda^{(k)}}\sqrt{H_\mu^{(k)}}} \right\} R_{\varkappa\lambda\mu},$$

wo c einen von allen Werthsystemen unabhängigen Factor bedeutet. Dieser kann indess möglicher Weise noch von dem Index $\varkappa\lambda\mu$ abhängen.

IV. $m = 0$.

Hier gehen wir aus von dem System:

$$\sqrt{H_\varkappa}\sqrt{H_\lambda}\sqrt{H_{\varkappa\lambda}},\ \sqrt{H_\lambda}\sqrt{H_\mu}\sqrt{H_{\lambda\mu}},\ \sqrt{H_\mu}\sqrt{H_\varkappa}\sqrt{H_{\mu\varkappa}},\ \sqrt{H_{\varkappa\lambda}}\sqrt{H_{\lambda\mu}}\sqrt{H_{\mu\varkappa}},$$

oder:

$$\sqrt{R}F_{\varkappa\lambda},\quad \sqrt{R}F_{\lambda\mu},\quad \sqrt{R}F_{\mu\varkappa},\quad \sqrt{R}\frac{F_{\varkappa\lambda}F_{\varkappa\mu}G_{\lambda\mu}}{H_\varkappa}.$$

Dass diese Grössen linear unabhängig sind, zeigt sich in derselben einfachen Weise, wie früher. Es muss sich also jede Wurzelfunction dritter Ordnung mit dem Index 0 in dieser Form darstellen lassen:

$$\sqrt{R}\frac{(Ax+By+Cz)H_\varkappa + DF_{\varkappa\lambda}F_{\varkappa\mu}G_{\lambda\mu}}{H_\varkappa}.$$

Der Zähler dieses Quotienten ist eine homogene Function vierter Ordnung, die an allen Doppelpunkten verschwindet, an der Stelle $\varkappa$ aber von der zweiten Ordnung. Hier ist der Index $\varkappa$ bevorzugt; wir können aber dieselbe Function in den drei Formen:

$$\sqrt{R}\frac{G_1}{H_\varkappa},\quad \sqrt{R}\frac{G_2}{H_\lambda},\quad \sqrt{R}\frac{G_3}{H_\mu},$$

also auch in der Form:

$$\sqrt{R}\frac{AG_1+BG_2+CG_3}{AH_\varkappa+BH_\lambda+CH_\mu}$$

darstellen, wo A, B, C beliebige Coefficienten, und G_1, G_2, G_3 homogene Functionen vierter Ordnung bedeuten, die sämmtlich an den sieben Doppelpunkten verschwinden. Wir können also als Nenner eine willkürliche lineare Function der Grössen H, $\overline{H}$, $\overline{\overline{H}}$ einführen, z. B. die, von der wir die unteren Grenzen der Integrale abhängig gemacht haben. Es ist dann klar, dass der Zähler ebenfalls in den vier Punkten $(a_h, b_h, c_h)\,(h = 0, 1, 2, 3)$ verschwinden muss. Denn es ist

$$(AG_1+BG_2+CG_3)H_\varkappa = \mathsf{H}G_1;$$

wird nun $(x, y, z) = (a_h, b_h, c_h)$ gesetzt, so wird $\mathsf{H} = 0$, während $H_\varkappa$ (wenn wir nicht eine besondere Wahl der Punkte (a_h, b_h, c_h) annehmen) von Null verschieden ist. Daraus folgt, dass wir jede Wurzelfunction dritter Ordnung mit dem Index 0 in dieser Form darstellen können:

$$\sqrt{R}\frac{G}{\mathsf{H}},$$

wo G eine homogene Function vierter Ordnung bedeutet, die in den sieben Doppelpunkten und den vier Punkten (a_h, b_h, c_h) $(h = 0, 1, 2, 3)$ verschwindet. Für die Function $\Psi\sigma_0$ tritt nun noch die Bedingung hinzu, dass sie an drei ferneren Stellen: (x_1, y_1, z_1), (x_2, y_2, z_2), (x_3, y_3, z_3) verschwinden muss. Durch diese 14 völlig gleichartigen Bedingungen ist die Function bis auf einen von (x_0, y_0, z_0) unabhängigen Factor definirt. Wir haben eine Function vierter Ordnung in Form einer Determinante zu bilden, deren 15 Horizontalreihen aus der Reihe

$$x^4, \quad x^3y, \quad x^3z \cdots z^4$$

dadurch hervorgehen, dass man für x, y, z die Grössen

$$(x_h, y_h, z_h)\,(h=0,\,1,\,2,\,3), \quad (a_h, b_h, c_h)\,(h=0,\,1,\,2,\,3), \\ (a_\alpha, b_\alpha, c_\alpha)\,(\alpha = 1, 2 \cdots 7)$$

setzt. Diese Determinante, die eine alternirende Function sämmtlicher 15 Grössensysteme ist, denken wir uns noch mit einem alternirenden Vorzeichen behaftet; das Product ist dann unabhängig von den Indices und kann durch S_0 bezeichnet werden. Da $\Psi\sigma_0$ eine alternirende Function sein soll, so haben wir zu setzen:

$$\Psi\sigma_0 = c\prod_{k=0}^{3}\left\{\frac{\sqrt{R^{(k)}}}{\mathsf{H}^{(k)}}\right\} S_0, \tag{68'}$$

wo c eine Constante bedeutet. Dies ist demnach der einzige Fall, in welchem wir die unteren Grenzen der Integrale in den Ausdruck von $\Psi\sigma_m$ aufgenommen haben; und auch hier ist es aus der Bildung des Ausdrucks unmittelbar klar, dass eine Aenderung der unteren Grenzen auf die Function σ_0 keinen Einfluss ausübt, wenn man nur die neuen unteren Grenzen so wählt, dass die entsprechenden Punkte der Curve $M=0$ auf einer graden Linie liegen.

Nachtrag.

Ueber die hyperelliptischen Functionen dreier Variabeln.

Den allgemeinen Entwicklungen liegt die Annahme zu Grunde, dass keine der graden Θ-Functionen zugleich mit den Argumenten verschwindet, dass also alle 36 Grössen c_0, $c_{\varkappa\lambda\mu}$ von Null verschieden sind. Der Vollständigkeit wegen möge nun der Fall untersucht werden, in welchem eine dieser 36 Constanten gleich Null ist.

Ist $c_{\varkappa\lambda\mu} = 0$, so setzen wir $\varkappa\lambda\mu = \varepsilon$, und bezeichnen durch $1', 2', 3' \cdots 7'$ die Indices $\varkappa, \lambda, \mu, \beta\gamma\delta, \gamma\delta\alpha, \delta\alpha\beta, \alpha\beta\gamma$ in irgend welcher Reihenfolge. Bedeutet dann a irgend eine Combination der neuen primitiven Indices, und setzen wir $\Theta_{\varepsilon\alpha} = \overline{\Theta}_\alpha$, so sind wieder durch $\overline{\Theta}_0$, $\overline{\Theta}_{\varkappa'\lambda'\mu'}$ alle graden, durch $\overline{\Theta}_{\varkappa'}$ und $\overline{\Theta}_{\varkappa'\lambda'}$ alle ungraden Theta-Functionen bezeichnet, und es wird $\overline{\Theta}_0 = 0$, wenn die Argumente gleich Null gesetzt werden. Derjenige Fall, in welchem eine der 35 Grössen $c_{\varkappa\lambda\mu}$ den Werth Null hat, lässt sich daher durch eine Aenderung des Systems der primitiven Indices immer zurückführen auf den, wo $c_0 = 0$ ist.

Wir nehmen deshalb an, dass $c_0 = 0$, die übrigen 35 Grössen $c_{\varkappa\lambda\mu}$ dagegen von 0 verschieden sind. Im Uebrigen bleiben offenbar die auf S. 25 und 27 aufgestellten Relationen unter den Theta-Functionen bestehen; es ist also:

$$\sum_{\alpha=0}^{7}\left[(-1)^{(k\alpha,l\alpha,m\alpha)}\Theta(v+w\cdots)_{klm\alpha}\Theta(v-w\cdots)_{m\alpha}\Theta(u+v\cdots)_{k\alpha}\Theta(u-v\cdots)_{l\alpha}\right] = 0, \tag{1}$$

$$\sum_{\alpha=0}^{7}\left[(-1)^{(k\alpha,l\alpha,m\alpha)}c_{klm\alpha}c_{m\alpha}\,\Theta_{k\alpha}\,\Theta_{l\alpha}\right] = 0. \tag{2}$$

Die zuletzt aufgestellte Gleichung unterscheidet sich nur dann von der früheren, wenn der Index kl grade ist, also entweder $= 0$, oder $= \varkappa\lambda\mu$. Demnach erhalten wir die für diesen Fall charakteristischen Gleichungen, indem wir $l = k$, oder $l = k_{\varkappa\lambda\mu}$ setzen:

$$\sum_{\alpha=0}^{7}\left[(-1)^{m\alpha|k\alpha}c_{m\alpha}^2\,\Theta_{k\alpha}^2\right] = 0, \tag{3}$$

$$\sum_{\alpha=0}^{7}\left[(-1)^{(k\alpha,k\alpha\varkappa\lambda\mu,m\alpha)}c_{m\alpha\varkappa\lambda\mu}c_{m\alpha}\,\Theta_{k\alpha}\,\Theta_{k\alpha\varkappa\lambda\mu}\right] = 0. \tag{4}$$

Aus der letzten Gleichung folgt, dass die drei Producte

$$\Theta_\varkappa\Theta_{\lambda\mu},\quad \Theta_\lambda\,\Theta_{\mu\varkappa},\quad \Theta_\mu\,\Theta_{\varkappa\lambda}$$

und allgemeiner:

$$\Theta_{k\varkappa}\Theta_{k\lambda\mu},\quad \Theta_{k\lambda}\,\Theta_{k\mu\varkappa},\quad \Theta_{k\mu}\,\Theta_{k\varkappa\lambda} \tag{5}$$

immer durch eine lineare homogene Gleichung verbunden sind; dasselbe gilt von den drei Producten

$$(6) \qquad \Theta_{k\alpha\beta}\,\Theta_{k\gamma\delta}, \quad \Theta_{k\beta\gamma}\,\Theta_{k\alpha\delta}, \quad \Theta_{k\gamma\alpha}\,\Theta_{k\beta\delta}.$$

Wir wollen nun die Anfangsglieder der ungraden Functionen $\Theta_\varkappa$, $\Theta_{\lambda\mu}$ durch $u_\varkappa$, $u_{\lambda\mu}$, das Anfangsglied der graden Function Θ_0, welches eine homogene quadratische Function der Argumente ist, durch w_0 bezeichnen.

Aus (6) erhalten wir, indem wir dort $k = \delta$ setzen, eine homogene lineare Gleichung zwischen:

$$\Theta_\alpha\,\Theta_{\beta\gamma\delta}, \quad \Theta_\beta\,\Theta_{\gamma\alpha\delta}, \quad \Theta_\gamma\,\Theta_{\alpha\beta\delta}.$$

Dieselbe Gleichung muss bestehen zwischen den Anfangsgliedern dieser Functionen:

$$c_{\beta\gamma\delta}u_\alpha, \quad c_{\gamma\alpha\delta}u_\beta, \quad c_{\alpha\beta\delta}u_\gamma.$$

Daher besteht eine lineare Gleichung zwischen den drei homogenen linearen Functionen der Argumente: u_α, u_β, u_γ. Dies können wir so aussprechen:

I. Die sieben graden Linien $u_\varkappa = 0$ $(\varkappa = 1, 2 \cdots 7)$ gehen sämmtlich durch einen Punkt. Diesen Punkt bezeichnen wir durch (0).

Setzen wir ferner in dem System (5) $k = \delta\mu$, so erhalten wir eine Gleichung zwischen

$$\Theta_{\varkappa\delta\mu}\,\Theta_{\delta\lambda}, \quad \Theta_{\lambda\delta\mu}\,\Theta_{\delta\varkappa}, \quad \Theta_{\varkappa\delta\lambda\mu}\,\Theta_\delta.$$

Hieraus ergiebt sich, wenn wir wieder auf die Anfangsglieder zurückgehen, eine lineare homogene Gleichung zwischen $u_{\delta\lambda}$, $u_{\delta\varkappa}$, u_δ. Daraus ist ersichtlich:

II. Die sieben Graden $u_\varkappa = 0$ und $u_{\alpha\varkappa} = 0$ $(\alpha = 1, 2 \cdots 7$, aber $\lessgtr \varkappa)$ schneiden sich in einem Punkte. Diesen bezeichnen wir durch $(\varkappa)$.

Endlich setzen wir im System (5) $k = \varkappa\lambda$. Dann folgt eine homogene lineare Gleichung zwischen

$$\Theta_\lambda\,\Theta_{\varkappa\mu}, \quad \Theta_\varkappa\,\Theta_{\lambda\mu}, \quad \Theta_{\varkappa\lambda\mu}\,\Theta_0.$$

Hieraus ergiebt sich, dass eine ebensolche Gleichung bestehen muss zwischen den drei quadratischen Functionen:

$$u_\varkappa u_{\lambda\mu}, \quad u_\lambda u_{\varkappa\mu}, \quad w_0.$$

Dadurch erkennen wir, dass die beiden Graden $u_\varkappa = 0$, $u_\lambda = 0$ sich auf dem Kegelschnitt $w_0 = 0$ schneiden, ebenso die Graden $u_\varkappa = 0$ und $u_{\varkappa\mu} = 0$. Wir sehen also:

III. Die acht definirten Punkte $(0), (1), (2) \cdots (7)$ liegen auf dem Kegelschnitt $w_0 = 0$.

Durch diese drei Sätze ist die Lage der 28 Graden $u_\varkappa = 0$, $u_{\varkappa\lambda} = 0$ zu einander und in Bezug auf den Kegelschnitt $w_0 = 0$ ausreichend charakterisirt; die Graden sind die Verbindungslinien von acht Punkten des Kegelschnitts, und zwar $u_\varkappa = 0$ die Verbindungslinie der Punkte (0) und $(\varkappa)$, $u_{\varkappa\lambda} = 0$ die der Punkte $(\varkappa)$ und (λ). Wir wählen nun ein besonderes

Coordinatensystem. $v = 0$ sei die Tangente an den Kegelschnitt im Punkte (0); $v'' = 0$ irgend eine andere Tangente, und $v' = 0$ die Verbindungslinie der beiden Berührungspunkte. Der Gleichung des Kegelschnitts können wir dann die Form geben:

$$vv'' - v'^2 = 0.$$

Für die Punkte, die auf dem Kegelschnitte liegen, hat man dann:

$$\frac{v'}{v} = p, \quad \frac{v''}{v} = p^2;$$

und es entspricht jedem Punkte der Curve ein Werth von p, und umgekehrt; speziell dem Punkte (0) der Werth $p = \infty$. Die Werthe von p, welche den übrigen Punkten (1), (2)$\cdots$(7) entsprechen, bezeichnen wir durch $a_1, a_2 \cdots a_7$. Die Verbindungslinie der Punkte (0) und $(\varkappa)$ hat dann die Gleichung $a_\varkappa v - v' = 0$, die der Punkte $(\varkappa)$ und (λ) die folgende: $a_\varkappa a_\lambda v - (a_\varkappa + a_\lambda)v' + v'' = 0$; wir können daher setzen

$$(7) \qquad w_0 = l_0(vv'' - v'^2), \quad u_\varkappa = l_\varkappa v_\varkappa, \quad u_{\varkappa\lambda} = l_{\varkappa\lambda} v_{\varkappa\lambda};$$

wo

$$(8) \qquad v_\varkappa = a_\varkappa v - v'; \quad v_{\varkappa\lambda} = a_\varkappa a_\lambda v - (a_\varkappa + a_\lambda)v' + v''$$

ist, und l_0, $l_\varkappa$, $l_{\varkappa\lambda}$ noch genauer zu bestimmende Constanten bedeuten.

Wir können bewirken, dass zwei von den sieben Grössen $a_\varkappa$ willkürlich vorgeschriebene Werthe erhalten. Wir können z. B. erreichen, dass $a_1 = 0$ wird dadurch, dass wir die Linie $v'' = 0$ mit der Tangente im Punkte (1) zusammenfallen lassen. Dann können wir noch v, v', v'' mit drei Constanten a, b, c multipliciren, die aber der Bedingung $ac = b^2$ genügen müssen, damit die Gleichung des Kegelschnitts ungeändert bleibt. Dadurch können wir bewirken, dass $a_2 = 1$ wird; die übrigen Grössen $a_3, a_4 \cdots a_7$ sind dann die wesentlichen Constanten des Systems. Wir denken uns also zwei dieser Grössen willkürlich gewählt; damit ist das ganze Grössensystem $a_1, a_2 \cdots a_7$ völlig bestimmt. Es bleibt dann noch eine Aenderung übrig, die man machen kann, ohne die Gleichungen der Graden und des Kegelschnitts zu ändern; man kann nämlich alle drei Grössen v, v', v'' mit einem und demselben Factor k multipliciren. Dadurch geht $v_\varkappa$ und $v_{\varkappa\lambda}$ in $v'_\varkappa = kv_\varkappa$, $v'_{\varkappa\lambda} = kv_{\varkappa\lambda}$; w_0 in $w'_0 = k^2 w_0$ über; es treten also an die Stelle der Factoren l_0, $l_\varkappa$, $l_{\varkappa\lambda}$ folgende: $l'_0 = l_0 k^2$, $l'_\varkappa = l_\varkappa k$, $l'_{\varkappa\lambda} = l_{\varkappa\lambda} k$. Ueber diesen Factor k werden wir ebenfalls verfügen; jeder der Quotienten $\frac{l_\varkappa}{l_0}$, $\frac{l_{\varkappa\lambda}}{l_0}$, $\frac{c_{\varkappa\lambda\mu}}{l_0}$ muss sich dann durch $a_1, a_2 \cdots a_7$ allein ausdrücken lassen.

Wir setzen in der Gleichung (4) einmal $k = \varkappa$, $m = \gamma\delta$, das andere Mal: $k = \gamma$, $m = \varkappa\delta$.

Dann erhalten wir die zwei Formeln:

$$\sum_{\alpha=0}^{7}\left[(-1)^{(\alpha\varkappa,\alpha\lambda\mu,\alpha\gamma\delta)}c_{\alpha\gamma\delta\varkappa\lambda\mu}c_{\alpha\gamma\delta}\Theta_{\alpha\varkappa}\Theta_{\alpha\lambda\mu}\right]=0,$$

$$\sum_{\alpha=0}^{7}\left[(-1)^{(\alpha\gamma,\alpha\gamma\varkappa\lambda\mu,\alpha\delta\varkappa)}c_{\alpha\delta\lambda\mu}c_{\alpha\delta\varkappa}\Theta_{\alpha\gamma}\Theta_{\alpha\gamma\varkappa\lambda\mu}\right]=0,$$

die sich, mit Hinweglassung der verschwindenden Glieder und der gehörigen Vereinfachung der Vorzeichen, auf folgende reduciren:

$$c_{\alpha\beta\varkappa}c_{\gamma\delta\varkappa}\Theta_0\Theta_{\varkappa\lambda\mu}+(-1)^{\lambda|\mu}c_{\alpha\beta\lambda}c_{\gamma\delta\lambda}\Theta_{\varkappa\lambda}\Theta_{\mu}+(-1)^{\mu|\lambda}c_{\alpha\beta\mu}c_{\gamma\delta\mu}\Theta_{\varkappa\mu}\Theta_{\lambda}=0,$$

$$c_{\beta\gamma\varkappa}c_{\alpha\delta\varkappa}\Theta_{\alpha\gamma}\Theta_{\beta\delta}-c_{\beta\delta\varkappa}c_{\alpha\gamma\varkappa}\Theta_{\beta\gamma}\Theta_{\alpha\delta}=(-1)^{\alpha|\beta+\gamma|\delta}c_{\alpha\beta\varkappa}c_{\gamma\delta\varkappa}\Theta_0\Theta_{\varkappa\lambda\mu}.$$

Daraus ergiebt sich:

$$c_{\alpha\beta\varkappa}c_{\gamma\delta\varkappa}c_{\varkappa\lambda\mu}l_0(\nu\nu''-\nu'^2)+(-1)^{\lambda|\mu}c_{\alpha\beta\lambda}c_{\gamma\delta\lambda}l_{\varkappa\lambda}l_{\mu}\nu_{\varkappa\lambda}\nu_{\mu}$$
$$+(-1)^{\mu|\lambda}c_{\alpha\beta\mu}c_{\gamma\delta\mu}l_{\varkappa\mu}l_{\lambda}\nu_{\varkappa\mu}\nu_{\lambda}=0;$$

$$c_{\beta\gamma\varkappa}c_{\alpha\delta\varkappa}l_{\alpha\gamma}l_{\beta\delta}\nu_{\alpha\gamma}\nu_{\beta\delta}-c_{\beta\delta\varkappa}c_{\alpha\gamma\varkappa}l_{\beta\gamma}l_{\alpha\delta}\nu_{\beta\gamma}\nu_{\alpha\delta}$$
$$=(-1)^{\alpha|\beta+\gamma|\delta}c_{\alpha\beta\varkappa}c_{\gamma\delta\varkappa}c_{\varkappa\lambda\mu}l_0(\nu\nu''-\nu'^2).$$

In der ersten Formel setzen wir $\nu_\lambda=0$, also $\nu'=a_\lambda\nu$. Dann wird

$$\nu_\mu=(a_\mu-a_\lambda)\nu,\quad \nu_{\varkappa\lambda}=\nu''-a_\lambda^2\nu,\quad \nu\nu''-\nu'^2=\nu(\nu''-a_\lambda^2\nu).$$

Daher erhalten wir:

$$c_{\alpha\beta\varkappa}c_{\gamma\delta\varkappa}c_{\lambda\mu\varkappa}l_0=(-1)^{\lambda|\mu}(a_\lambda-a_\mu)c_{\alpha\beta\lambda}c_{\gamma\delta\lambda}l_{\varkappa\lambda}l_\mu.$$

In der zweiten setzen wir $\nu_{\beta\gamma}=0$, also $\nu''=-a_\beta a_\gamma\nu+(a_\beta+a_\gamma)\nu'$. Dann wird

$$\nu_{\alpha\gamma}=(a_\alpha-a_\beta)(a_\gamma\nu-\nu'),\quad \nu_{\beta\delta}=(a_\delta-a_\gamma)(a_\beta\nu-\nu'),$$
$$\nu\nu''-\nu'^2=-(a_\gamma\nu-\nu')(a_\beta\nu-\nu');$$

daher ist

$$c_{\alpha\beta\varkappa}c_{\gamma\delta\varkappa}c_{\lambda\mu\varkappa}l_0=(-1)^{\alpha|\beta+\gamma|\delta}(a_\alpha-a_\beta)(a_\gamma-a_\delta)c_{\beta\gamma\varkappa}c_{\alpha\delta\varkappa}l_{\alpha\gamma}l_{\beta\delta}.$$

Wir führen nun folgende Bezeichnung ein:

(9) $$(-1)^{\varkappa|\lambda}(a_\varkappa-a_\lambda)=a_{\varkappa\lambda}.$$

Da $(-1)^{\varkappa|\lambda}$ ein alternirendes Vorzeichen ist, so ist $a_{\lambda\varkappa} = a_{\varkappa\lambda}$. Die beiden Relationen, welche wir erhalten haben, sind dann:

$$c_{\alpha\beta\varkappa}c_{\gamma\delta\varkappa}c_{\lambda\mu\varkappa}l_0 = a_{\lambda\mu}c_{\alpha\beta\lambda}c_{\gamma\delta\lambda}l_{\varkappa\lambda}l_\mu, \tag{10}$$

$$c_{\alpha\beta\varkappa}c_{\gamma\delta\varkappa}c_{\lambda\mu\varkappa}l_0 = a_{\alpha\beta}a_{\gamma\delta}c_{\beta\gamma\varkappa}c_{\alpha\delta\varkappa}l_{\alpha\gamma}l_{\beta\delta}. \tag{11}$$

Vertauscht man in der ersten Formel $\varkappa$ mit λ und multiplicirt die neu entstehende Formel mit der ursprünglichen, so erhält man:

$$c^2_{\varkappa\lambda\mu}l_0^2 = a_{\varkappa\mu}a_{\lambda\mu}l^2_{\varkappa\lambda}l^2_\mu. \tag{12}$$

Vertauscht man dagegen $\varkappa$, λ, μ cyklisch und multiplicirt die drei so erhaltenen Formeln, so erhält man:

$$c^3_{\varkappa\lambda\mu}l_0^3 = a_{\varkappa\lambda}a_{\varkappa\mu}a_{\lambda\mu}l_{\varkappa\lambda}l_{\varkappa\mu}l_{\lambda\mu}l_\varkappa l_\lambda l_\mu. \tag{13}$$

Die Division beider Gleichungen liefert:

$$c_{\varkappa\lambda\mu}l_0 = \frac{a_{\varkappa\lambda}l_{\varkappa\mu}l_{\lambda\mu}l_\varkappa l_\lambda}{l_{\varkappa\lambda}l_\mu} = \frac{a_{\varkappa\lambda}l_\varkappa^2 l_\lambda^2}{l^2_{\varkappa\lambda}} \cdot \frac{l_{\varkappa\lambda}l_{\varkappa\mu}l_{\lambda\mu}}{l_\varkappa l_\lambda l_\mu}.$$

In dieser Form geschrieben, zeigt diese Gleichung, dass der Quotient

$$\frac{a_{\varkappa\lambda}l_\varkappa^2 l_\lambda^2}{l^2_{\varkappa\lambda}l_0^2} = r$$

einen von den Indices $\varkappa$, λ unabhängigen Werth haben muss. Diesen Werth r können wir, indem wir dadurch über den erwähnten willkürlichen Factor k verfügen, gleich 1 setzen; wir erhalten dann:

$$a_{\varkappa\lambda} = \frac{l^2_{\varkappa\lambda}l_0^2}{l_\varkappa^2 l_\lambda^2}; \tag{14}$$

$$\frac{c_{\varkappa\lambda\mu}}{l_0} = \frac{l_{\varkappa\lambda}l_{\varkappa\mu}l_{\lambda\mu}}{l_\varkappa l_\lambda l_\mu}. \tag{15}$$

Diese Ausdrücke für die Grössen $a_{\varkappa\lambda}$ und $c_{\varkappa\lambda\mu}$ führen wir in die beiden Gleichungen (10) und (11) ein. Dann verwandeln sich dieselben in Relationen zwischen den Grössen l allein:

$$\frac{l_{\alpha\varkappa}l_{\beta\varkappa}l_{\gamma\varkappa}l_{\delta\varkappa}l_{\lambda\varkappa}l_{\mu\varkappa}}{l_\varkappa^3} = \frac{l_{\alpha\lambda}l_{\beta\lambda}l_{\gamma\lambda}l_{\delta\lambda}l_{\varkappa\lambda}l_{\mu\lambda}}{l_\lambda^3}, \tag{16}$$

$$\frac{l_{\alpha\beta}l_{\alpha\gamma}l_{\alpha\delta}l_{\beta\gamma}l_{\beta\delta}l_{\gamma\delta}}{l_{\varkappa\lambda}l_{\varkappa\mu}l_{\lambda\mu}} = \frac{l_\alpha^2 l_\beta^2 l_\gamma^2 l_\delta^2}{l_\varkappa l_\lambda l_\mu l_0^2}. \tag{17}$$

Wir bezeichnen nun das Product aller sechs Grössen $l_{\alpha\varkappa}$, die man erhält, wenn man für α die sechs von $\varkappa$ verschiedenen primitiven Indices setzt, durch $L_\varkappa$; mit L dagegen das Product aller 21 Grössen $l_{\varkappa\lambda}$. Aus dieser Definition folgt dann identisch:

$$L^2 = L_1 L_2 \cdots L_7, \tag{18}$$

$$\frac{l_{\alpha\beta} l_{\alpha\gamma} l_{\alpha\delta} l_{\beta\gamma} l_{\beta\delta} l_{\gamma\delta}}{l_{\mu\lambda} l_{\mu\varkappa} l_{\varkappa\lambda}} = \frac{L}{L_\varkappa L_\lambda L_\mu}. \tag{19}$$

Danach gehen die beiden Gleichungen (16) und (17) in folgende über:

$$\frac{L_\varkappa}{l_\varkappa^3} = \frac{L_\lambda}{l_\lambda^3}; \qquad \frac{L}{L_\varkappa L_\lambda L_\mu} = \frac{l_\alpha^2 l_\beta^2 l_\gamma^2 l_\delta^2}{l_\varkappa l_\lambda l_\mu l_0^2}. \tag{20}$$

Aus der ersten dieser Gleichungen folgt:

$$L_\varkappa = m l_\varkappa^3, \tag{21}$$

wo m eine von dem Index $\varkappa$ unabhängige Grösse bedeutet; aus der zweiten dann:

$$L = \frac{m^3}{l_0^2} l_\alpha^2 l_\beta^2 l_\gamma^2 l_0^2 l_\varkappa^2 l_\lambda^2 l_\mu^2 = \frac{m^3 l^2}{l_0^2}, \tag{22}$$

wenn wir unter l das Product der sieben Grössen l_α verstehen. Da nun L^2 gleich dem Product der sieben Grössen $L_\varkappa$ ist, so folgt aus (21), dass

$$L^2 = m^7 l^3$$

ist. Vergleichen wir dies mit (22), so erhalten wir

$$m = \frac{l}{l_0^4}.$$

Es ist also:

$$L_\varkappa = \frac{l l_\varkappa^3}{l_0^4}, \qquad L = \frac{l^5}{l_0^{14}}. \tag{23}$$

Es ist jetzt leicht, $\frac{l_\varkappa}{l_0}, \frac{l_{\varkappa\lambda}}{l_0}, \frac{c_{\varkappa\lambda\mu}}{l_0}$ durch die 21 Grössen $a_{\alpha\beta}$, d. h. die Differenzen der sieben Parameter $a_1 \cdots a_7$ auszudrücken. Die letzte Gleichung $L_\varkappa = \frac{l l_\varkappa^3}{l_0^4}$ lässt sich so schreiben:

$$\prod_\alpha (l_{\alpha\varkappa}) = \frac{l l_\varkappa^3}{l_0^4}, \quad \text{oder:} \prod_\alpha \left(\frac{l_0 l_{\alpha\varkappa}}{l_\alpha l_\varkappa}\right) = \frac{l_0^2}{l_\varkappa^2},$$

wo das Product auszudehnen ist über alle von $\varkappa$ verschiedenen Zahlen α der Reihe $1, 2 \cdots 7$. Da nun nach (14) $\frac{l_0^2 l_{\varkappa\lambda}^2}{l_\varkappa^2 l_\lambda^2} = a_{\varkappa\lambda}$ ist, so erhalten wir:

$$\frac{l_\varkappa^4}{l_0^4} = \frac{1}{\prod\limits_\alpha (a_{\alpha\varkappa})}. \tag{24}$$

Aus der Gleichung (14) geht nun weiter hervor:

$$\frac{l_{\varkappa\lambda}^4}{l_0^4} = \frac{a_{\varkappa\lambda}^2}{\prod\limits_\alpha (a_{\alpha\varkappa}) \prod\limits_\alpha (a_{\alpha\lambda})}, \tag{25}$$

und aus (15):

$$\frac{c_{\varkappa\lambda\mu}^4}{l_0^4} = \frac{a_{\varkappa\lambda}^2 a_{\varkappa\mu}^2 a_{\lambda\mu}^2}{\prod(a_{\alpha\varkappa}) \prod(a_{\alpha\lambda}) \prod(a_{\alpha\mu})}. \tag{26}$$

Nun ist

$$\begin{aligned}\prod_\alpha (a_{\alpha\varkappa}) &= -\prod_\alpha (a_\alpha - a_\varkappa) \\ &= -(a_\alpha - a_\varkappa)(a_\beta - a_\varkappa)(a_\gamma - a_\varkappa)(a_\delta - a_\varkappa)(a_\lambda - a_\varkappa)(a_\mu - a_\varkappa);\end{aligned}$$

es ist also:

$$\left\{\begin{aligned} \frac{l_\varkappa^4}{l_0^4} &= \frac{-1}{(a_\alpha - a_\varkappa)(a_\beta - a_\varkappa)(a_\gamma - a_\varkappa)(a_\delta - a_\varkappa)(a_\lambda - a_\varkappa)(a_\mu - a_\varkappa)}, \\ \frac{l_{\varkappa\lambda}^4}{l_0^4} &= \frac{-1}{\begin{array}{r}(a_\alpha - a_\varkappa)(a_\beta - a_\varkappa)(a_\gamma - a_\varkappa)(a_\delta - a_\varkappa)(a_\mu - a_\varkappa)(a_\alpha - a_\lambda) \\ (a_\beta - a_\lambda)(a_\gamma - a_\lambda)(a_\delta - a_\lambda)(a_\mu - a_\lambda)\end{array}}, \\ \frac{c_{\varkappa\lambda\mu}^4}{l_0^4} &= \frac{-1}{\begin{array}{r}(a_\alpha - a_\varkappa)(a_\beta - a_\varkappa)(a_\gamma - a_\varkappa)(a_\delta - a_\varkappa)(a_\alpha - a_\lambda)(a_\beta - a_\lambda) \\ (a_\gamma - a_\lambda)(a_\delta - a_\lambda)(a_\alpha - a_\mu)(a_\beta - a_\mu)(a_\gamma - a_\mu)(a_\delta - a_\mu)\end{array}}. \end{aligned}\right. \tag{27}$$

Damit ist die Aufgabe, die in der Theorie vorkommenden Constanten durch unabhängige Grössen auszudrücken, gelöst.

Wir gehen nun dazu über, einige einfache Relationen unter den Theta-Functionen selbst aufzustellen, aus denen die Art ihres algebraischen Zusammenhangs klar erkannt werden kann. Die algebraische Darstellung der Θ-Quotienten durch drei unabhängige Grössen x_1,

x_2, x_3 ergiebt sich dann fast von selbst. Wir wollen aber zuvor von den Theta-Functionen ihre irrationalen constanten Factoren l_0, $l_\varkappa$, $l_{\varkappa\lambda}$, $c_{\varkappa\lambda\mu}$ absondern, und

$$\Theta_0 = l_0\sigma_0, \quad \Theta_\varkappa = l_\varkappa\sigma_\varkappa, \quad \Theta_{\varkappa\lambda} = l_{\varkappa\lambda}\sigma_{\varkappa\lambda}, \quad \Theta_{\varkappa\lambda\mu} = l_{\varkappa\lambda\mu}\sigma_{\varkappa\lambda\mu} \tag{28}$$

setzen, so dass jetzt das Anfangsglied in der Entwickelung von σ_0 gradezu $= vv'' - v'^2$, das von $\sigma_\varkappa = v$, das von $\sigma_{\varkappa\lambda} = v_{\varkappa\lambda}$, und das Anfangsglied von $\sigma_{\varkappa\lambda\mu} = 1$ ist.

Ferner dividiren wir durch σ_0 alle 63 übrigen Grössen σ_m, und bezeichnen den Quotienten durch p_m. Es ist also

$$p_\varkappa = \frac{\sigma_\varkappa}{\sigma_0}, \quad p_{\varkappa\lambda} = \frac{\sigma_{\varkappa\lambda}}{\sigma_0}, \quad p_{\varkappa\lambda\mu} = \frac{\sigma_{\varkappa\lambda\mu}}{\sigma_0}. \tag{29}$$

I. Wir leiten zunächst eine Relation her aus der Gleichung (3), indem wir dort $k = 0$, $m = \varkappa\lambda\mu$ setzen. Für $\alpha = \varkappa, \lambda, \mu$ verschwindet der Factor $c_{m\alpha}$; es ist also:

$$c^2_{\varkappa\lambda\mu}\Theta_0^2 + \underset{\alpha,\beta,\gamma,\delta}{S}\left\{(-1)^{\alpha\varkappa\lambda\mu|\alpha} c^2_{\alpha\varkappa\lambda\mu}\Theta_\alpha^2\right\} = 0,$$

oder:

$$c^2_{\varkappa\lambda\mu}\Theta_0^2 + \underset{\alpha,\beta,\gamma,\delta}{S}\left\{(-1)^{\beta\gamma\delta|\alpha} c^2_{\beta\gamma\delta}\Theta_\alpha^2\right\} = 0.$$

Führen wir hier die Grössen p ein, so erhalten wir:

$$\underset{\alpha,\beta,\gamma,\delta}{S}\left\{(-1)^{\beta\gamma\delta|\alpha}\frac{-c^2_{\beta\gamma\delta}l^2_\alpha}{c^2_{\varkappa\lambda\mu}l_0^2}p_\alpha^2\right\} = 1.$$

Nun ist nach (15)

$$\frac{c_{\beta\gamma\delta}}{l_0} = \frac{l_{\beta\gamma}l_{\beta\delta}l_{\gamma\delta}}{l_\beta l_\gamma l_\delta}, \quad \frac{c_{\varkappa\lambda\mu}}{l_0} = \frac{l_{\varkappa\lambda}l_{\varkappa\mu}l_{\lambda\mu}}{l_\varkappa l_\lambda l_\mu};$$

daher:

$$\frac{c_{\beta\gamma\delta}l_\alpha}{c_{\varkappa\lambda\mu}l_0} = \frac{l_\alpha l_\varkappa l_\lambda l_\mu}{l_\beta l_\gamma l_\delta l_0}\,\frac{l_{\beta\gamma}l_{\beta\delta}l_{\gamma\delta}}{l_{\varkappa\lambda}l_{\varkappa\mu}l_{\lambda\mu}}.$$

Wenden wir hier die Formel (17) an, so folgt:

$$\frac{l_{\beta\gamma}l_{\beta\delta}l_{\gamma\delta}}{l_{\varkappa\lambda}l_{\varkappa\mu}l_{\lambda\mu}} = \frac{l_\alpha^2 l_\beta^2 l_\gamma^2 l_\delta^2}{l_\varkappa l_\lambda l_\mu l_0^2}\,\frac{1}{l_{\alpha\beta}l_{\alpha\gamma}l_{\alpha\delta}},$$

daher:

$$\frac{c_{\beta\gamma\delta}l_\alpha}{c_{\varkappa\lambda\mu}l_0} = \frac{l_\alpha^3 l_\beta l_\gamma l_\delta}{l_0^3}\,\frac{1}{l_{\alpha\beta}l_{\alpha\gamma}l_{\alpha\delta}}.$$

Erheben wir diese Formel in's Quadrat, so ist nach (14):

$$\frac{l_0^6 l_{\alpha\beta}^2 l_{\alpha\gamma}^2 l_{\alpha\delta}^2}{l_\alpha^6 l_\beta^2 l_\gamma^2 l_\delta^2} = a_{\alpha\beta} a_{\alpha\gamma} a_{\alpha\delta};$$

es ist also:

$$\frac{c_{\beta\gamma\delta}^2 l_\alpha^2}{c_{\varkappa\lambda\mu}^2 l_0^2} = \frac{1}{a_{\alpha\beta} a_{\alpha\gamma} a_{\alpha\delta}} = \frac{(-1)^{\beta\gamma\delta|\alpha}}{(a_\beta - a_\alpha)(a_\gamma - a_\alpha)(a_\delta - a_\alpha)};$$

mithin erhalten wir:

$$\text{(A)} \qquad \underset{\alpha,\beta,\gamma,\delta}{S} \left\{ \frac{p_\alpha^2}{(a_\alpha - a_\beta)(a_\alpha - a_\gamma)(a_\alpha - a_\delta)} \right\} = 1.$$

Zwischen je vier der sieben Grössen p_α^2 besteht also eine nicht homogene lineare Gleichung.

II. Wir gehen zurück auf die Gleichung (2). Aus dieser geht hervor, dass zwischen den vier Producten $\sigma_\alpha \sigma_{\alpha\varkappa}$, $\sigma_\beta \sigma_{\beta\varkappa}$, $\sigma_\gamma \sigma_{\gamma\varkappa}$, $\sigma_\delta \sigma_{\delta\varkappa}$ eine lineare homogene Gleichung

$$A\sigma_\alpha \sigma_{\alpha\varkappa} + B\sigma_\beta \sigma_{\beta\varkappa} + C\sigma_\gamma \sigma_{\gamma\varkappa} + D\sigma_\delta \sigma_{\delta\varkappa} = 0$$

besteht; man erhält diese, indem man $k = \varkappa$, $l = 0$, $m = \lambda\mu$ setzt. Wir wollen aber die Coefficienten in anderer Weise bestimmen. Offenbar muss dieselbe Gleichung zwischen den Anfangsgliedern bestehen:

$$Av_\alpha v_{\alpha\varkappa} + Bv_\beta v_{\beta\varkappa} + Cv_\gamma v_{\gamma\varkappa} + Dv_\delta v_{\delta\varkappa} = 0.$$

Wir setzen nun $v = 1$, $v' = p$, $v'' = p^2$; dann geht

$$v_\varkappa \text{ in } a_\varkappa - p, \quad v_{\varkappa\lambda} \text{ in } (a_\varkappa - p)(a_\lambda - p)$$

über. Es muss also, für willkürliche Werthe von p, die Gleichung bestehen:

$$A(a_\alpha - p)^2 + B(a_\beta - p)^2 + C(a_\gamma - p)^2 + D(a_\delta - p)^2 = 0.$$

Daraus geht hervor: Zwischen je vier Functionen $p_\alpha p_{\alpha\varkappa}$, $p_\beta p_{\beta\varkappa}$, $p_\gamma p_{\gamma\varkappa}$, $p_\delta p_{\delta\varkappa}$ besteht eine Gleichung:

$$\text{(B)} \qquad Ap_\alpha p_{\alpha\varkappa} + Bp_\beta p_{\beta\varkappa} + Cp_\gamma p_{\gamma\varkappa} + Dp_\delta p_{\delta\varkappa} = 0,$$

deren Coefficienten bestimmt sind durch die Formeln:

$$\begin{aligned} A \quad + B \quad + C \quad + D \quad &= 0, \\ Aa_\alpha + Ba_\beta + Ca_\gamma + Da_\delta &= 0, \\ Aa_\alpha^2 + Ba_\beta^2 + Ca_\gamma^2 + Da_\delta^2 &= 0. \end{aligned}$$

III. Wir wissen, dass eine Gleichung besteht von der Form:

$$A\sigma_\varkappa\sigma_{\lambda\mu}+B\sigma_\lambda\sigma_{\varkappa\mu}+C\sigma_\mu\sigma_{\varkappa\lambda}=0.$$

Die Coefficienten lassen sich auch hier bestimmen, indem man auf die Anfangsglieder zurückgeht:

$$Av_\varkappa v_{\lambda\mu}+Bv_\lambda v_{\varkappa\mu}+Cv_\mu v_{\varkappa\lambda}=0.$$

Da ein Coefficient von v'' in den Grössen v_α nicht vorkommt, in den Grössen $v_{\alpha\beta}$ dagegen gleich 1 ist, so erhalten wir:

$$Av_\varkappa+Bv_\lambda+Cv_\mu=0,$$

oder:

$$A(a_\varkappa v-v')+B(a_\lambda v-v')+C(a_\mu v-v')=0.$$

Hieraus folgt:

$$A=a_\lambda-a_\mu,\quad B=a_\mu-a_\varkappa,\quad C=a_\varkappa-a_\lambda;$$

daher:

(C) $$(a_\lambda-a_\mu)p_\varkappa p_{\lambda\mu}+(a_\mu-a_\varkappa)p_\lambda p_{\mu\varkappa}+(a_\varkappa-a_\lambda)p_\mu p_{\varkappa\lambda}=0.$$

IV. Wir stellen jetzt noch zwei Gleichungen auf, welche Beziehungen der Functionen $p_{\varkappa\lambda\mu}$ zu den übrigen angeben. Erstens muss eine lineare Relation bestehen zwischen $\sigma_0\sigma_{\varkappa\lambda\mu}$, $\sigma_{\varkappa\lambda}\sigma_\mu$, $\sigma_{\varkappa\mu}\sigma_\lambda$; zweitens zwischen $\sigma_0\sigma_{\varkappa\lambda\mu}$, $\sigma_{\alpha\gamma}\sigma_{\beta\delta}$ und $\sigma_{\beta\gamma}\sigma_{\alpha\delta}$. Beide Relationen sind schon aufgestellt, als es sich um die Darstellung der Moduln handelte, und die einfachsten Ausdrücke der Coefficienten sind durch die Formeln (10) und (11) gegeben. Es ist demnach

$$a_{\lambda\mu}\sigma_0\sigma_{\varkappa\lambda\mu}+(-1)^{\lambda|\mu}\sigma_{\varkappa\lambda}\sigma_\mu+(-1)^{\mu|\lambda}\sigma_{\varkappa\mu}\sigma_\lambda=0,$$
$$(-1)^{\alpha|\beta+\gamma|\delta}a_{\alpha\beta}a_{\gamma\delta}\sigma_0\sigma_{\varkappa\lambda\mu}=\sigma_{\alpha\gamma}\sigma_{\beta\delta}-\sigma_{\beta\gamma}\sigma_{\alpha\delta};$$

oder:

$$p_{\varkappa\lambda}p_\mu-p_{\varkappa\mu}p_\lambda+(a_\lambda-a_\mu)p_{\varkappa\lambda\mu}=0,$$
$$p_{\alpha\gamma}p_{\beta\delta}-p_{\beta\gamma}p_{\alpha\delta}=(a_\alpha-a_\beta)(a_\gamma-a_\delta)p_{\varkappa\lambda\mu}.$$

Wir erhalten also $p_{\varkappa\lambda\mu}$ ausgedrückt in zwei verschiedenen Formen:

(D) $$p_{\varkappa\lambda\mu}=\frac{p_\lambda p_{\varkappa\mu}-p_\mu p_{\varkappa\lambda}}{a_\lambda-a_\mu},$$

(E) $$p_{\varkappa\lambda\mu}=\frac{p_{\alpha\gamma}p_{\beta\delta}-p_{\beta\gamma}p_{\alpha\delta}}{(a_\alpha-a_\beta)(a_\gamma-a_\delta)}.$$

Aus den fünf aufgestellten Relationen lassen sich nun folgende Schlüsse ziehen.

Zunächst folgt aus (A), dass sich die sieben Grössen $p_\varkappa^2$ durch drei Grössen f_1, f_2, f_3 in folgender Weise ausdrücken lassen:

$$p_\varkappa^2 = a_\varkappa^3 - f_1 a_\varkappa^2 + f_2 a_\varkappa - f_3,$$

also, wenn man die ganze Function dritter Ordnung

(30) $$x^3 - f_1 x^2 + f_2 x - f_3 \text{ mit } \varphi(x)$$

bezeichnet:

(31) $$p_\varkappa^2 = \varphi(a_\varkappa).$$

Denn diese Function genügt offenbar identisch der Relation

$$\underset{\alpha,\beta,\gamma,\delta}{S}\left\{\frac{\varphi(a_\alpha)}{(a_\alpha - a_\beta)(a_\alpha - a_\gamma)(a_\alpha - a_\delta)}\right\} = 1.$$

Bestimmt man nun f_1, f_2, f_3 durch die drei linearen Gleichungen $\varphi(a_1) = p_1^2$, $\varphi(a_2) = p_2^2$, $\varphi(a_3) = p_3^2$, so folgt aus dieser Gleichung im Verein mit (A), dass allgemein $\varphi(a_\delta) = p_\delta^2$ sein muss. Die Coefficienten f_1, f_2, f_3 der Function $\varphi(a_\varkappa)$ sind demnach bestimmte Abel'sche Functionen der Argumente, und zwar lineare Functionen der Grössen $p_\varkappa^2$.

Aus der Gleichung (B), die wir so schreiben können:

$$Ap_\alpha p_\varkappa p_{\alpha\varkappa} + Bp_\beta p_\varkappa p_{\beta\varkappa} + Cp_\gamma p_\varkappa p_{\gamma\varkappa} + Dp_\delta p_\varkappa p_{\delta\varkappa} = 0,$$

folgt ferner, dass sich die 21 Producte $p_\varkappa p_\lambda p_{\varkappa\lambda}$ $(\varkappa, \lambda = 1, 2 \cdots 7,\ \varkappa \lesseqgtr \lambda)$ sich linear und homogen durch sechs unter ihnen

$$p_1 p_2 p_{12},\quad p_1 p_3 p_{13},\quad p_1 p_4 p_{14},\quad p_2 p_3 p_{23},\quad p_2 p_4 p_{24},\quad p_3 p_4 p_{34}$$

ausdrücken lassen. Versteht man unter $\varphi(x, y)$ eine ganze und symmetrische Function vom zweiten Grade in Bezug auf x und y, so bestehen zwischen den 21 Grössen $\varphi(a_\varkappa, a_\lambda)$ genau dieselben Gleichungen, wie zwischen den Grössen $p_\varkappa p_\lambda p_{\varkappa\lambda}$:

$$A\varphi(a_\alpha, a_\varkappa) + B\varphi(a_\beta, a_\varkappa) + C\varphi(a_\gamma, a_\varkappa) + D\varphi(a_\delta, a_\varkappa) = 0,$$

wo

$$A + B + C + D = 0; \quad Aa_\alpha + Ba_\beta + Ca_\gamma + Da_\delta = 0,$$
$$Aa_\alpha^2 + Ba_\beta^2 + Ca_\gamma^2 + Da_\delta^2 = 0$$

ist. Wenn wir also die sechs Coefficienten dieser Function $\varphi(x, y)$ so bestimmen, dass die sechs Gleichungen

$$\varphi(a_\varkappa, a_\lambda) = p_\varkappa p_\lambda p_{\varkappa\lambda} \quad (\varkappa, \lambda = 1, 2, 3, 4)$$

bestehen, so muss diese Gleichung allgemein gelten für alle 21 Combinationen der Indices $1, 2 \cdots 7$. Wir können also allgemein die 21 Producte $p_\varkappa p_\lambda p_{\varkappa\lambda}$ durch sechs von den Indices abhängigen Grössen in folgender Weise ausdrücken:

(32)
$$p_\varkappa p_\lambda p_{\varkappa\lambda} = \varphi(a_\varkappa, a_\lambda) \begin{pmatrix} \varkappa, \lambda = 1, 2 \cdots 7 \\ \varkappa \lesseqgtr \lambda \end{pmatrix},$$

wo $\varphi(x, y)$ eine ganze und symmetrische Function von x und y bedeutet, die in Bezug auf beide Grössen vom zweiten Grade ist, und deren sechs Coefficienten Abel'sche Functionen sind.

Die dritte der entwickelten Relationen giebt nun einen Zusammenhang zwischen den Functionen $\varphi(x)$ und $\varphi(x, y)$. Wir erhalten, indem wir die Gleichung (C) mit $p_\varkappa p_\lambda p_\mu$ multipliciren, und $p_\varkappa^2$ durch $\varphi(a_\varkappa)$, $p_\lambda p_\mu p_{\lambda\mu}$ durch $\varphi(a_\lambda, a_\mu)$ etc. ersetzen:

$$\begin{gathered}(a_\lambda - a_\mu)\varphi(a_\varkappa)\varphi(a_\lambda, a_\mu) + (a_\mu - a_\varkappa)\varphi(a_\lambda)\varphi(a_\mu, a_\varkappa) \\ +(a_\varkappa - a_\lambda)\varphi(a_\mu)\varphi(a_\varkappa, a_\lambda) = 0.\end{gathered}$$

Ersetzen wir auf der linken Seite dieser Gleichung $a_\varkappa$, a_λ, a_μ durch x, y, z, so erhalten wir eine ganze Function $\Phi(x, y, z)$, die in Bezug auf jede der Veränderlichen vom dritten Grade ist. Diese Function hat die Eigenschaft, zu verschwinden, wenn für x, y, z drei Grössen der Reihe $a_1, a_2 \cdots a_7$ gesetzt werden. Daraus folgt, dass sie identisch verschwinden muss. Demnach ist identisch:

$$\varphi(x, y) = \frac{(x-z)\varphi(y)\varphi(x, z) - (y-z)\varphi(x)\varphi(y, z)}{(x-y)\varphi(z)}.$$

Geben wir der Grösse z einen constanten Werth c und bezeichnen

$$\frac{(x-c)\varphi(x, c)}{\varphi(c)} \text{ mit } \overline{\psi}(x),$$

so ist demnach

$$\varphi(x, y) = \frac{\overline{\psi}(x)\varphi(y) - \overline{\psi}(y)\varphi(x)}{x-y}.$$

$\overline{\psi}(x)$ ist eine ganze Function dritten Grades von x. Diese können wir auf die Form bringen:

$$\overline{\psi}(x) = c'\varphi(x) - \psi(x),$$

wo $\psi(x)$ eine ganze Function zweiten Grades bedeutet. Dann ist:

$$\varphi(x, y) = \frac{\varphi(x)\psi(y) - \varphi(y)\psi(x)}{x-y}. \tag{33}$$

Auf diese Weise sind jetzt die Functionen $p_\varkappa$ und $p_{\varkappa\lambda}$ durch sechs Hülfsgrössen ausgedrückt, nämlich die Coefficienten f_1, f_2, f_3 der kubischen Function $\varphi(x)$ und die der quadratischen Function $\psi(x)$:

$$p_\varkappa^2 = \varphi(a_\varkappa); \quad p_\varkappa p_\lambda p_{\varkappa\lambda} = \frac{\varphi(a_\varkappa)\psi(a_\lambda) - \varphi(a_\lambda)\psi(a_\varkappa)}{a_\varkappa - a_\lambda}. \tag{34}$$

Dies sind bekannte Formeln aus der von Herrn Weierstrass aufgestellten allgemeinen Theorie der hyperelliptischen Functionen.

Es sollen jetzt anstatt dieser sechs Hülfsgrössen andere eingeführt werden; nämlich diejenigen Werthe x_1, x_2, x_3, wofür die kubische Function $\varphi(x)$ verschwindet, und diejenigen Werthe y_1, y_2, y_3, welche die quadratische Function $\psi(x)$ annimmt, wenn x_1, x_2, x_3 für x gesetzt wird. Es ist also $\varphi(x_h) = 0$, $\psi(x_h) = y_h$ $(h = 1, 2, 3)$, daher:

$$\varphi(x) = (x-x_1)(x-x_2)(x-x_3), \tag{35}$$

$$\psi(x) = \sum_{h=1}^{3} \left\{ \frac{y_h \varphi(x)}{(x-x_h)\varphi'(x_h)} \right\}. \tag{36}$$

Hieraus folgt:

$$\begin{aligned} \varphi(x,x') &= \frac{\varphi(x)\psi(x') - \varphi(x')\psi(x)}{x-x'}, \\ &= \varphi(x)\varphi(x') \sum_{h=1}^{3} \left\{ \frac{y_h}{(x-x_h)(x'-x_h)\varphi'(x_h)} \right\}. \end{aligned}$$

Daher erhalten wir:

$$\begin{aligned} p_\varkappa^2 &= (a_\varkappa - x_1)(a_\varkappa - x_2)(a_\varkappa - x_3), \\ p_{\varkappa\lambda} &= p_\varkappa p_\lambda \sum_{h=1}^{3} \left\{ \frac{y_h}{(a_\varkappa - x_h)(a_\lambda - x_h)\varphi'(x_h)} \right\}. \end{aligned} \tag{37}$$

Von den beiden Gleichungen (D) und (E) giebt die erste, wenn wir für die Grössen $p_{\varkappa\lambda}$ und $p_{\varkappa\mu}$ ihre Ausdrücke einsetzen, die Darstellung von $p_{\varkappa\lambda\mu}$:

$$p_{\varkappa\lambda\mu} = \frac{p_\varkappa p_\lambda p_\mu}{a_\lambda - a_\mu} \sum_{h=1}^{3} \left\{ \frac{y_h}{(a_\varkappa - x_h)\varphi'(x_h)} \left[\frac{1}{a_\mu - x_h} - \frac{1}{a_\lambda - x} \right] \right\},$$

also:

$$(38)\qquad p_{\varkappa\lambda\mu} = p_\varkappa p_\lambda p_\mu \sum_{h=1}^{3} \left\{ \frac{y_h}{(a_\varkappa - x_h)(a_\lambda - x_h)(a_\mu - x_h)\varphi'(x_h)} \right\}.$$

Eine andere Darstellung liefert die letzte Gleichung. Setzt man nämlich in dieser für $p_{\alpha\gamma}$, $p_{\beta\delta}$, $p_{\beta\gamma}$, $p_{\alpha\delta}$ ihre Summen-Ausdrücke, so ergiebt sich:

$$\frac{(a_\alpha - a_\beta)(a_\gamma - a_\delta)}{p_\alpha p_\beta p_\gamma p_\delta} p_{\varkappa\lambda\mu} = \sum_{h=1}^{3}\sum_{k=1}^{3} \left\{ \frac{y_h y_k}{(a_\gamma - x_h)(a_\delta - x_k)\varphi'(x_h)\varphi'(x_k)} \left[\frac{1}{(a_\alpha - x_h)(a_\beta - x_k)} - \frac{1}{(a_\beta - x_h)(a_\alpha - x_k)} \right] \right\}.$$

Führt man hier die Subtraction unter dem Summenzeichen aus und bezeichnet zur Abkürzung:

$$(a_\alpha - x)(a_\beta - x)(a_\gamma - x)(a_\delta - x) \text{ mit } P(x),$$

so ergiebt sich, da

$$(a_\beta - x_h)(a_\alpha - x_k) - (a_\alpha - x_h)(a_\beta - x_k) = (a_\alpha - a_\beta)(x_k - x_h)$$

ist:

$$\frac{a_\gamma - a_\delta}{p_\alpha p_\beta p_\gamma p_\delta} p_{\varkappa\lambda\mu} = \sum_{h=1}^{3}\sum_{k=1}^{3} \left\{ \frac{(a_\gamma - x_k)(a_\delta - x_h)(x_k - x_h) y_h y_k}{P(x_h)P(x_k)\varphi'(x_h)\varphi'(x_k)} \right\}.$$

Der Ausdruck auf der rechten Seite ist eine homogene quadratische Function von y_1, y_2, y_3. Die Coefficienten von y_1^2, y_2^2, y_3^2 sind offenbar Null; dagegen der Coefficient von $y_1 y_2$:

$$\frac{(a_\gamma - x_1)(a_\delta - x_2)(x_1 - x_2)}{P(x_1)P(x_2)\varphi'(x_1)\varphi'(x_2)} + \frac{(a_\gamma - x_2)(a_\delta - x_1)(x_2 - x_1)}{P(x_1)P(x_2)\varphi'(x_1)\varphi'(x_2)}.$$

Dies ist

$$= \frac{(a_\gamma - a_\delta)(x_1 - x_2)^2}{P(x_1)P(x_2)\varphi'(x_1)\varphi'(x_2)} = \frac{-(a_\gamma - a_\delta)}{P(x_1)P(x_2)\varphi'(x_3)}.$$

Nun ist offenbar

$$P(x_1)P(x_2)P(x_3) = p_\alpha^2 p_\beta^2 p_\gamma^2 p_\delta^2;$$

daher:

$$\frac{a_\gamma - a_\delta}{P(x_1)P(x_2)\varphi'(x_3)} = \frac{(a_\gamma - a_\delta)P(x_3)}{p_\alpha^2 p_\beta^2 p_\gamma^2 p_\delta^2 \varphi'(x_3)}.$$

Die beiden andern Coefficienten ergeben sich hieraus durch Vertauschung der Indices. Demgemäss erhalten wir:

$$p_{\varkappa\lambda\mu} = \frac{-y_1y_2y_3}{p_\alpha p_\beta p_\gamma p_\delta} \sum_{h=1}^{3} \left\{ \frac{P(x_h)}{y_h\varphi'(x_h)} \right\}.$$

Wir bezeichnen jetzt durch $R(x)$ die ganze Function siebenten Grades, welche durch Multiplication der sieben Linearfactoren $a_\alpha - x$ hervorgeht:

$$R(x) = (a_1 - x)(a_2 - x) \cdots (a_7 - x), \tag{39}$$

und durch p das Product der sieben Grössen $p_1, p_2 \cdots p_7$. Dann ist

$$P(x) = \frac{R(x)}{(a_\varkappa - x)(a_\lambda - x)(a_\mu - x)}, \qquad \frac{1}{p_\alpha p_\beta p_\gamma p_\delta} = \frac{p_\varkappa p_\lambda p_\mu}{p};$$

folglich:

$$p_{\varkappa\lambda\mu} = p_\varkappa p_\lambda p_\mu \frac{y_1y_2y_3}{p} \sum_{h=1}^{3} \left\{ \frac{R(x_h)}{(a_\varkappa - x_h)(a_\lambda - x_h)(a_\mu - x_h)y_h\varphi'(x_h)} \right\}.$$

Vergleicht man diese Darstellung mit der zuerst gegebenen, so sieht man, dass beide genau übereinstimmen, bis darauf, dass an die Stelle von y_h:

$$-\frac{y_1y_2y_3}{p}\frac{R(x_h)}{y_h} = y_h' \quad (h = 1, 2, 3)$$

getreten ist. Dies ist offenbar nur dadurch möglich, dass die Grössen y_h' den entsprechenden y_h gleich sind; es muss also

$$-y_1y_2y_3R(x_h) = py_h^2 \quad (h = 1, 2, 3)$$

sein. Hieraus folgt, wenn wir die drei Gleichungen multipliciren:

$$-y_1y_2y_3R(x_1)R(x_2)R(x_3) = p^3,$$

und da offenbar

$$R(x_1)R(x_2)R(x_3) = p^2 \text{ ist:}$$

$$-y_1y_2y_3 = p; \tag{40}$$

mithin:

$$y_h^2 = R(x_h). \tag{41}$$

Es bleiben noch die Argumente durch Integrale erster Gattung auszudrücken. Wir wollen v, v', v'' als Argumente auffassen, was einer linearen Transformation gleichkommt. Wir setzen:

$$F = A\frac{\partial \log p_\varkappa}{\partial v} + B\frac{\partial \log p_\varkappa}{\partial v'} + C\frac{\partial \log p_\varkappa}{\partial v''};$$

A, B, C sollen willkürliche Constanten bedeuten. Dieser Ausdruck F hat die Eigenschaft, dass, wenn wir ihn mit $\sigma_0\sigma_\varkappa$ multipliciren, er übergeht in eine grade Theta-Function zweiten Grades mit dem Index $\varkappa$, und zwar eine solche, welche verschwindet, wenn die Argumente gleich Null gesetzt werden. Functionen derselben Art sind die sechs Producte $\sigma_\alpha\sigma_{\alpha\varkappa}$ ($\alpha = 1, 2 \cdots 7$, aber $\lesseqgtr \varkappa$). Die Anzahl der linear unabhängigen Theta-Functionen zweiten Grades mit dem Index $\varkappa$, welche grade sind, ist vier; zwischen je fünf derselben muss also eine lineare Gleichung bestehen. Stellen wir daher das System auf

$$\sigma_\alpha\sigma_{\alpha\varkappa}, \quad \sigma_\beta\sigma_{\beta\varkappa}, \quad \sigma_\gamma\sigma_{\gamma\varkappa}, \quad \sigma_{\alpha\beta\gamma}\sigma_{\delta\lambda\mu},$$

so muss zwischen $F\sigma_0\sigma_\varkappa$ und diesen vier Producten eine lineare homogene Gleichung bestehen. In dieser muss der Coefficient des Gliedes $\sigma_{\alpha\beta\gamma}\sigma_{\delta\lambda\mu}$ den Werth Null haben, weil dieses das einzige ist, welches nicht verschwindet, wenn die Argumente gleich Null gesetzt werden. Wir erhalten also:

$$F\sigma_0\sigma_\varkappa = \sum_{\alpha,\beta,\gamma} (k_\alpha\sigma_\alpha\sigma_{\alpha\varkappa}). \tag{43}$$

Die Coefficienten k_α, k_β, k_γ werden bestimmt durch die Anfangsglieder. Das der Function

$$\begin{aligned} F\sigma_0\sigma_\varkappa = \sigma_0 &\left(A\frac{\partial \sigma_\varkappa}{\partial v} + B\frac{\partial \sigma_\varkappa}{\partial v'} + C\frac{\partial \sigma_\varkappa}{\partial v''}\right) \\ - \sigma_\varkappa &\left(A\frac{\partial \sigma_0}{\partial v} + B\frac{\partial \sigma_0}{\partial v'} + C\frac{\partial \sigma_0}{\partial v''}\right) \end{aligned}$$

erhalten wir, wenn wir $a_\varkappa v - v'$ für $\sigma_\varkappa$, $vv'' - v'^2$ für σ_0 einsetzen. Dasselbe ist also:

$$(vv'' - v'^2)(Aa_\varkappa - B) - (a_\varkappa v - v')(Av'' - 2Bv' + Cv).$$

Dieser Ausdruck muss

$$= \sum_{\alpha,\beta,\gamma} (k_\alpha v_\alpha v_{\alpha\varkappa})$$

sein. Setzen wir nun $v = 1$, $v' = p$, $v'' = p^2$, so wird

$$vv'' - v'^2 = 0; \quad Av'' - 2Bv' + Cv = Ap^2 - 2Bp + C;$$
$$v_\alpha v_{\alpha\varkappa} = (a_\varkappa v - v')(a_\alpha - p)^2;$$

wir erhalten also zur Bestimmung der Coefficienten folgende Formel

$$(44)\qquad (Ap^2-2Bp+C)=\sum_{\alpha,\beta,\gamma}\left(k_\alpha(a_\alpha-p)^2\right),$$

welche identisch, für alle Werthe von p, gilt.

Aus (43) folgt:

$$F=\sum_{\alpha,\beta,\gamma}\left(\frac{k_\alpha p_\alpha p_{\alpha\varkappa}}{p_\varkappa}\right).$$

Für $p_{\alpha\varkappa}$ setzen wir den gefundenen Summen-Ausdruck; ebenso für p_α^2: $(a_\alpha-x_1)(a_\alpha-x_2)(a_\alpha-x_3)$. Dann ergiebt sich:

$$F=\sum_{\alpha,\beta,\gamma}\left\{k_\alpha(a_\alpha-x_1)(a_\alpha-x_2)(a_\alpha-x_3)\sum_{h=1}^{3}\frac{y_h}{(a_\alpha-x_h)(a_\varkappa-x_h)\varphi'(x_h)}\right\},$$

oder:

$$F=\sum_{h=1}^{3}\left\{\frac{y_h}{(a_\varkappa-x_h)\varphi'(x_h)}\sum_{\alpha,\beta,\gamma}\{k_\alpha(a_\alpha-x_k)(a_\alpha-x_l)\}\right\}.$$

Nun folgt aus der Gleichung (44), wie man leicht sieht, die allgemeinere:

$$\sum_{\alpha,\beta,\gamma}\{k_\alpha(a_\alpha-p)(a_\alpha-q)\}=-\{Apq-B(p+q)+C\};$$

es ist daher:

$$\sum\{k_\alpha(a_\alpha-x_k)(a_\alpha-x_l)\}=-\{Ax_kx_l-B(x_k+x_l)+C\},$$

mithin:

$$F=-\sum_{h=1}^{3}\left\{\frac{(Ax_kx_l-B(x_k+x_l)+C)y_h}{(a_\varkappa-x_h)\varphi'(x_h)}\right\}.$$

Wir setzen jetzt für A, B, C die Differentiale dv, dv', dv''. Dann geht F in $d\log p_\varkappa$ über, und da

$$d\log p_\varkappa=-\sum_{h=1}^{3}\frac{dx_h}{2(a_\varkappa-x_h)}$$

ist, so erhalten wir:

$$\sum_{h=1}^{3}\left\{\frac{dx_h}{2(a_\varkappa-x_h)}\right\}=\sum_{h=1}^{3}\left\{\frac{(x_kx_ldv-(x_k+x_l)dv'+dv'')y_h}{(a_\varkappa-x_h)\varphi'(x_h)}\right\}.$$

Diese Gleichung muss gelten für $\varkappa = 1, 2 \cdots 7$. Das ist nur dadurch möglich, dass in beiden Summen die einzelnen Glieder übereinstimmen:

$$\frac{dx_h}{2y_h} = \frac{x_k x_l dv - (x_k + x_l)dv' + dv''}{(x_h - x_k)(x_h - x_l)}.$$

Löst man diese drei Gleichungen nach dv, dv', dv'' auf, so ergiebt sich:

$$dv = \sum_{h=1}^{3} \left(\frac{dx_h}{2y_h} \right),$$

$$dv' = \sum_{h=1}^{3} \left(\frac{x_h dx_h}{2y_h} \right),$$

$$dv'' = \sum_{h=1}^{3} \left(\frac{x_h^2 dx_h}{2y_h} \right).$$